电力营销技术丛书

电能计量岗位技术

主　编　汪志奕　徐金亮

副主编　张一军　江　硕

中国水利水电出版社

www.waterpub.com.cn

·北京·

内 容 提 要

本书是《电力营销技术丛书》之一。本书结合多年来现场工作的宝贵经验，主要介绍了电能计量岗位技术。全书共分14章，主要介绍了电能计量基本知识，电能计量装置的实验室检定、现场检验、装拆及验收、故障处理，用电信息采集系统、智能表库的应用等相关内容。

本书既可作为从事电能计量岗位工作和教学等相关人员的专业参考书和培训教材，也可作为高等院校相关专业师生的教学参考用书。

图书在版编目（CIP）数据

电能计量岗位技术 / 汪志奕，徐金亮主编. -- 北京：中国水利水电出版社，2017.7(2019.6重印)
（电力营销技术丛书）
ISBN 978-7-5170-5726-0

Ⅰ. ①电… Ⅱ. ①汪… ②徐… Ⅲ. ①电能计量 Ⅳ. ①TM933.4

中国版本图书馆CIP数据核字(2017)第188083号

书 名	电力营销技术丛书 **电能计量岗位技术** DIANNENG JILIANG GANGWEI JISHU
作 者	主 编 汪志奕 徐金亮 副主编 张一军 江 硕
出版发行	中国水利水电出版社 （北京市海淀区玉渊潭南路1号D座 100038） 网址：www.waterpub.com.cn E-mail：sales@waterpub.com.cn 电话：(010) 68367658（营销中心）
经 售	北京科水图书销售中心（零售） 电话：(010) 88383994、63202643、68545874 全国各地新华书店和相关出版物销售网点
排 版	北京时代澄宇科技有限公司
印 刷	清淞永业（天津）印刷有限公司
规 格	184mm×260mm 16开本 18.75印张 445千字
版 次	2017年7月第1版 2019年6月第2次印刷
印 数	3001—5000册
定 价	**59.00**元

《电力营销技术丛书》

丛 书 编 委 会

本 书 编 委 会

主　　编　汪志奕　徐金亮

副 主 编　张一军　江　硕

参编人员　陈其俊　刘　沛　孙云鹏　蒋红彪　顾春云
傅文斌　吴朝阳　鲍卫东　胡　茜　刘　俊
方志辉　沈　敏　黄健红　魏　飘　范光平

前　言

全球能源互联网战略不仅将加快了世界各国能源互联互通的步伐，也势必强有力地促进国内智能电网快速发展，许多电力新设备、新技术应运而生，电力营销工作面临着新形势、新任务、新挑战。这对如何加强专业技术培训，打造一支高素质的电力营销专业队伍提出了新要求。因此我们编写了《电力营销技术丛书》，以期指导提升电力营销专业人员的理论知识水平和操作技能水平。

本次出版两个分册，分别是《电能计量岗位技术》和《电费抄核收岗位技术》。作为从事营销工作的员工培训用书，本丛书将基本原理与实际操作相结合，理论讲解与实际案例相结合，旨在帮助员工全面了解营销专业知识，提升员工的现场作业、分析问题和解决问题能力，规范现场作业标准化流程。

本丛书编写人员均为从事一线营销技术管理的专家，教材力求贴近现场工作实际，具有内容丰富、实用性和针对性强等特点。通过对本丛书的学习，读者可以快速掌握营销专业技术，提高自己的业务水平和工作能力。

本书是《电力营销技术丛书》的一本，结合当前电能计量技术发展、供用电新形势、依法治企、互联网+技术、数据挖掘技术和生产实际，从基本知识、基本要求、工作内容、质量管控、异常处理等方面讲述了电能计量各岗位作业的全过程。主要内容包括电能计量基本知识，电能计量装置的实验室检定、现场检验、装拆及验收、故障处理，用电信息采集系统、智能表库的应用等。

本丛书的编写过程中得到了许多领导和同事的支持和帮助，使内容有了较大改进，在此向他们表示衷心的感谢。本丛书的编写参阅了大量参考文献，在此对其作者一并表示感谢。

由于编者水平有限，书中疏漏和不足之处在所难免，敬请广大读者批评指正。

编者

目　　录

第1章　电能计量基本知识

1.1　电能计量的发展

1.1.1　计量的概述

计量是自然科学的一个重要分支，早在100多万年以前，人类的祖先在劳动和分吃食物时，就萌发了长短、轻重、多少的概念。公元前221年，秦始皇颁布政令统一全国的度量衡，标志着我国的计量管理开始步入了法治管理。

1915年1月，中华民国北洋政府公布《权度法》，决定推行“米制”和“营造尺库平两制”。国民政府成立后，设立度量衡局，组织度量衡标准委员会，在《刑法》中专门制定了《伪造度量衡罪》一章。1954年，经全国人民代表大会常务委员会（以下简称“全国人大常委会”）批准，我国专门设立了国家计量局，归口管理全国的计量工作，使计量工作得到了前所未有的发展。

随着科学技术的进步，计量科学得到了飞速发展。从单纯的单项测试扩展到系统的检测；从单纯的静态计量扩展到动态检测；从单纯的量值测量过渡到测量过程的控制；从手工测量过渡到全自动、高速测量。计量工作进入到全自动、高等级、专业化的新阶段。

1. 计量监督

计量监督是计量管理的一种特殊形式，是指为核查计量器具是否依照计量法律法规正确使用和诚实使用而对计量器具的制造、安装、修理或使用进行控制的程序。

2. 强制检定

根据《中华人民共和国计量法》（以下简称《计量法》）第九条的规定，强制检定是指对社会公用计量标准器具，部门和企业、事业单位使用的最高计量标准器具，以及用于贸易结算、安全防护、医疗卫生、环境监测四个方面的列入《中华人民共和国强制检定的工作计量器具目录》的工作计量器具，由县级以上政府计量行政部门指定的法定计量检定机构或者授权的计量技术机构，实行定点、定期的检定。强制检定的强制性表现在以下三个方面：①检定由政府计量行政部门强制执行；②检定关系固定，定点、定期送检；③检定必须按检定规程（JJG系列）实施。实施强制检定的计量器具范围包括两部分：①计量标准器具，即社会公用计量标准、部门和企事业单位使用的最高计量标准器具；②工作计量器具，是直接用于贸易结算、安全防护、医疗卫生、环境监测四个方面的且列入《中华人民共和国强制检定的工作计量器具目录》的工作计量器具。

3. 量值传递与量值溯源

量值传递就是通过对计量器具的检定，将国家基准所复现的计量单位量值通过各等级计量标准传递到工作计量器具，以保证对被测对象所测得的量值的准确和一致的过程。将计量基准所复现的单位量值，通过计量检定（或其他传递方式）传递给下一等级的计量标准，并依次逐级地传递到工作计量器具，以保证被测对象的量值准确、可靠、一致，这一过程称为量值传递。

量值溯源又称量值溯源性，是指通过具有规定不确定度的连续的比较链，使测量结果或标准的量值能够与规定的计量标准（通常是国家或国际计量基准）相联系起来的特性。

量值传递和量值溯源的区别与联系为：量值传递和量值溯源使计量量值管理构成了一个有效的封闭环路系统，两者在本质上都是确保量值准确、可靠、一致；量值传递是从国家基准出发，按检定系统表和检定规程逐级检定，把量值自上而下传递到工作计量器具，而量值溯源则是从下至上追溯计量标准直至国家和国际的基准。

4. 计量法律法规

1985 年 9 月 6 日，全国人大常委会通过《计量法》，1987 年 2 月 1 日，国家计量局发布了《计量法实施细则》，从而进一步健全了我国计量法制。《计量法》首次用法律的形式明确了计量管理工作中应遵循的基本准则，是计量管理的根本大法。所有计量法规和规章、技术法规，均是为保证《计量法》实施而制定、发布的子法。

我国的计量行政法规有国家计量行政法规和地方计量行政法规两种。国家计量行政法规一般由国务院计量行政部门起草，经国务院批准后直接发布或由国务院批准后由国家计量行政部门发布。

1.1.2 电能计量的发展

1. 电能表的发展

1890 年弗拉里发明感应式电能表在 19 世纪得到迅速普及应用，至今已有百余年的历史。随着科学技术的进步，电能表的发展已经历了四个主要的发展阶段。

（1）20 世纪 60 年代以前，电能表基本上采用电气机械原理，其中应用最多的是感应式电能表。感应式电能表采用电磁感应原理制成，包括两个固定的铁芯线圈和一个活动的转盘。当线圈通过交变电流时，在转盘上感应产生涡流，这些涡流与交变磁场相互作用产生电磁力，从而引起活动部分转动产生扭矩。

（2）感应式电能表具有经久耐用、价格低廉、制造技术较为成熟等优点。然而传统的感应式电能表就其原理和结构来看，机械磨损、机械阻力、放置角度、外磁场、温度等不同因素会造成种种误差，进一步提高测量精度的空间是有限的。为了克服感应式电能表的缺陷，从 20 世纪 70 年代起，人们开始研究并试验采用模拟电子电路的方案。到了 20 世纪 80 年代，大量新型电子元器件的相继出现为模拟电子式电能表的更新奠定了基础。1976 年，日本研制出电子式电能表，此后进一步准确测量交流电参量（包括电压、电流、功率、电能等）成为测量领域的主攻方向和热门课题。在研制高精度电能测量仪方面主要是借助于大规模集成电路技术的不断进步、采用时分割乘法器方案来实现的。

（3）从20世纪90年代末，数字采样技术应用于电功率的测量，在工业发达的国家迅速发展，相继出现了多种寿命长、可靠性高、适合现场使用数字式的电子式电能表。数字式的电子式电能表以处理器为核心，对数字化的被测对象进行各种判断、处理和运算，从而实现多种功能，而且当时最高的精度已可达0.01级。数字采样技术所具有的优点十分明显，例如寿命长、准确度高、维修方便、功耗低等，从本质上讲最容易和当前蓬勃发展的计算机技术相结合，使得各种复杂的控制自校准数据传输功能都可以很方便地用于电能表中，因而有很强的生命力。数字式的电子式电能表的核心计量芯片按工作原理可分为两种：①一种采用DSP技术、以数字乘法器为核心的数字式计量芯片，它运用了高精度快速A/D转换器、可编程增益控制等最新技术；②以模拟乘法器为核心的模拟式计量芯片。这两种芯片的基本工作原理有根本的不同，在计量精度、线性度、稳定性、抗干扰性、温度漂移和时间漂移等方面，数字式计量芯片远远优于模拟式计量芯片。

（4）随着智能电网的推进，智能电能表是智能电网终端的发展方向，是为实现国家智能电网而推出的计量设备，是该系统建设的重要环节。所谓智能电网，就是电网的智能化，也称为“电网2.0”。它建立在集成、高速双向通信网络的基础上，通过先进的传感和测量等技术设备，实现电网安全可靠和经济高效的目标，具有信息化、数字化、自动化和互动化等主要特征。智能电能表具有电能量计量、信息存储及处理、实时监测、自动控制、信息交互等功能。一般由测量单元、数据处理单元、通信单元等组成。

2. 互感器的发展

（1）电磁式互感器。电磁式互感器的工作是基于电磁感应原理，电磁式电流互感器（TA）的额定输出信号为1A或5A，电磁式电压互感器（TV）的额定输出信号为100V或100/2V。长期以来TA和TV在继电保护和电流测量中的作用一直占有主导地位，但是随着超高压输电网络的迅速发展和供用电容量的不断增长，传统的电磁式互感器已经难以胜任这种工况，因为与这种系统相匹配的电磁式互感器有以下缺点：①绝缘难度大、防爆困难、安全系数下降，特别是500kV以上的高压系统，因绝缘而使得电磁式互感器的体积、质量及价格均有所提高；②带有铁芯结构且频带很窄，动态范围小，电流较大时，TA会出现饱和现象，影响二次保护设备正确识别故障；③电磁式互感器的输出信号不能直接与微机化计量及保护设备接口；④易产生铁磁谐振。

（2）光电式互感器。随着光电子技术的迅猛发展，一种结构简单、线性度良好、性能价格比高、输出范围宽且易以数字量输出的无铁芯式新型互感器——光电式互感器应运而生。

1）光电式电压互感器（OTV）。它基于Pockels电光效应，由光学电压传感头与相应的电子测量电路组合而成。

2）光电式电流互感器（OTA）。主要分为无源型和有源型2种类型。无源型光电式电流互感器是以法拉第磁光效应为原理设计制造的装置，有源型光电式电流互感器则以罗柯夫斯基空心线圈为基础。

国外于20世纪60年代初、我国于20世纪80年代开始研制光电式电压互感器和光电式电流互感器，现今均已部分挂网试运行。

3. 数字信息输出的发展

光电式互感器定义了一个新的物理元件——合并单元。它合成和同步处理来自二次转换器的电流及电压数据，即它的任务是将接收到的二次端信号转换为标准输出，同时使接收到的同一协议的信号同步。合并单元将7只以上的电流互感器（3只测量，3只保护，1只备用）和5只以上的电压互感器（3只测量、保护，1只母线，1只备用）合并为一个单元组，并将输出的瞬时数字信号填入到同一数据帧中，体现了数字信号的优越性。数字输出的光电式互感器与外部的通信通过合并单元实现。利用光电式互感器输出的数字信号使用现场总线技术实现点对点、多个点对点或过程总线通信方式，将完全取代大量的二次电缆线，彻底解决二次接线复杂的现象，可以简化测量或保护的系统结构，减少误差源，有利于提高整个系统的准确度和稳定性，实现真正意义上的信息共享。

4. 现代电能计量系统的发展趋势

21世纪将是信息网络化、高新科技成果被广泛应用和电力企业持续发展的时代，数字化、智能化、标准化、系统化和网络化是现代电能计量系统发展的必然趋势。

（1）数字化。所谓数字化就是采用数字式计量芯片、应用高新技术成果研制电子式电能计量系统。电能计量系统实现数字化能够不断提高计量系统性能，进一步保证计量结果的准确性和可靠性。

（2）智能化。所谓智能化就是采用高新技术不断完善《多功能电能表》（DL/T 614—2007）规定的所有功能，同时开发研制具有自校准组合互感器、电能计量综合误差自动跟踪补偿等特殊功能的全新电能计量系统。电能计量系统实现智能化能够进一步适应我国电价制的变革，满足运营管理的需要，解决特殊负载用户的计量问题。

（3）标准化。所谓标准化就是依据《电能计量装置技术管理规程》（DL/T 448—2016）中的电能计量装置配置原则分别对发电运营侧、电网运营管理侧和供电运营侧配置相应的电能计量系统。电能计量系统实现标准化能够进一步促使电能计量系统的配置，使其达到先进、合理、统一的要求，以便于运行、维护与管理。

（4）系统化。所谓系统化就是将电能计量系统与用电信息采集系统联通组成一个电能计量管理系统。电能计量系统运行实现系统化能够不断改善工作条件与服务质量，从而进一步提高工作效率和经济效益。

（5）网络化。所谓网络化就是将电能计量系统联通构成一个电能计量信息网络。电能计量系统实现网络化能够不断拓宽信息资源达到充分共享，从而进一步提高运营管理水平和客户服务质量。电能计量信息网络应按照可能性和必要性分别建立地域网和区域网等。

1.1.3 用电信息采集技术的发展

电力负荷管理的主要目标是改善电力系统负荷曲线形状，使电力负荷较为均衡地使用，以提高电力系统的经济性、安全性和投资效益。电力用户用电信息采集系统是对电力用户的用电信息进行采集、处理和实时监控的系统，实现用电信息的自动采集、计量异常监测、电能质量监测、用电分析和管理、相关信息发布、分布式能源监控、智能用电设备的信息交互等功能。

1913年，都德尔等3人在IEEE上发表了一篇论文，描述了把一个200Hz、10V的信号电压叠加在供电网络上以控制路灯和热水器的方案，这是最早的音频负荷控制装置。1931年，韦伯提出了单一频率编码的专利，这是现在广泛采用的脉冲时间间隔编码的先导。20世纪50年代，英国转而采用分散的定时开关控制分时计费电能表切换的技术，而欧洲大陆各国却广泛地发展和应用了集中音频控制技术。随着晶闸管换流技术的出现和计算机的广泛应用，现代音频负荷控制系统在功能、价格和可靠性等方面，都远远超过了早期的音频负荷控制系统。

在20世纪70年代石油危机出现后，人们认识到节能减排的重要性，开发了无线电负荷控制、配电线载波负荷控制和工频电压波形畸变负荷控制等多种技术。至1982年，美国就已有24个供电企业装设无线电力负荷控制系统，除此之外，还使用了公共移动网新型数据传输网组网技术发展的新型电力负荷控制系统。卫星通信也在试验中。到20世纪90年代，世界上已有几十个国家使用了各种电力负荷控制系统，先后安装的各类终端设备已达几千万台，可控负荷占全世界发电总装机容量的30%以上。

2009年初，美国总统奥巴马提出大规模智能电网改造计划，对世界范围内的电网建设产生了重要影响。作为智能电网建设的最后一个环节，配电端与用户终端之间的建设尤为重要，作为用电环节之一的用电信息采集技术，将实现电网与用户能量流、信息流、业务流实时互动，构建用户广泛参与、市场响应迅速、服务方式灵活、资源配置优化、管理高效集约、多方合作共赢的新型供用电模式。

我国电力用户用电信息采集信息系统的历史可以追溯到20世纪80年代中期开始建立的电力负荷控制系统，当时由于电力市场出现供不应求的局面，经常限电拉闸，电力负荷控制系统通过无线信道对安装在用户侧的终端装置进行监控，实现了限电到户，保证了大用户和关键部门的用电，对缓解当时电力供需矛盾起到了关键性的作用。

20世纪90年代中期以后，随着电网建设的发展和电网结构的完善，电力市场的供求矛盾得到了根本上的解决，对控制负荷的要求不断减弱，对负荷的综合管理功能提出了更高、更完善、更全面的要求。电力负荷控制系统也由原来的单纯控制负荷发展到电力负荷和电量综合管理系统的用电质量监测、远方抄表、购电控制、电能损耗管理等方面。

随着我国电力市场趋于规范化，电力负荷控制系统也将向全方位的用电管理功能转变，实现电量采集、负荷分析、负荷预测、网（线）损计算分析、用电检查和防窃电、电能质量监测、用户服务等功能，嵌入式技术、集成芯片技术、存储技术、GPRS/CDMA无线通信技术、数据库技术、信息技术的发展也为新型电力用户用电信息采集系统提供了技术基础。

2009年9月，国家电网公司发布了关于印发《电力用户用电信息采集系统功能规范》等标准的通知（国电电网科〔2009〕1393号）。该系列标准提升了电力用户用电信息采集系统管理的规范化、标准化水平，实现了系统和采集终端的互联、互通，保障电力用户用电信息采集系统的可靠运行，完善了计量技术管理体系，推动了电力用户用电信息采集工作健康有序发展。同年，国家电网公司制定了实现电力用户信息采集系统建设“全覆盖、全采集、全费控”的总体目标，2009—2010年为研究试点阶段。2010年7月，国家电网公司发布了关于印发《电力用户用电信息采集系统建设管理办法（试行）》《电力用户用电信息采集系统运行管理办法（试行）》的通知（国家电网营销〔2010〕894号），2011—2015年进入全面建设阶段，2016年以后为完善提升阶段，电力用户用电信息采集系统（智能电能表）覆盖率达100%。

随着科学技术的不断发展、国家电网公司的改革与职能分配的变化，电力用户用电信息采集系统的建设已经从专用变压器用户、公用配电变压器、低压用户的单一采集向实现购电侧、供电侧、售电侧综合统一的数据采集发展。电力用户用电信息采集终端通过连接远程网络、自诊断软件以及可擦除内存的应用，可实现故障自诊断并通过远方下载实现维护自动化；通过电力用户用电信息采集终端对用户进行多方位服务，可实现对电力用户的各项人性化服务，为电力用户节约成本、创造效益；通过电力用户用电信息采集终端将电力用户之间、电力用户和供电公司之间形成网络互动和即时连接，实现电力数据读取的实时性、高速性、双向性的总体效果，实现电网可靠、安全、经济、高效、环境友好运行的目标，使电网具备自愈、抵御攻击的能力；利用软、硬件技术的快速发展，将负荷预测、线损分析、谐波检测、营业运作、多媒体信息查询等功能不断完善；开发多种电力用户用电信息采集终端，也许将来每个家庭用户的家里都有一台人性化的微型服务终端；将低压居民用户的实时用电信息自动采集到电能信息中心并进行相应的分析和处理，为电力系统规范变压器台区管理、降低变压器损耗和线路损耗提供强大的技术支持。

1.2 电能计量装置

1.2.1 电能计量装置的分类及技术要求

运行中的电能计量装置按计量对象重要程度和管理需要分五类（Ⅰ类、Ⅱ类、Ⅲ类、Ⅳ类、Ⅴ类）。分类细则及要求如下：

（1）Ⅰ类电能计量装置。220kV及以上贸易结算用电能计量装置，500kV及以上考核用电能计量装置，计量单机容量300MW及以上发电机发电量的电能计量装置。

（2）Ⅱ类电能计量装置。110（66）～220kV贸易结算用电能计量装置，220～500kV考核用电能计量装置。计量单机容量100～300MW发电机发电量的电能计量装置。

（3）Ⅲ类电能计量装置。10～110（66）kV贸易结算用电能计量装置，10～220kV考核用电能计量装置。计量100MW以下发电机发电量、发电企业厂（站）用电量的电能计量装置。

（4）Ⅳ类电能计量装置。380～10000V电能计量装置。

（5）Ⅴ类电能计量装置。220V单相电能计量装置。

各类电能计量装置应配置的电能表、电力互感器的准确度等级应不低于表1-1的规定值。

表 1-1　　各类电能计量装置应配置的电能表、电力互感器的准确度等级

电能计量装置类别	准确度等级			
	电能表		电力互感器	
	有功	无功	电压互感器	电流互感器①
Ⅰ类	0.2S	2	0.2	0.2S
Ⅱ类	0.5S	2	0.2	0.2S
Ⅲ类	0.5S	2	0.5	0.5S
Ⅳ类	1	2	0.5	0.5S
Ⅴ类	2	—	—	0.5S

① 发电机出口可选用非S级电流互感器。

S级电能表与普通电能表的主要区别在于小电流时的特性不同，普通电能表对 $5\%I_b$ 以下没有误差要求，而S级电能表在 $1\%I_b$ 误差即满足要求，提高了电能表轻负载的计量特性；S级电流互感器与普通电流互感器相比，最大的区别在于S级电流互感器在低负载时的误差特性比普通电流互感器好。

S级计量器具的出现，有力地改善了负载变化及季节性负载、冲击性负载、轻负载的计量特性，尤其在目前企业经营状况波动大的情况下，对确保供用电双方的利益起到了良好的作用。

1.2.2　电能表

1. 感应式电能表

感应式电能表主要由驱动元件、转动元件、制动元件、轴承、计度器、调整装置、防潜动装置、表盖、底座和端钮盒等组成。

(1) 优点：结构简单耐用，工作可靠，价格低廉，便于批量生产，便于维修。

(2) 缺点：准确度较低，适应频率范围窄，功能单一，不便于自动化管理。

2. 电子式电能表

电子式电能表是为适应工业现代化和电能计量管理现代化飞速发展的需要而产生的，它不再使用感应式的机械运动测量机构，而由乘法器完成对电功率的测量。其基本结构包括输入级、乘法器、P/F变换器（Potential/Frequency，电位/频率变换器，又称V/F变换器，即电压/频率变换器）、计数显示、控制电路和直流电源部分。

(1) 优点：灵敏度、精确度高，防潜可靠。稳定性好，精度长时间不变，不受安装、运输等影响。宽量程、宽功率因数，可在很宽的电压、电流和频率范围内使用。功能广泛，可实现集中抄表、多费率、预付费和防窃电等功能。可预留计量容量扩展功能，保护前期投资。

(2) 缺点：电子式电能表对谐波等环境因素较敏感，价格较贵。

3. 智能电能表

智能电能表除计量有功（无功）外，还具有分时、测量需量等两种以上的功能，并具有显示、存储和输出数据功能。一般由测量单元和数据处理单元组成，数据处理单元一般由单片机实现，外扩和软件功能强大。近代的智能电能表还带有E/O光电RS232通信接

口，能实现网络通信。

优点：计量精度高、智能扣费、电价查询、电量记忆、余额报警、信息远程传送等，可实现实时监控和双向交互。

缺点：价格较贵，对网络信息安全要求较高。

1.2.3 计量用互感器及其二次回路

1. 电流互感器

电流互感器是依据电磁感应原理，由闭合的铁芯和绕组组成。它的一次绕组匝数很少，串在需要测量电流的线路中，因此它经常有线路的全部电流流过；二次绕组匝数比较多，串接在测量仪表和保护回路中。电流互感器在工作时，它的二次回路始终是闭合的，因此测量仪表和保护回路串联线圈的阻抗很小，电流互感器的工作状态接近短路。

电流互感器的作用是可以把数值较大的一次电流通过一定的变比转换为数值较小的二次电流，用来进行保护、测量等。如变比为400/5的电流互感器，可以把实际为400A的电流转变为5A的电流。

在测量交变电流的大电流时，为便于二次仪表测量，需要转换为比较统一的电流（我国规定电流互感器的二次电流额定值为5A或1A），另外线路上的电压都比较高，如直接测量是非常危险的，电流互感器就起到变流和电气隔离的作用，它是电力系统中测量仪表、继电保护等二次设备获取电气一次回路电流信息的传感器。

正常工作时电流互感器二次侧处于近似短路状态，输出电压很低。在运行中如果二次绕组开路或一次绕组流过异常电流（如雷电流、谐振过电流、电容充电电流、电感启动电流等），都会在二次侧产生数千伏甚至上万伏的过电压。这不仅给二次系统绝缘造成危害，还会使互感器过激而烧损，甚至危及运行人员的生命安全。

励磁电流是电流互感器误差的主要根源。

2. 电压互感器

电压互感器和变压器很相像，都用来变换线路上的电压。但是变压器变换电压的目的是为了输送电能，因此容量很大，一般都是以kVA或MVA为计算单位；而电压互感器变换电压的目的，主要是用来给测量仪表和继电保护装置供电，用来测量线路的电压、功率和电能，或者用来在线路发生故障时保护线路中的贵重设备、电机和变压器，因此电压互感器的容量很小，一般都只有几伏安、几十伏安，最大也不超过1000VA。

电压互感器是一个带铁芯的变压器，主要由一次绕组、二次绕组、铁芯和绝缘组成。两个绕组都装在或绕在铁芯上，两个绕组之间以及绕组与铁芯之间都有绝缘，使两个绕组之间以及绕组与铁芯之间都有电气隔离。当在一次绕组上施加电压U_1时，在铁芯中产生磁通Φ，根据电磁感应定律，则在二次绕组中产生二次电压U_2。一次电压相同时，改变一次绕组或二次绕组的匝数，可以产生不同的二次电压，就可组成不同变比的电压互感器。电压互感器将高电压按比例转换成低电压，即100V，因此在测量高压线路上的电压时，尽管一次电压很高，但二次电压却较低，可以确保操作人员和仪表的安全。电压互感器一次绕组并接在一次系统，二次绕组并接测量仪表、继电保护装置等。电压互感器主要是电容式电压互感器、电磁式电压互感器和光电式电压互感器。

测量用电压互感器一般都为单相双绕组结构，其一次电压为被测电压（如电力系统的线电压），可以单相使用，也可以用两台电压互感器接成V-V形做三相使用。实验室用的电压互感器的一次绕组往往是多抽头的，以适应测量不同电压的需要。供保护接地用的电压互感器还带有一个第三绕组，称三绕组电压互感器。三相的第三绕组接成开口三角形，开口三角形的两引出端与接地保护继电器的电压线圈连接。正常运行时，电力系统的三相电压对称，第三绕组上的三相感应电动势之和为0。发生单相接地时，中性点出现位移，开口三角形的端子间就会出现零序电压使继电器动作，从而对电力系统起保护作用。

3. 二次回路

（1）二次回路的定义和分类。电气设备一般分为两大类：一次设备和二次设备。前者是指用于传输、分配、控制电能的电气设备，如变压器、开关电器、母线等；后者是指用于对一次设备进行操作、控制、测量、保护等工作的设备，包括各种监视测量仪表、继电保护装置、控制信号设备、操作电源等。用导线或控制电缆将二次设备按规定要求连接在一起，用于参数测量、操作控制及信号显示的全部低压回路，称为二次回路。

二次回路依照电源及用途不同可分为以下几种：

1）电流回路。由电流互感器供给测量仪表及继电器的电流线圈的回路。

2）电压回路。由电压互感器供给测量仪表和继电器的电压线圈及信号器等的回路。

3）操作回路。由电压互感器或独立的直流电源供电给开关电器的控制设备、开关电器或断路器的信号设备、事故信号或预报信号的信号灯、信号铃以及备用电源合闸等的回路。

（2）二次回路的重要性。二次回路是变电所、发电厂及工业企业中电气设备的重要组成部分，它对电气设备的连续可靠运行具有重要的意义，二次设备及接线比较复杂，如果二次回路未能保证安装质量或不按规定进行检查与试验，一次设备投入运行后，当测量仪表指示不准确时，若一次设备过负荷，可能导致设备过热而损坏；当一次设备有故障时，若二次回路有缺陷，可能引起继电保护装置拒动作或误动作而发生电力事故；在电能计量方面，如果二次回路有缺陷，则可能给电力部门或电力用户造成经济损失。

为了保证二次回路安全可靠运行，应特别重视二次回路工作：首先要保证安装质量；其次应及时进行定期检验，以保证二次回路在可靠与良好的状态下运行。

1.3 电能计量岗位的工作内容

1.3.1 电能计量装置实验室检定

本岗位人员依据检定规程和相关工作规定，利用检定装置对电能表、电流互感器、电压互感器等电能计量装置开展实验室检定。

主要包括：电能表全性能试验；互感器实验室检定；故障、异常及客户申诉的电能计量装置的实验室检定、检测比对、技术分析；电能计量装置轮换抽检和现场电能表质量跟踪抽检的实验室检定；库存电能表超期复检实验室检定；拆回电能表报废前实验室检定等。

1.3.2 电能计量装置现场检验

本岗位人员依据检定规程和相关工作规定，使用现场检验设备对电能表、电流互感器、电压互感器、电压互感器二次压降及二次回路负荷等进行现场检验。

主要包括：电能表、互感器首次检验及周期检验；电能表现场申校；现场互感器二次压降和负荷测试；计量异常现场检查等。

1.3.3 电能计量装置装拆、验收及故障处理

本岗位人员依据相关规程及标准化作业指导书，使用相关工器具对高、低压电能计量装置进行装拆、验收及故障处理。

主要包括：智能电能表、采集终端和互感器的新装、更换、故障处理、销户。

1.3.4 用电信息采集系统运行维护及应用

本岗位人员利用电力用户用电信息系统主站展开监控，对采集故障及计量装置和故障根据相关要求开展现场运行维护和消缺处置，保障电力用户用电信息采集系统健康、稳定运行。

主要包括：电力用户用电信息采集系统主站监控；电力用户用电信息采集终端现场异常排查、故障消缺；电能计量装置异常现场处理等。

1.3.5 计量资产配送及智能表库操作

本岗位人员使用营销业务应用系统，利用智能表库对电能计量资产进行智能仓储配送处置。

主要包括：电能表、互感器及采集设备的建档、检定出入库和配送；拆回电能表入库和存度核对、分流处置、报废处理；采集设备拆回入库及 SIM 卡建档、绑定、配送、解绑、报废；检定电能表检定出入库、配送。

1.4 电能计量技术支撑系统

1.4.1 电力营销业务应用系统

1. 基本介绍

电力营销业务应用系统是国家电网公司“SG186 工程”八大业务应用之一，即营销管理，由国家电网公司统一组织、统一标准、分批实施，最终建立国家电网公司系统统一的营销业务管理模式。

国家电网公司于 2006 年提出了在全系统实施“SG186 工程”，“SG186 工程”的含义为：①“SG”是国家电网公司英文缩写；②“1”是指一体化企业及信息集成平台，这个平台的建设，既源于企业发展的战略构想，也源于日常的工作需要；③“8”就是按照国家电网公司企业及信息系统建设思路，依托公司企业信息集成平台，在公司总部和公司系统进行建设财务（资金）管理、营销管理、安全生产管理、协同办公管理、人力资源管理、物资管理、项目管理、综合管理等八大业务应用；④“6”是为保障国家电网公司信

息化发展的协调性与连续性，顺利落实信息化发展的战略重点，从而提出的“建立健全6个信息化保障体系”，这6个系统分别是信息化安全防护体系、标准规范体系、管理调控体系、评价考核系统、技术研究体系和人才队伍体系，这些体系的建立将为国家电网公司的信息化建设提供必需的资源、技术、管理和人才保障。

2. 主要功能

电力营销业务应用系统包括计费与账务管理、电能计量、客户服务、市场管理、需求侧管理、电量信息采集和客户关系管理等功能模块，涵盖了电力营销业务管理的全过程。

其中电能计量包含了计量点管理、计量体系管理、电能计量资产管理、电能信息采集管理等功能模块。

(1) 计量点管理。电力营销业务应用系统中的计量点从系统实现的角度阐述了计量点投运前管理、电能计量装置运行维护及检验、电能计量装置评价、电能计量装置改造等业务的系统功能实现，从计量点的设计方案审查、设备安装、竣工验收等方面入手，对计量点设置，计量方式确认，电能计量装置配置、安装和验收结果等内容进行过程管理。计量点管理包括投运前管理、台账管理、运行维护及检验、电能计量装置分析和电能计量装置改造工程等内容。

(2) 计量体系管理。电力营销业务应用系统为了建立健全计量体系，规范计量体系文档、计量考核、计量人员、计量标准、计量设施管理的业务流程，理顺计量体系与外部业务的关系，保障计量量值传递的准确性、可靠性等内容进行过程管理。计量体系管理包括文档、计量人员、计量考核、计量标准及测试设备和计量设施等管理。

(3) 电能计量资产管理。电力营销业务应用系统中的电能计量资产管理的功能业务应用从设备的需求计划管理、招标选型、订货和供应商资信管理等方面入手，对需求采购计划形成、招标过程技术支撑、订货合同及技术协议签订等选购内容进行过程管理。电能计量资产管理包括选购，验收，检定、校准及检验，库房，配送，淘汰，丢失、停用与报废以及计量印证等内容。

(4) 电能信息采集管理。通过远程采集的现代化技术手段，采集电力用户和关口的负荷、电量、抄表、电能质量及异常告警信息，结合安全生产系统获取的电能信息，将购电侧、供电侧、销售侧的电能数据整合在一起，并进行统一发布，为远程抄表、市场分析、违约用电和违章窃电管理、线损分析和考核、订阅服务等提供数据支持。电能信息采集功能包括采集点设置、数据采集管理、控制执行和运行管理等内容。

1.4.2 电力用户用电信息采集系统

1. 基本介绍

电力用户用电信息采集系统是对电力用户的用电信息进行采集、处理和实时监控的系统，实现用电信息的自动采集、计量异常监测、电能质量监测、用电分析和管理、相关信息发布、分布式能源监控、智能用电设备的信息交互等功能。它一方面涵盖了变电站、公用变压器、居民用户、专用变压器用户等管理对象，系统核心是负荷与电量管理，较为符合电力企业市场发展及经营管理的需要；另一方面采用先进的用电信息采集与健康装置实时控制电力用户用电负荷，宏观调控负荷曲线，引导电力用户合理用电。

随着科学技术的进步和能源发展格局的变化，经济社会发展对电能的依赖程度日益增强，依靠现代信息、通信和控制技术积极发展智能电网，实现电网发展方式转变，已成为国际电力行业积极应对未来挑战的共同选择。未来的智能电网将实现电网运行和控制的信息化、智能化，以改善能源结构和利用效率，满足电力应用的各种需求，提高电力传输的经济性、安全性和可靠性。为实现市场响应迅速、计量公正准确、数据采集及时、收费方式多样、服务便捷高效，构建智能电网与电力用户电力流、信息流、业务流实时互动的新型供用电关系，满足电力企业各层面、各专业对用电信息的迫切需求，我国开始按照统一的技术标准和方案全力推进电力用户用电信息采集系统的建设。

电力用户用电信息采集系统的建设和应用是国家电网公司构建坚强智能电网的重要组成部分，也为加强“SG186工程”电力营销业务应用系统奠定重要基础。电力用户用电信息采集系统的建设和应用，为实现营销管理和技术支持模式由传统向现代化、信息化的转变提供了更为全面、可靠、准确的信息支撑。电力用户用电信息采集系统在支撑“大营销”体系建设、居民阶梯电价执行、防范电费风险、提高用工效率、优质服务、有序用电、节能减排等方面取得了明显成效，供电企业的供电服务和精益化管理已经和电力用户用电信息采集系统须臾不可分离。

电力用户用电信息采集系统组成如图1-1所示，主要由以下6个部分组成：

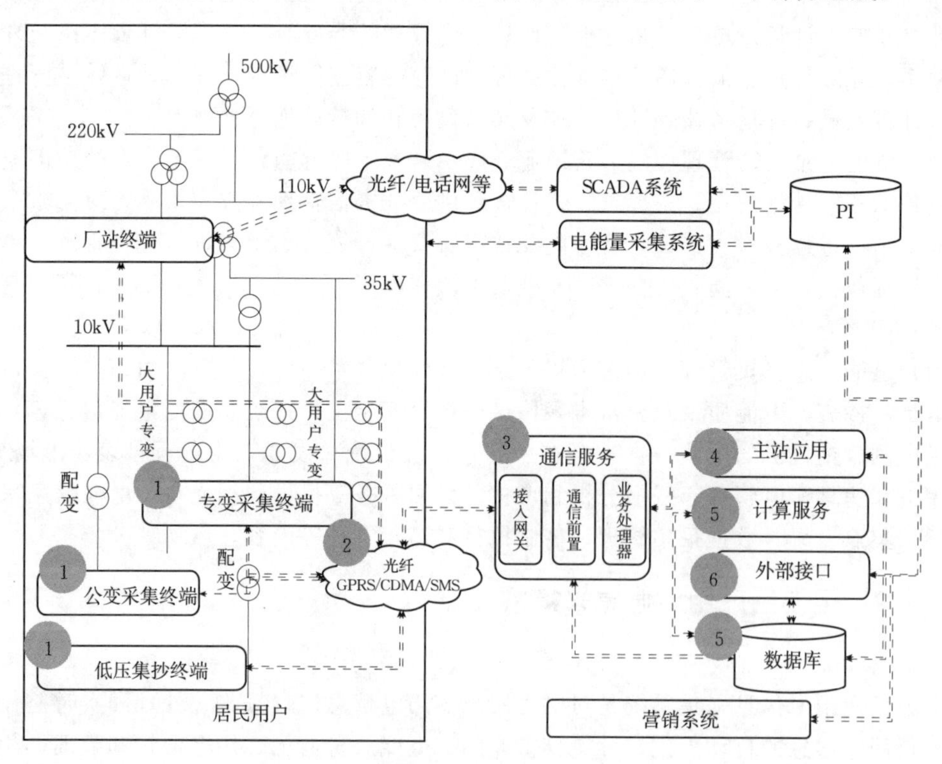

图1-1 电力用户用电信息采集系统组成

1—采集终端；2—通信信道；3—通信服务；4—主站应用；5—数据库；6—外部接口

（1）采集终端。是安装在用户侧用于实现电力用户用电信息采集功能的智能装置，包括专变采集终端、公变采集终端、低压集抄终端（集中器、采集器）。

(2) 通信信道。是连接主站和终端之间的通信介质、传输、调制解调、规约等的总称，包括远程通信信道和本地通信信道。其中远程通信信道主要采用光纤、GPRS/CDMA/SMS；本地通信信道主要采用RS485、载波、微功率无线。

(3) 通信服务。包括通信接入网关、通信前置、业务处理器。

(4) 主站应用。包括数据召测、任务发布、信息展现等。

(5) 数据库。包括数据存储、备份、计算服务等。

(6) 外部接口。包括与电力营销业务应用系统接口、营销稽查监控系统接口、运营监控系统接口、GIS接口、PI数据库接口、外部数据发布等。

2. 主要功能

(1) 数据采集功能。数据采集是电力用户用电信息采集系统的基本功能之一，按数据形成的时间可分为实时数据、历史日数据、历史月数据，按数据的信息内容又可分为负荷数据、负荷监控、电能量数据、电能质量数据、工况类数据、时间记录数据、用户侧其他相关设备提供的数据等。

(2) 负荷控制功能。负荷控制也是电力用户用电信息采集系统的基本功能之一，终端在系统主站的集中管理下，通过对用户侧配电开关的控制操作，达到调整和限制负荷的目的。

(3) 基础管理功能。包括资产管理、业务流程管理、终端故障流程管理、用户用电档案配置管理等。

(4) 应用分析功能。可根据分析对象的不同需求，以地区、行业、用电性质、电压等级等常用数据为基础单元，重新筛选组合为新的数据分析对象，实现对其日、周、月、年负荷数据及电能量数据的统计及分析比对。

(5) 主站运行情况监视功能。主要实现了主站设备及通信信道运行情况的实时在线监视，以及省地两级数据同步情况的跟踪，为监测系统设备运行情况提供重要手段。

(6) 终端运行情况分析功能。主要通过全省各地终端运行数据，多角度、多层次分析和评价电力用户用电信息采集系统建设与运行管理水平，为考核指标的制定及评价提供依据。

(7) 用户监测功能。主要可实现对用户基本档案、负荷数据、电能量数据、电能质量数据、工况异常数据的跟踪分析，并为高层次的应用分析（如负荷预测等）提供数据基础。

(8) 相关应用功能。包括需求侧管理与服务支持应用、电量电费结算、电力用户用电异常分析、反窃电技术和电压合格率监测、线损分析、用户端电能质量在线监测等。

第2章　智能电能表实验室检定

2.1　基　本　知　识

2.1.1　智能电能表定义

智能电能表由测量单元、数据处理单元、通信单元等组成，是具有电能量计量、信息存储及处理、实时监测、自动控制、信息交互等功能的电子式电能表。

2.1.2　智能电能表的优势

单相、三相智能电能表属于多功能电能表，在电子式电能表电能计量基础上重点扩展了信息存储及处理、实时监测、自动控制、信息交互等功能，这些功能都是围绕坚强智能电网建设而增加的，以满足电能计量、营销管理、客户服务的目的。

2.1.3　智能电能表的分类

智能电能表分为单相智能电能表、三相智能电能表。单相智能电能表型式上分为单相远程费控电能表和单相本地费控电能表；三相智能电能表型式上分为三相智能电能表（无费控功能)、三相本地费控智能电能表以及三相远程费控智能电能表。

2.2　基　本　要　求

2.2.1　检定人员

智能电能表的检定人员应保证至少两人，应熟悉检定规程并取得有效检定员证书(2016年6月起，与注册计量师合并)，熟悉电气知识和检定装置校验软件使用方法，会进行装置简单故障的判断及处理，了解智能电能表的结构、原理和主要功能，掌握参数抄读和设置方法，掌握检定数据处理的方法等。

2.2.2　检定装置

所有检定装置应合格，并贴有有效期内的合格标签，其数量应满足工作需要，一般包括以下所列设备：耐压试验装置、电能表检定装置、绝缘电阻表、万用表、红外掌机等。

检定装置及配套使用的标准电能表和标准电压、电流互感器的准确度等级应满足检定要求，具有有效期内的法定或授权的计量技术机构的检定证书，各项技术指标满足规程要求。

2.2.3 环境条件

检定各等级电能表时各因素的标准值及其允许偏差应满足表 2－1 的要求。

表 2－1　　参比值及其允许偏差

因素	参比值	有功电能表准确度等级				无功电能表准确度等级	
		0.2S	0.5S	1	2	2	3
		允许偏差					
环境温度	参比温度	±2℃	±2℃	±2℃	±2℃	±2℃	±2℃
电压	参比电压	±1.0%	±1.0%	±1.0%	±1.0%	±1.0%	±1.0%
频率	参比频率	±0.3%	±0.3%	±0.3%	±0.5%	±0.5%	±0.5%
波形	正弦波	波形畸变因数					
		<2%	<2%	<2%	<3%	<2%	<3%
参比频率的外部磁感应强度①	磁感应强度为 0	磁感应强度使电能表误差变化最大值					
		±0.1%	±0.1%	±0.2%	±0.3%	±0.3%	±0.3%

① 磁感应强度在任何情况下应小于 0.05mT。

2.2.4 适用范围

适用于额定频率为 50Hz 的智能电能表的实验室检定。新购进的智能电能表已基本实现了自动化检定，本章主要针对人工检定情况。

2.3 工　作　内　容

2.3.1 工作流程

智能电表实验室检定工作流程如图 2－1 所示。

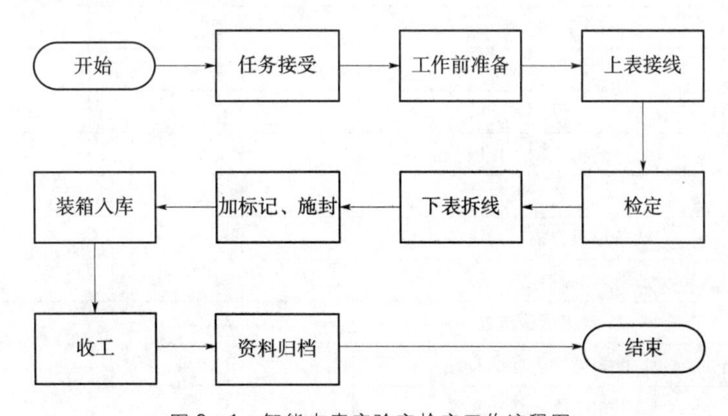

图 2－1　智能电表实验室检定工作流程图

2.3.2 工作要求

新购进、返厂修理后、拆回复用和库存超期的电能表，在安装使用前需经过实验室检定，使其误差和性能达到检定规程要求后才能使用，确保现场可靠和准确计量。

理解和掌握智能电能表的功能和特点，掌握检定装置的性能、使用方法，掌握智能电能表的检定项目及方法、检定结果处理，熟悉电力营销业务应用系统。

2.3.3 工作准备

1. 工作前准备

(1) 认真核对任务单，按照检定任务单领取待检电能表，以防错领电能表。

(2) 电能表按批次分别摆放在标准装置旁边的待检区。

2. 检定工器具与检定装置

(1) 常用工器具金属裸露部分应采取绝缘措施，并经检验合格。

(2) 安全工器具应经检验合格并在有效期内。

电压表检定工器具和检定装置主要包括开展检验用工器具、标准装置及辅助设备等，见表 2-2。

表 2-2　电能表实验室检定工器具与检定装置

序号	名称	单位	数量
1	电工刀	把	1
2	螺丝刀组合	套	1
3	电动螺丝刀	把	1
4	封印钳	把	1
5	斜口钳	把	1
6	尖嘴钳	把	1
7	钢丝钳	把	1
8	低压验电笔	只	1
9	活动扳手	把	1
10	内六角扳手	套	1
11	万用表	只	1
12	纯棉长袖工作服	套/人	1
13	绝缘鞋	双/人	1
14	条形码扫描识读设备	套	1
15	温湿度计	只	1
16	耐压试验装置	台	1
17	单相电能表标准装置	台	1
18	三相电能表标准装置	台	1

3. 安全要求

工作前应检查安全措施是否到位，危险点预控措施是否落实，防止引起人身伤害和设备损坏。

工作前应检查试验设备可靠接地，且绝缘良好。电动工具的外壳必须可靠接地，并装有漏电保护器。

2.3.4 工作步骤

1. 外观检查

(1) 对表计进行外观检查，若存在问题应停止检定。

1) 电能表信息和标准装置信息应与检定任务单要求一致。电能表的标志应符合国家标准或有关技术标准的规定，铭牌参数信息应完整清晰正确。

2) 临时检定电能表状态应与检定任务单要求一致，检定原因及要求清楚、无疑义。

3) 端钮盒应固定牢固，盒盖上应有接线图。

4) 供校验用的脉冲测试端应标志完整清晰。

5) 晃动表检查，内部应无异物。

6) 应有脉冲指示的标记。

7) 查看端钮盒内的螺丝是否齐全完好，固定表盖的螺丝是否齐全。

8) 应有防止非授权人输入数据或开表操作的措施。

9) 外部端钮是否损坏，各按键应按动灵活，无卡死现象。

10) 电能表资产编码应与表内资产信息一致。

(2) 对于外观检查不合格的表计，应挑出不予检定，并粘贴不合格标记，放入不合格区域。

2. 工频耐压试验

对首次检定的电能表进行50Hz工频耐压试验。

(1) 试验条件。试验应在下列条件下进行：①环境温度15～25℃；②相对湿度45%～75%；③大气压力80～106kPa；④试验电压波形近似正弦波（波形畸变因数不大于5%）；⑤频率45～65Hz；⑥试验装置容量不小于500VA（如果试验装置为多表位，则每一表位均应满足试验要求）；⑦试验电压见表2-3；⑧试验时间1min。

表2-3　　工频耐压试验

试验电压（方均根值）/kV		试验电压施加点
Ⅰ类防护电能表	Ⅱ类防护电能表	
2	4	所有的电流线路和电压线路以及参比电压超过40V的辅助线路连接在一起为一点，另一点是地，试验电压施加于该两点间
2	2	在工作中不连接的线路之间

在对地试验中，参比电压不大于40V的辅助线路应接地。

(2) 试验方法。

1) 所有的电流线路和电压线路以及参比电压超过40V的辅助线路连接在一起为一点，另一点是地，试验电压施加于该两点间；对于互感器接入式的电能表，按Ⅰ类、Ⅱ类防护电能表绝缘等级，应增加不相连接的电压线路与电流线路间的试验。

2）试验电压应在5～10s内由0升到表2-3的规定值，保持1min，随后以同样的速度将试验电压降到0。试验中，电能表不应出现闪络、破坏性放电或击穿；试验后，电能表无机械损坏，电能表应能正确工作。

（3）试验结果判定。试验中，不应出现飞弧、火花放电或击穿等现象，电能表能正常工作，则判断该表计工频耐压试验合格。

3. 挂表及接线

严格按照电能表检定规程的接线图接线。打开被检表计的表尾盖，按检定装置台体规定的表位顺序依次挂起。将被检表计挂在装置各表位电流接线座上，压接牢固，拧紧表计电流回路螺丝，对于空闲的表位使用装置配备的专用短接线将电流回路短接，再接好电压线，按照表尾盒上的脉冲端子接线图，将检定装置台体的正反向有功、正反向无功校验脉冲线，时钟信号线，需量周期更替信号线，RS485通信线等依次接到表计辅助脉冲端子的相应位置。

注意事项：所有电流、电压、辅助端子接线应在通电前一次性完成。接线应正确无误，防止相间及电压回路短路、电流回路开路造成设备和人身伤害。

4. 电源开关操作

按装置操作手册要求的正确顺序打开各电源开关，装置程控功率源应有显示，挂表架上的误差显示器点亮，表示电源已经接通。

5. 通电检查

（1）可手动操作装置，输出电压、电流，进行通电检查。

（2）检查智能电能表显示数字是否清楚正确。

（3）显示时间和内容是否正确齐全。

（4）检查脉冲输出是否正常，脉冲灯应闪烁。

（5）检查各项基本功能是否正常。

1）电能计量功能。翻动面板上的按键或通过红外掌机，查看表计是否具有此项功能，一般应有简单的汉字显示，如“当前正向有功总电量”“上1月反向有功峰电量”“上2月反向无功总电量”等。

2）最大需量功能。翻动面板上的按键，查看表计是否具有此项功能，例如“当前正向有功最大需量总”“当前正向有功最大需量总发生时间”（三相智能电能表有此项功能，单相智能电能表无此项功能）。

3）费率和时段功能。智能电能表具有计时功能，至少支持尖、峰、平、谷四个费率，具有两套可以任意编程的费率和时段，并可在设定的时间点启用另一套费率和时段。翻动面板上的按键，查看表计是否具有此项功能，液晶是否显示日期、时间等内容。

4）显示功能。将电能表通电后，翻动面板上的按键，查看液晶显示器的各项功能是否满足如下要求：

a. 测量值显示位数为8位，显示小数位可根据需要设置0～4位，显示应采用国家法定计量单位，如：kW（kvar）、kW·h（kvar·h）、V、A等，只显示有效位。

b. 应有显示各种费率、电能量、需量及其方向、电量脉冲输出、需量周期结束等识别符号。

c. 需要时应能自动循环显示所有的预置数据，并能选择显示需要的数据。

5）费控功能。费控功能的实现分为本地和远程两种方式，本地方式通过 CPU 卡、射频卡等固态介质实现；远程方式通过公网、载波等虚拟介质和远程售电系统实现。费控功能仅适用费控智能电能表。

6）通信功能。智能电能表通信遵循《多功能电能表通信协议》（DL/T 645—2007）及其备案文件。通信方式有 RS485、红外、载波、公网、微功率无线等。

6. 根据检定规程进行自动检定

（1）检定项目及方法。

1）启动试验。

a. 安装式电能表，在参比电压、参比频率和功率因数为 1 的条件下，负载电流升到表 2-4的规定值后，电能表在启动时限 t_q 内应启动并连续记录。

表 2-4　单相和三相电能表的启动电流　单位：A

类别	有功电能表准确度等级				无功电能表准确度等级	
	0.2S	0.5S	1	2	2	3
直接接入的电能表	—	—	$0.004I_b$	$0.005I_b$	$0.005I_b$	$0.01I_b$
经互感器接入的电能表	$0.001I_n$	$0.001I_n$	$0.002I_n$	$0.003I_n$	$0.003I_n$	$0.005I_n$

注　1. 经互感器接入的宽负载电能表（$I_{max} \geqslant 4I_b$）[如 3×1.5（6）A]，按 I_b 确定启动电流。
　　2. I_b—标定电流；I_{max}—额定最大电流。

b. 根据被检表等级及电压电流规格，计算出启动试验时间为

$$t_Q \leqslant 1.2 \times \frac{60 \times 1000}{CmU_nI_Q} \tag{2-1}$$

式中　C——被检表常数，imp/（kW・h）；

m——系数，对单相电能表，$m=1$；对三相四线电能表，$m=3$；对三相三线电能表，$m=\sqrt{3}$；

U_n——参比电压，V；

I_Q——启动电流，A。

c. 如果多功能表用于测量双向电能，则将电流线路反接，重复上述试验。

2）潜动试验。

a. 电流线路不加电流，电压线路施加 115%的参比电压，$\cos\varphi=1$ 或 $\sin\varphi=1$，电能表的测试输出在规定的时限内不应产生多于一个的脉冲。

b. 潜动时间 Δt 计算确定。

0.2S 级电能表为

$$\Delta t \geqslant \frac{900 \times 10^6}{CmU_nI_{max}} \tag{2-2}$$

0.5S 级、1 级电能表为

$$\Delta t \geqslant \frac{600 \times 10^6}{CmU_nI_{max}} \tag{2-3}$$

2 级电能表为

$$\Delta t \geqslant \frac{480 \times 10^6}{CmU_nI_{max}} \tag{2-4}$$

3）确定电能测量基本误差。

a. 检定误差时应调定的负载电流见表 2－5 和表 2－6。

表 2－5　　检定单相电能表和平衡负载下的三相电能表时应调定的负载电流

电能表类别		电能表准确度等级	$\cos\varphi=1$ $\sin\varphi=1$ （L 或 C）	$\cos\varphi=0.5L$ $\cos\varphi=0.8C$① $\sin\varphi=0.5$（L 或 C）	$\sin\varphi=0.25$ （L 或 C）	特殊要求时 $\cos\varphi=0.25L$ $\cos\varphi=0.5C$
			负载电流②			
直接接入	有功电能表	1，2	I_{max}，$(0.5I_{max})$②，I_b，$0.1I_b$，$0.05I_b$	I_{max}，$(0.5I_{max})$②，I_b，$0.2I_b$，$0.1I_b$	—	I_{max}，$0.2I_b$
	无功电能表	2，3	I_{max}，$(0.5I_{max})$②，I_b，$0.1I_b$，$0.05I_b$	I_{max}，$(0.5I_{max})$②，I_b，$0.2I_b$，$0.1I_b$	I_b	—
经互感器接入③	有功电能表	0.2S，0.5S	I_{max}，I_b，$0.05I_b$，$0.01I_b$	I_{max}，I_b，$0.1I_b$，$0.02I_b$	—	I_{max}，$0.1I_b$
		1，2	I_{max}，I_b，$0.05I_b$，$0.02I_b$	I_{max}，I_b，$0.1I_b$，$0.05I_b$	—	I_{max}，$0.1I_b$
	无功电能表	2，3	I_{max}，I_b，$0.05I_b$，$0.02I_b$	I_{max}，I_b，$0.1I_b$，$0.05I_b$	I_b	—

① $\cos\varphi=0.8C$ 只适用于 0.2S 级、0.5S 级和Ⅰ级有功电能表，φ 为相电压与相电流间的相位角。

② 当 $I_{max}\geqslant 4I_b$ 时，应适当增加负载点，如增加 $0.5I_{max}$ 负载点等。

③ 经互感器接入的宽负载电能表（$I_{max}\geqslant 4I_b$）[如 3×1.5（6）A]，其计量性能仍按 I_b 确定。

表 2－6　　检定不平衡负载时三相电能表应调定的负载电流

电能表类别	电能表准确度等级		$\cos\theta=1$ $\sin\theta=1$ （L 或 C）	$\cos\theta=0.5L$ $\sin\theta=0.5$ （L 或 C）
			负载电流	
直接接入	有功电能表	1，2	I_{max}，I_b，$0.1I_b$	I_{max}，I_b，$0.2I_b$
	无功电能表	2，3	I_{max}，I_b，$0.1I_b$	I_{max}，I_b，$0.2I_b$
经互感器接入	有功电能表	0.2S，0.5S	I_{max}，I_n，$0.05I_n$	I_{max}，I_n，$0.1I_n$
		1，2	I_{max}，I_n，$0.05I_n$	I_{max}，I_n，$0.1I_n$
	无功电能表	2，3	I_{max}，I_n，$0.05I_n$	I_{max}，I_n，$0.1I_n$

b. 通电预热。在 $\cos\varphi=1$（对有功电能表）或 $\sin\varphi=1$（对无功电能表）的条件下，电压线路加参比电压，电流线路通参比电流 I_b，或 I_n 预热 30min（对 0.25 级、0.5S 级电能表）/15min（对 1 级以下的电能表）后，按负载电流逐次减小的顺序测量基本误差。根据需要允许增加误差测量点。

c. 用标准表法检定电能表。标准电能表与被检表都在连续工作的情况下，用被检电能表输出的脉冲（低频或高频）控制标准电能表计数来确定被检电能表的相对误差。

要适当地选择被检电能表的低频（或高频）脉冲数 N 和标准电能表外接的互感器量

程或标准电能表的倍率开关挡，使算定（或预置）脉冲数功率表或功率源显示位数满足表2-7的规定，同时每次测试时限不少于5s。

表2-7　算定（或预置）脉冲数、功率表或功率源显示位数和显示被检电能表误差的小数位数

检定装置准确度等级	0.05级	0.1级	0.2级	0.3级
算定（或预置）脉冲数	50000	20000	10000	6000
功率表或功率源显示位数	6	5	5	5
显示被检电能表误差的小数位数	0.001%	0.01%	0.01%	0.01%

重复测量次数原则：在每一负载下，至少做两次测量，取其平均值作为测量结果。若不能正确地采集被检电能表脉冲数，应舍去测得的数据；若测得的误差值等于0.8倍或1.2倍被检电能表的基本误差限，再进行两次测量，取这两次与前两次测量数据的平均值作为最后测得的基本误差值。

4）仪表常数试验。

a. 计读脉冲法。在参比频率、参比电压和最大电流及 $\cos\varphi=1$ 或 $\sin\varphi=1$ 的条件下，被检电能表计度器末位（是否是小数位无关）改变至少1个数字，输出脉冲数 N 应符合下式要求：

$$N=bC\times10^{-a} \quad (2-5)$$

式中　a——计度器小数位数，无小数位时取0；

b——计度器倍率，未标注时取1；

C——被检电能表常数，imp/（kW·h）(kvar·h)。

b. 走字试验法。在规格相同的一批被检电能表中，选用误差较稳定（在试验期间误差的变化不超过1/6基本误差限）而常数已知的两只电能表作为参照表。各表电流线路串联而电压线路并联，在参比电压和最大电流 $\cos\varphi=1$ 或 $\sin\varphi=1$ 的条件下，当计度器末位（是否是小数位无关）改变不少于15个（对0.2S级、0.5S级表）或10个（对1～3级表）数字时，参照表与其他表的示数（通电前后示值之差）应符合下式要求：

$$r\frac{D_i-D_0}{D_0}\times100+r_0\leqslant1.5E_b \quad (2-6)$$

式中　E_b——电能表基本误差限；

D_0——两只参照表示数的平均值；

r_0——两只参照表相对误差的平均值；

D_i——第 i 只被检电能表的示数（$i=1, 2, 3, \cdots, n$）。

c. 标准表法。对标志完全相同的一批电能表，可用一台标准电能表校核计度器示数。将各被检表与标准表的同相电流线路串联，电压线路并联，加额定最大负载运行一段时间，停止运行后，按下式计算每个被检表的误差 r，要求 r 不超过基本误差限。

$$r=\frac{W'-W}{W}\times100+r_0 \quad (2-7)$$

式中　W'——每台被检表停止运行与运行前示值之差，kW·h；

r_0——标准表的已定系统误差，不需修正时 $r_0=0$；

W——标准电能表显示的电能值（换算成kW·h）。

要使标准表与被检表同步运行，运行的时间要足够长，使得被检表计度器末位一个字（或最小分格）代表的电能值与所记录的 W' 之比不大于被检表等级值的1/10。

5）测定时钟日计时误差。在参比条件下，对具有计时功能的电能表、电压线路（或辅助电源线路）施加参比电压1h后，用标准时钟测试仪测电能表时基频率输出，连续测量5次，每次测量时间为1min，取其算术平均值，其内部时钟日计时误差应不超过0.5s/d。

6）确定需量示值误差。

a. 具有最大需量计量功能的电能表需确定需量示值误差。

b. 确定需量示值误差的检定条件与确定基本误差的条件相同，试验前见仪表需量清零，并将仪表的需量周期设置为15min。在参比电压、参比频率、$\cos\varphi=1$ 时，选择下列负载点：$0.1I_b$、I_b、I_{max}，其需量误差应不大于规定的准确度等级值。

（2）校表软件操作步骤。

1）登录校表软件。登录计算机校表软件，选择检验员和核验员，在参数录入界面，选择或输入被检表计铭牌信息及相关信息。

2）设置检定方案。参数录入后，根据《电子式交流电能表检定规程》（JJG 596—2012）规程规定，选择设置自动检定方案。对于智能电能表，检定项目一般选择预热、启动试验、潜动试验、基本误差、仪表常数试验、确定日计时误差。

a. 输入预热电流值及预热时间。

b. 选择或输入启动电流值以及启动时间。

c. 选择潜动电压（参比电压）和潜动时间。

d. 根据电能表类型选择基本误差检定项目，计量单方向电量的可检定正向有功误差和正向无功误差；计量双方向电量的应分别检定正向有功误差、反向有功误差、正向无功误差、反向无功误差。在校验软件中选择所需负载点，并输入选取的被检表校验脉冲数。

e. 在校核常数时，常用的方法为标准表法。采用标准表法时，应输入规定电量，选择最大额定电流，以及选取自动读取表计走字的起止码。

f. 在多功能检定项目中，选择日计时误差、最大需量误差等，或根据需要选择其他一些检定项目。

3）自动检定。根据规程试验项目的具体要求，将校表软件所有检定项目设置完成后，将所设方案保存，程序自动进行检定。

7. 审核存盘

所有检定项目检定完成后，在校表软件的保存界面输入相关信息，如温度、湿度、有效期等，保存检定数据并上传电力营销业务应用系统。

8. 证书/记录打印

在校表软件中选择或输入查询条件，查找出所需打印的表计，点击需打印的记录类型（证书、通知书或原始记录），即可进行打印。

9. 智能电能表编程检查

在检定过程完成后，需对表计的参数设置进行检查（智能电能表出厂时需由生产厂家根据订货技术条件完成编程），一般包括轮显项目、键显项目、费率时段、抄表日期、电能量及需量、事件记录清零等。

10. 密钥下装

登录检定软件将信息发送省公司加密机，进行身份验证，通过后取得授权可将共钥改为私钥并下装密钥。

11. 检定结果的处理

（1）测量数据修约。按表 2－7 规定，将电能表电能测量相对误差修约为修约间距的整数倍。对照表 2－8 和表 2－9 判断电能表检定结果是否合格，判断时一律以修约后的结果为准。

表 2－8　　不同准确度等级电能表修约间距

被检表准确度等级	0.2S 级	0.5S 级	1 级	2 级	3 级
修约间距/%	0.02	0.05	0.1	0.2	0.2

表 2－9　　单相和三相（平衡负载）电能表的基本误差限

<table>
<tr><th rowspan="2">类别</th><th rowspan="2">直接接入</th><th rowspan="2">经互感器接入</th><th colspan="2" rowspan="3">功率因数</th><th colspan="5">电能表准确度等级</th></tr>
<tr><th>0.2S</th><th>0.5S</th><th>1</th><th>2</th><th>3</th></tr>
<tr><td rowspan="12">有功电能表</td><td colspan="2">负载电流 I</td><td colspan="5">基本误差限/%</td></tr>
<tr><td>—</td><td>$0.01I_n \leqslant I < 0.05I_n$</td><td rowspan="5">$\cos\varphi$</td><td>1</td><td>±0.4</td><td>±1.0</td><td>—</td><td>—</td><td>—</td></tr>
<tr><td>$0.05I_b \leqslant I < 0.1I_b$</td><td>$0.02I_n \leqslant I < 0.05I_n$</td><td>1</td><td>—</td><td>—</td><td>±1.5</td><td>±2.5</td><td>—</td></tr>
<tr><td>$0.1I_b \leqslant I \leqslant I_{max}$</td><td>$0.05I_n \leqslant I \leqslant I_{max}$</td><td>1</td><td>±0.2</td><td>±0.5</td><td>±1.0</td><td>±2.0</td><td>—</td></tr>
<tr><td rowspan="2">—</td><td rowspan="2">$0.02I_n \leqslant I < 0.1I_n$</td><td>0.5L</td><td>±0.5</td><td>±1.0</td><td>—</td><td>—</td><td>—</td></tr>
<tr><td>0.8C</td><td>±0.5</td><td>±1.0</td><td>—</td><td>—</td><td>—</td></tr>
<tr><td rowspan="2">$0.1I_b \leqslant I < 0.2I_b$</td><td rowspan="2">$0.05I_n \leqslant I < 0.1I_n$</td><td rowspan="6">$\cos\varphi$</td><td>0.5L</td><td>—</td><td>—</td><td>±1.5</td><td>±2.5</td><td>—</td></tr>
<tr><td>0.8C</td><td>—</td><td>—</td><td>±1.5</td><td>—</td><td>—</td></tr>
<tr><td rowspan="2">$0.2I_b \leqslant I \leqslant I_{max}$</td><td rowspan="2">$0.1I_n \leqslant I \leqslant I_{max}$</td><td>0.5L</td><td>±0.3</td><td>±0.6</td><td>±1.0</td><td>±2.0</td><td>—</td></tr>
<tr><td>0.8C</td><td>±0.3</td><td>±0.6</td><td>±1.0</td><td>—</td><td>—</td></tr>
<tr><td colspan="2">当用户特殊要求时</td><td>0.25L</td><td>±0.5</td><td>±1.0</td><td>±3.5</td><td>—</td><td>—</td></tr>
<tr><td>$0.2I_b \leqslant I \leqslant I_{max}$</td><td>$0.1I_n \leqslant I \leqslant I_{max}$</td><td>0.5C</td><td>±0.5</td><td>±1.0</td><td>±2.5</td><td>—</td><td>—</td></tr>
</table>

日计时误差的修约间距为 0.01s/d。

（2）对检定合格的电能表粘贴检定合格标记，标记应注明检定日期和检定人员及器具编号，并实施封印。对检定不合格的电能表粘贴检定不合格标记，标记应简单注明不合格原因。

12. 检定结尾工作

（1）将检定试验接线全部拆除。

（2）检定合格的电能表装箱，建立箱表关系，箱表关系建立应准确无误，放置合格区。

（3）不合格电能表根据检定批次集中放置于不合格区，统一复检或返厂处理。

2.4 质 量 管 控

2.4.1 管控标准

(1)《电子式交流电能表检定规程》(JJG 596—2012)。

(2)《最大需量电能表检定规程》(JJG 569—2014)。

(3)《多费率交流电能表检定规程》(JJG 691—2014)。

(4)《多功能电能表》(DL/T 614—2007)。

(5)《单相智能电能表技术规范》(Q/GDW 1364—2013)。

(6)《三相智能电能表技术规范》(Q/GDW 1827—2013)。

(7)《智能电能表功能规范》(Q/GDW 1354—2013)。

2.4.2 管控措施

(1) 应加强计量标准装置的运行、维护管理，定期开展计量标准的期间核查和标准量值的比对工作，做好计量标准器具送检前后的核查比对，发现异常及时排查，并将有关情况报上一级计量技术机构，同时做好计量标准运行质量分析工作，加强标准设备和检定数据的管理与控制，确保本级计量标准运行的准确、可靠。

(2) 计量器具检定（校准、检测）。计量器具必须按周期进行检定，未经检定或未按周期检定（由于技术条件限制，国内无法进行正式检定的除外），以及经检定不合格的计量器具，视为失准的计量器具，严格禁止使用。

1) 开展强制管理计量器具检定，必须依法取得计量检定授权，按照《法定计量检定机构考核规范》(JJF 1069—2012) 要求，建立严格规范的质量管理体系，并保证质量体系规范运行，持续提升检定工作质量，保证计量检定公平、公正、准确。

2) 非强制管理计量器具的检定和校准，按照相关计量规程、规范开展工作，没有规程、规范的，可由各级计量技术机构提出检定方法，报国家电网公司计量办公室审批后执行。

3) 各级计量技术机构应建立相应的实验室，保证计量检定工作的质量。

计量器具检定、检测、校准的原始数据、证书、报告应按照计量器具寿命周期妥善保存，宜采用电子化档案方式存储并定期备份；必要时或用户要求时方可打印纸质文档。

在进行检定和校准前后，均需对被检样品和所使用的测量仪器设备进行状态检查，并做好相关记录。

(3) 在开展检定时，检定人员必须依据检定规程，严格按照规程所述操作方法对被检样品进行检定。

(4) 在开展校准时，应执行相应的校准规范，如有需要可编制必要的操作规程以指导校准。属非标准方法的要注意非标方法的确认。

(5) 所有检定和校准工作，检定、校准人员均须严格执行技术依据和方法，认真做好检定、校准原始记录，出具准确、可靠的证书和报告。

(6) 在相关检定和校准中，如果出现异常现象或突然受到外界干扰，应立即停止工作，采取合适的应急措施，并做好记录（可记在检定、校准原始记录上）。

（7）质量监督员按《监督工作程序》要求对上述检定和校准过程进行质量监督。

（8）出具的证书、报告应进行型式审查，符合要求的予以盖章，不符合要求的退回相关人员更正，直至符合要求为止。证书和报告盖专用章后，其正本发放给顾客，其副本及原始记录进行存档。

2.5 异常处理

2.5.1 检定装置异常

（1）检定装置中的功放开关未打开：由于电能表检定装置中的功放开关位置较不明显，打开了电源开关后，易忘记打开功放开关。

（2）电流报警。

1）进行基本误差实验时，检定装置有时会出现一声急促的报警声，其原因可能是检定装置中的电流挡位切换过于频繁或切换电流过大。这时应该把检定装置的电源关掉，待功放电源开关指示灯完全熄灭再把检定装置中的电源打开。然后再把检定装置与计算机重新联机即可。

2）对部分三相电能表进行检定时（表计未挂满所有表位），需将未挂表计表位进行短接处理，尤其在需短接一半表位时，检定装置上有ABC三相短接用短接片，而每个短接片中段附有绝缘层，短接时较易将绝缘层压皮，导致未有效短接，从而发生检定装置电流报警。

2.5.2 数据上传异常

若该批次电能表信息在数据上传时发生无法上传的情况，应核对检定软件选表环节中的表计信息是否齐备，尤其应检查是否具有派工单号，在检定前是否进行系统信息下载，若由于该原因导致无法上传，则将该批次电能表重新进行信息下载并检定。

其他因软件错误导致的数据上传异常需尽快联系软件厂家进行维修。

2.5.3 加密异常

（1）批量进行加密时，若出现少数表位加密无反应的情况，则很大可能是因为RS485通信问题，核对通信地址、通信规约和波特率正确无误后，对首次加密无反应的表位进行再次加密（不选择已加密成功的表位）。

（2）若整个批次出现加密无反应的情况时，则考虑是否存在加密机故障，应尽快联系加密机管理部门进行维修。

（3）检查软件端口配置是不是符合要求以及检查系统配置中所列的服务器是否设置正确。

2.5.4 时钟异常

校验结束后检查电能表时钟是否出现乱码以及与标准时钟是否一致。检查进行时段投切误差试验时是否将电能表时钟改回标准时钟，一旦发现未改回的情况，应重新对时。

2.5.5 清零异常

(1) 检查电能表检定装置上的端子排针与电能表上的插孔是否接触良好，可使用万用表测量电阻。

(2) 检查检定软件选表环节（以智能电能表为例），通信规约应用《多功能电能表通信协议》(DL/T 645—2007) 规约，波特率要设为2400b/s。而且所列通信地址必须与被检表通信地址一致。

(3) 检查检定装置RS485通信串行口与计算机连接是否可靠准确，与检定软件设置的串行口号是否一致。

(4) 确认被检电能表（以无编程按钮的智能电能表为例）是否已完成密钥更新试验，若已完成，检定软件选表中密钥状态应选择“私钥状态”，反之密钥状态则应选择“公钥状态”；若被检电能表为具有编程按钮的电能表，则需确认编程标识是否打开。

2.5.6 检定装置异常

(1) 在检查装置故障时，首先应排除外部电源、外部干扰源、接地线、接线、被试表本身和操作等方面可能引起的故障。

(2) 开机检查前，必须认真检查各开关的设置情况。

(3) 完成前2个步骤后再按下列顺序进行检查：电源机箱→稳压机箱→信号机箱→功放机箱。

第3章　电流互感器实验室检定

3.1　基　本　知　识

3.1.1　电流互感器作用

电流互感器的作用有：避免测量仪表和工作人员与高压回路直接接触，保证人员和设备的安全；使测量仪表小型化、标准化；利用电流互感器变比特性扩大表计的测量范围。

3.1.2　电流互感器结构

电流互感器由两个相互绝缘的绕组和公共铁芯构成。与系统串联的绕组叫一次绕组，匝数很少；与测量表计、继电器等连接的绕组称为二次绕组，匝数较多。

3.1.3　电流互感器主要参数

（1）准确度等级。指电流互感器在规定使用条件下的准确度等级。

（2）额定电流比。额定一次电流与额定二次电流的比值即为额定电流比。

（3）额定一次电流。指测量用电流互感器额定的输入一次回路电流 I_{1e}。

（4）额定二次电流。指电流互感器额定输出的二次电流 I_{2e}。

（5）额定负荷和下限负荷。额定负荷指在保证电流互感器二次准确度等级的情况下，二次回路的阻抗或功率最大值；下限负荷指在保证电流互感器二次准确度等级的情况下，二次回路的阻抗或功率最小值，用欧姆值或视在功率值表示。

3.2　基　本　要　求

3.2.1　检定人员

检定人员不得少于两人，工作负责人（监护人）一人，必须持有计量检定员证，且互感器专业考核合格。

检定人员必须熟悉检定装置的性能和使用方法，熟悉《测量用电流互感器》（JJG 313—2010）、《国家电网公司电力安全工作规程（变电部分）》。

3.2.2　检定装置

检定装置包括互感器校验仪、标准电流互感器、电流负荷箱、升流器、调压器、

500V 绝缘电阻表、压接件、放电棒等。

仪器仪表应经检定合格，并贴有有效期内的合格标签。

3.2.3 环境条件

(1) 实验室应保持清洁，应避开高电压、大电流干扰源以及有机械振动的设施。

(2) 温度与湿度要求。环境温度为 10～35℃，相对湿度不大于 80%。

(3) 试验室周围的电磁场所引起的测量误差，应不大于被检电流互感器误差限值的 1/20。

3.2.4 设备条件

(1) 电源及调节设备。

1) 电源及调节设备应保证具有足够的容量及调节细度。

2) 检定时使用电源的频率为 (50±0.5) Hz，波形畸变系数不能大于 5%。

3) 用于检定工作的升流器、调压器、大电流电缆线等所引起的测量误差，应不大于被检电流互感器误差限值的 1/10。

(2) 标准电流互感器。

1) 标准电流互感器必须具有法定计量检定机构出具的有效期内的检定证书。

2) 标准电流互感器应比被检电流互感器高 2 个准确度等级，其实际误差应不超过被检电流互感器误差限值的 1/5。不具备上述条件时，也可以选用比被检电流互感器高 1 个准确度等级的标准电流互感器作为标准，此时，计算被检电流互感器的误差应按规程规定将标准电流互感器的误差进行修正。

3) 标准电流互感器在检定周期内，其误差变化不得大于误差限值的 1/3。

(3) 误差测量装置 (通常为互感器校验仪)。

1) 经法定计量检定机构检验合格并在有效期内。

2) 互感器校验仪所引起的测量误差不得大于被检电流互感器误差限值的 1/10。其中，装置灵敏度引起的测量误差不大于被检电流互感器误差限值的 1/20；最小分度值引起的测量误差不大于被检电流互感器误差限值的 1/15；差流测量回路的二次负荷对被检电流互感器误差的影响不大于被检电流互感器误差限值的 1/20。

(4) 电流负荷箱。

1) 电流负荷箱经法定计量检定机构检验合格并在有效期内。

2) 在额定频率为 50Hz、周围温度为 (20±5)℃时，准确度等级应达到 3 级。

3) 外接引线电阻应标记在铭牌上。

(5) 监视用电流表。

1) 监视用电流表的准确度等级应不低于 1.5 级。

2) 在同一量程所有示值范围内，电流表的内阻抗应保持不变。

(6) 连接导线。电流互感器的一次、二次电流的测试导线应采用机械性能好和绝缘性能好的铜芯电缆，铜芯导线截面应能满足检验电流容量的要求：一次测试导线线头应焊有黄铜或紫铜的接线鼻或接线板；二次电流的测试导线阻抗应与电流负荷箱铭牌标注一致。

3.2.5 适用范围

适用于实验室检定、额定频率为50Hz的电流互感器（0.66kV）的首次检定。

3.3 工 作 内 容

3.3.1 工作流程

电流互感器实验室检定工作流程如图3－1所示。

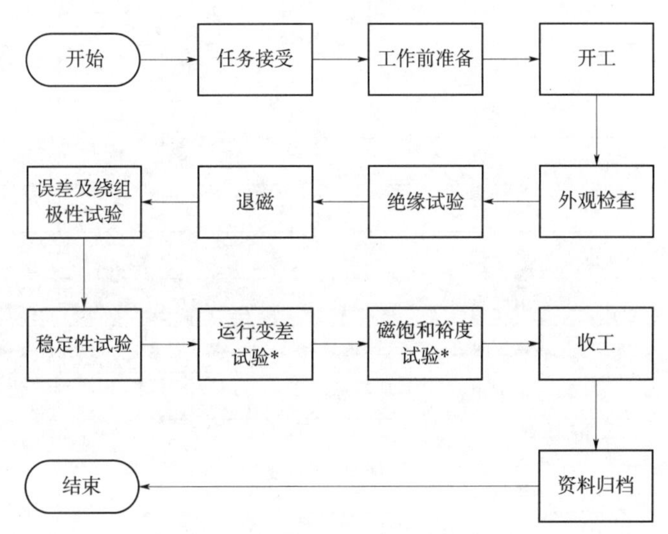

图3－1 电流互感器实验室检定工作流程图

注：根据《电力互感器检定规程》（JJG 1021—2007）检定时，增加带＊的项目。

3.3.2 工作要求

对新制造、使用中和修理后的电流互感器，在安装使用前都要经过实验室检定，只有在误差和性能达到要求后才能投入使用，以确保计量的可靠和准确。

通过培训，熟悉电流互感器实验室检定装置的使用方法，了解实验室检定工作的整个过程，掌握电流互感器检定的步骤和方法、互感器校验仪的原理及其使用方法，同时要熟练掌握相关的国家计量检定规程、安全规程以及电力系统有关的管理规程。

3.3.3 工作准备

1. 工作前准备

（1）按照检定任务单领取待检电流互感器，放到标准装置旁边的待检区。

（2）认真核对任务单，以防错领。

（3）电流互感器按批次分别摆放在待检区。

2. 检定工器具与检定装置

（1）常用工器具金属裸露部分应采取绝缘措施，并经检验合格。

(2) 安全工器具应经检验合格并在有效期内。

电流互感器检定工器具和检定装置主要包括开展检验用工器具、标准装置及辅助设备等，见表3-1。

表3-1　　电流互感器实验室检定工器具与检定装置

序号	名称	单位	数量
1	螺丝刀组合	套	1
2	电动螺丝刀	把	1
3	电工刀	把	1
4	钢丝钳	把	1
5	斜口钳	把	1
6	尖嘴钳	把	1
7	扳手	套	1
8	内六角扳手	套	1
9	电源盘	只	1
10	峰值电压表	只	1
11	绝缘电阻表	只	1
12	钳形万用表	只	1
13	双控背带式安全带	副	1
14	互感器检定装置	套	1
15	耐压试验装置	台	1
16	温湿度计	只	1
17	纯棉长袖工作服	套/人	1
18	棉纱防护手套	副/人	1
19	安全帽	顶/人	1
20	绝缘手套	副/人	1
21	绝缘鞋	双/人	1
22	绝缘垫	张	1
23	放电棒	根	1
24	绝缘梯	部	1
25	安全围栏	套	1
26	工具箱	个	1

3. 安全要求

(1) 填写工作票，检查安全措施是否到位，危险点预防控制措施是否落实，防止引起人身伤害和设备损坏。

（2）试验区域应设安全围栏和警示标志，试验过程中应专人监护、任何人不得进入试验区域。安全围栏的设置应符合要求，确保试验人员与带电设备之间有足够的安全距离，检定0.66kV电流互感器的安全距离为0.7m。

（3）工作负责人检查工作票安全措施，交代安全注意事项：检查安全措施是否正确完备、是否符合实验室实际条件，必要时予以补充；工作前对工作班成员进行危险点告知，交代安全措施和技术措施，并确认每一个工作班成员都已知晓。

（4）试验人员穿棉质工作服，戴棉线手套，穿绝缘鞋。

3.3.4 工作步骤

1. 外观检查和参数记录

（1）存在下列缺陷之一的电流互感器，需修复后才可检定：

1）没有铭牌、铭牌不清晰或缺少必要的标志。

2）接线端钮缺少、损坏或无标志。

3）穿芯式电流互感器没有标极性标志，多变比电流互感器没有标明不同变比。

4）绝缘表面破损或受潮。

5）严重影响检定工作进行的其他缺陷，如外部有裂纹。

（2）设备应可靠接地并绝缘良好。

（3）记录实验室温度和相对湿度。

（4）记录被检电流互感器铭牌参数。

2. 绝缘试验

（1）用500V绝缘电阻表依次测量电流互感器一次绕组对二次绕组及各绕组对地的绝缘电阻，并记录测量结果。

（2）绝缘电阻小于5MΩ的，不予检定。

3. 工频耐压试验

只有确认绝缘电阻良好后，才能对电流互感器进行工频耐压试验。电流互感器一次绕组对二次绕组及接地端子之间试验电压为2kV，保持1min，绝缘不应击穿。

4. 电流互感器检定接线

采用比较法检定电流互感器的误差，用一台标准电流互感器与被试电流互感器比较，确定互感器的误差，接线图如图3-2所示。

电流互感器的实验室检定一般使用全自动互感器检定装置。检定装置已经把互感器校验仪、负荷箱及标准电流互感器接线接好，只要把被试电流互感器的一次、二次线接入即可。

（1）被检电流互感器的一次应与标准电流互感器串联接入，固定在专用测试台压线机构上。

（2）打开被检电流互感器底座上的接线盒，用二次导线把K1端和K2端与专用测试台上的一组二次连接线相连；测试多个电流互感器时，所有的一次接线完毕后，按顺序将电流互感器二次接线端钮与对应的每组二次接线相连。

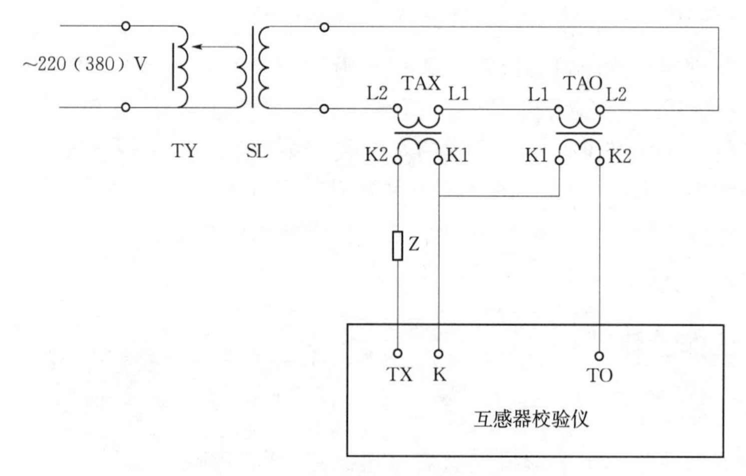

图 3-2　比较法检定电流互感器误差接线图

TY—调压器；SL—升流器；TAX—被检电流互感器；TAO—标准电流互感器；L1、L2（P1、P2）—电流互感器一次的对应端子；K1、K2（S1、S2）—电流互感器二次的对应端子；TO—互感器校验仪上的二次标准接线端子；TX—互感器校验仪上的差流支路接线端子；Z—电流负荷箱

5. 绕组极性的检查

电流互感器绕组的极性规定为减极性。一般采用两种方法进行电流互感器绕组极性的检查：比较法和直流法。实验室检定通常采用比较法，用具有极性指示器的互感器校验仪检查，与测量误差同时进行。检查步骤如下：

（1）正确接线后，使所有设备在误差测量状态。

（2）给一次绕组通电（升压）5%～10%，由于标准电流互感器的极性是已知的，观察互感器校验仪极性指示器。

1）如果极性指示器没有动作，则可说明被检电流互感器极性标记是正确的。

2）如果极性指示器有动作（点亮或蜂鸣、互感器校验仪“极性错误”汉字提示），检查互感器变比是否不对，如果正确，则说明被检电流互感器极性与所标记的相反，此时应在停电后把电流互感器的二次接线更换再试，予以最终确认。

6. 退磁试验

电流互感器按其制造厂所规定的退磁方法和要求进行退磁试验是最好的选择，通常运用闭路退磁法，其接线原理如图 3-3 所示。退磁步骤如下：

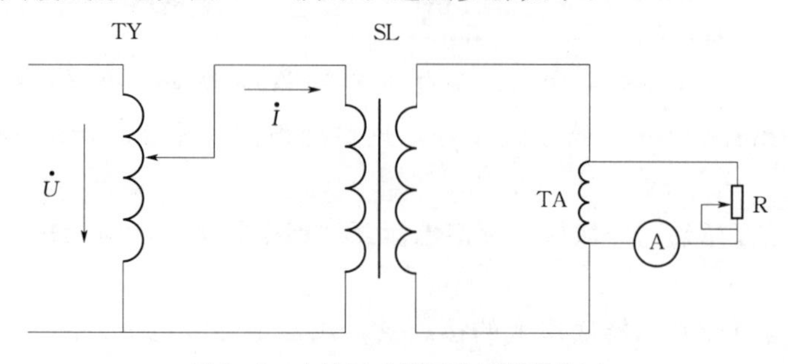

图 3-3　电流互感器闭路退磁接线图

TY—调压器；SL—升流器

（1）在二次绕组中接一个10～20倍额定负荷阻抗的电阻。

（2）对一次绕组通以工频电流，将电流从0平滑地升至1.2倍额定电流值，然后均匀缓慢地降至0。

（3）如果电流互感器的铁芯绕有两个或两个以上二次绕组，进行退磁时，其中一个二次绕组接退磁电阻，其余的二次绕组应开路。

7. 误差测量

（1）打开校验台、互感器校验仪、负荷箱、电脑电源。

（2）选择校验台自动测试状态，进入校验软件程序，输入有关参数。

（3）误差测量。

1）满载测试。二次负荷为额定值，负荷电流按照逐渐增大的顺序，测试点按照表3－2的要求进行。

2）轻载测试。二次负荷为下限值，负荷电流按照逐渐增大的顺序，测试点按照表3－2要求进行。

依次将所有被检电流互感器误差测量完毕。

表3－2　　电流互感器的误差测量点

用途	准确度等级	额定电流的百分数/%	二次负荷	
			伏安值	功率因数
一般测量用	0.01，0.01S，0.02，0.02S，0.05，0.05S，0.1，0.1S，0.2，0.2S，0.5，0.5S	1①，5，20，100，120	额定值	额定值
		5，20，100	下限值②	

① 对S级电流互感器。

② 额定二次电流为5A、额定负荷为7.5VA及以下的电流互感器，下限负荷由制造厂规定；制造厂未规定下限负荷的，其下限负荷为2.5VA。额定负荷电阻小于0.2Ω的电流互感器，下限负荷为0.1Ω。

（4）按表3－3检查各负荷点误差数据是否超差，无误后保存所有测试数据，输入检定结论，将不合格的被检电流互感器分拣出来。

表3－3　　电流互感器的误差限值

准确度等级	额定电流/%					额定电流/%				
	1	5	20	100	120	1	5	20	100	120
	比值差/±%					相位差/（±′）				
0.1		0.4	0.2	0.1	0.1		15	8	5	5
0.2		0.75	0.35	0.2	0.2		30	15	10	10
0.5		1.5	0.75	0.5	0.5		90	45	30	30
1		3.0	1.5	1.0	1.0		180	90	60	60
0.2S	0.75	0.35	0.2	0.2	0.2	30	15	10	10	10
0.5S	1.5	0.75	0.5	0.5	0.5	90	45	30	30	30

8. 结果处理

（1）检定结果处理。

1）使用自动测试程序，检定结果可自动打印，但校核员和核验员姓名应用签字笔或钢笔书写，不得任意修改。

2）手工填写时应符合下列要求：

a. 电流互感器误差数据原始记录填写。检定数据应按《测量用电流互感器》（JJG 313—2010）所规定的格式和要求正确记录测量数值。

b. 电流互感器检定证书的填写。判断被检电流互感器的误差是否超过误差限值要以修约后的数据为准，误差的化整间距见表 3-4。

表 3-4　电流互感器误差的化整间距

误差类别	准确度等级						
	0.01	0.02	0.05	0.1	0.2	0.5	1
比值差/%	0.001	0.002	0.005	0.01	0.02	0.05	0.1
相位差/（′）	0.02	0.05	0.2	0.5	1	2	5

检定证书应按《测量用电流互感器》（JJG 313—2010）所规定的格式和要求填写，字体端正、清晰，不得涂改。空白处应标示斜线或注明“以下空白”。

表 3-4 所列项目及全部变比均符合《测量用电流互感器》（JJG 313—2010）规程技术条件要求的电流互感器，才能在检定证书上填写准予做某等级使用，如果有一个变比不符合，则视为超差。

3）检定结果通知书的填写。检定不合格的电流互感器，应按实际检定数据填写检定结果通知书。

检定结果超差，经用户要求并能降级使用的，可以按所能达到的准确度等级发给检定证书。

（2）检定工作的结束。

1）关闭试验装置、电脑和电源，拆除检定用接线，恢复被检电流互感器的接线（螺丝、接线盒等），收拾好所有测试仪器、仪表、工具，并把校验装置归位。

2）将检定好的电流互感器放入相应的区域。

3）撤离安全隔栏。

3.4 质 量 管 控

3.4.1 管控标准

（1）《测量用电流互感器》（JJG 313—2010）。

（2）《电力互感器检定规程》（JJG 1021—2007）。

（3）《国家电网公司电力安全工作规程（变电部分）》。

3.4.2 管控措施

（1）应加强计量标准装置的运行、维护管理，定期开展计量标准的期间核查和标准量值的比对工作，做好计量标准器具送检前后的核查比对，发现异常及时排查，并将有关情况报上一级计量技术机构，同时做好计量标准运行质量分析工作，加强标准设备和检定数据的管理与控制，确保本级计量标准运行的准确、可靠。

（2）计量器具检定（校准、检测）。计量器具必须按周期进行检定，未经检定或未按周期检定（由于技术条件限制，国内无法进行正式检定的除外），以及经检定不合格的计量器具，视为失准的计量器具，严格禁止使用。

1）开展强制管理计量器具检定，必须依法取得计量检定授权，按照《法定计量检定机构考核规范》（JJF 1069—2012）要求，建立严格规范的质量管理体系，并保证质量体系规范运行，持续提升检定工作质量，保证计量检定公平、公正、准确。

2）非强制管理计量器具的检定和校准，按照相关计量规程、规范开展工作，没有规程、规范的，可由各级计量技术机构提出检定方法，报国家电网公司计量办公室审批后执行。

3）各级计量技术机构应建立相应的实验室，保证计量检定工作的质量。

计量器具检定、检测、校准的原始数据、证书、报告应按照计量器具寿命周期妥善保存，宜采用电子化档案方式存储并定期备份；必要时或用户要求时方可打印纸质文档。

在进行检定和校准前后，均需对被检样品和所使用的测量仪器设备进行状态检查，并作好相关记录。

（3）在开展检定时，检定人员必须依据检定规程，严格按照规程所述操作方法对被检样品进行检定。

（4）在开展校准时，应执行相应的校准规范，如有需要可编制必要的操作规程以指导校准。属非标准方法的要注意非标准方法的确认。

1）测试条件要求。温度、湿度符合规程要求，记录完整准确。

2）试验接线要求。一次、二次导线选择符合要求，工作电源接线符合要求。

3）检定项目要求。正确进行外观检查，误差测量正确，负荷点测试正确，试验项目完整正确。

4）测量数据处理。数据修约正确，检验结果判断正确，“原始记录”“检定证书”填写正确。

5）安全管控。现场安全措施正确完备，电流互感器二次不允许开路，安全防护用品合格，劳动保护用品正确使用。

（5）所有检定和校准工作，检定、校准人员均须严格执行技术依据和方法，认真做好检定、校准原始记录，出具准确、可靠的证书和报告。

（6）在相关检定和校准中，如果出现异常现象或突然受到外界干扰，应立即停止工作，采取合适的应急措施，并做好记录（可记在检定、校准原始记录上）。

（7）质量监督员按《监督工作程序》要求对上述检定和校准过程进行质量监督。

（8）出具的证书、报告应进行型式审查，符合要求的予以盖章，不符合要求的退回相关人员更正，直至符合要求为止。证书和报告盖专用章后，其正本发放给顾客，其副本及原始记录进行存档。

3.5 异常处理

3.5.1 极性错误

检定电流互感器时，要求将标准电流互感器和被检电流互感器一次侧和二次侧极性端对接，极性接反是由于标准电流互感器或被检电流互感器一次侧或二次侧极性接反。一般互感器检验仪都具有反极性报警功能，当互感器校验仪显示反极性报警时，只要将标准电流互感器或被检电流互感器极性端对调即可。

3.5.2 变比错误

检定电流互感器时，要求标准电流互感器与被检电流互感器的变比相同，出现变比错误的情况是由于标准电流互感器与被检电流互感器变比不同，这时互感器校验仪的读数会超出相应准确度等级的电流互感器误差限值。如果变比相差较大，还可能超出相应准确度等级的互感器校验仪的显示范围，这时应仔细核对被检电流互感器与标准电流互感器的变比是否一致，保证二者的变比相同即可。

3.5.3 二次绕组开路

检定电流互感器时，电流互感器二次绕组严禁开路。如果电流互感器二次绕组开路，则电流互感器二次侧会产生高压，危及人身安全。在检定电流互感器时，如果标准电流互感器或被检电流互感器二次绕组开路，互感器校验仪表现为：虽然调压器输出电压增长很快，但互感器校验仪百分表增长缓慢，一般不超过5%的额定电流。这时应使调压器回零，认真检查检定线路，确保接线正确。

第4章　电压互感器实验室检定

4.1　基　本　知　识

4.1.1　电压互感器基本结构和工作原理

电压互感器的基本结构和变压器很相似，由一次绕组、二次绕组、铁芯和绝缘组成。当在一次绕组上施加电压 U_1 时，一次绕组产生励磁电流 I_0，在铁芯中产生磁通 Φ，根据电磁感应定律，在一次绕组、二次绕组中分别产生感应电动势 E_1 和 E_2。绕组的感应电动势与匝数成正比，改变一次绕组、二次绕组的匝数，就可以产生不同的电压比。

4.1.2　电压互感器的作用

（1）隔离保安。电压互感器通过电磁感应和绝缘材料将高电压与二次系统隔离，以保证人身和设备的安全。

（2）扩展量程。电压互感器通过变比 K_U（$K_U=U_1/U_2$）进行电压变换，K_U 可以是一个较大的数值，将高电压变换成易于测量到的低电压，大大地扩展了对电压进行测量的量程。

（3）有利于实现仪表制造的标准化、规范化和小型化。电压互感器的功能是将高电压变换成标准低电压（100V），以便实现测量仪表、保护设备及自动控制设备制造的规范化、标准化和小型化。

4.1.3　电压互感器的分类

电压互感器按工作原理可分为电磁式电压互感器、电容式电压互感器、光电式电压互感器。

（1）电磁式电压互感器。根据电磁感应原理变换电压，我国多在35kV及以下电压等级采用。

（2）电容式电压互感器。由电容器先进行分压，然后再采用感应式电压互感器作电压变换。

（3）光电式电压互感器。通过光电变换原理实现电压变换，目前应用不多。

4.2　基　本　要　求

4.2.1　检定人员

检定人员不得少于两人，工作负责人（监护人）一人，必须持有计量检定员证，且互感器专业考核合格。

检定人员必须熟悉检定装置的性能和使用方法，熟悉《测量用电压互感器》（JJG 314—2010）、《国家电网公司电力安全工作规程（变电部分）》。

4.2.2 检定装置

检定装置包括互感器校验仪、标准电压互感器、电压负荷箱、升压器、调压器、一次导线、二次导线、2500V 绝缘电阻表、电流表、万用表、钳形电流表等。

4.2.3 环境条件

（1）实验室应保持清洁，应避开高电压、大电流干扰源以及有机械振动的设施。

（2）温度与湿度要求。环境温度为 10～35℃，相对湿度不大于 80%。

（3）由外界电磁场所引起的测量误差应不大于被检电压互感器误差限值的 1/20。

（4）用于检定工作的升压器等在工作中产生的电磁干扰所引起的测量误差应不大于被检电压互感器误差限值的 1/10。

4.2.4 设备条件

（1）电源及调节设备。

1）电源及调节设备应保证具有足够的容量及调节细度。

2）检定时使用电源的频率为（50±0.5）Hz，波形畸变系数不能大于 5%。

（2）标准电压互感器。

1）标准电压互感器必须具有法定计量检定机构出具的有效期内的检定证书。

2）标准电压互感器一般应比被检电压互感器高 2 个准确度等级，其实际误差应不超过被检电压互感器误差限值的 1/5，其实际二次负荷应不超出额定和下限负荷范围。

3）标准电压互感器在检定周期内，其误差变化不得大于误差限值的 1/3。

4）标准电压互感器的变差（电压上升和下降时两次所测得的误差值之差）应不大于其误差限值的 1/5。

5）标准电压互感器比被检电压互感器高出 1 个准确度等级时，使用标准电压互感器时的二次负荷实际值与证书上所标负荷之差的绝对值应不超过 10%。

6）标准电压互感器与被检电压互感器的额定电压比相同。

（3）误差测量装置（通常为互感器校验仪）。

1）互感器校验仪经法定计量检定机构检验合格并在有效期内。

2）由互感器校验仪所引起的测量误差不得大于被检电压互感器误差限值的 1/10；装置灵敏度引起的测量误差不大于 1/20；最小分度值引起的测量误差不大于 1/15；压差测量回路的附加二次负荷引起的测量误差不大于 1/20。

（4）电压负荷箱。

1）电压负荷箱经法定计量检定机构检验合格并在有效期内。

2）在额定频率为 50Hz、环境温度为（20±5)℃时，电压负荷箱为额定电压的 20%～120%，其有功分量和无功分量的误差不得超过±3%，当 $\cos\varphi=1$ 时，残余无功分量不得超过额定负荷的±3%。周围温度每变化10℃时，负荷的误差变化不超过±2%。

3）外接引线电阻应标记在铭牌上。

（5）监视用电压表。

1）监视用电压表的准确度级别应不低于1.5级。

2）在同一量程的所有示指范围内，电压表的内阻抗应保持不变。

3）电压表在所有误差测量点的相对误差不大于20%。

4.2.5 适用范围

适用于实验室检定，额定频率为50Hz的电压互感器（10kV）的首次检定。

4.3 工作内容

4.3.1 工作流程

电压互感器实验室检定工作流程如图4-1所示。

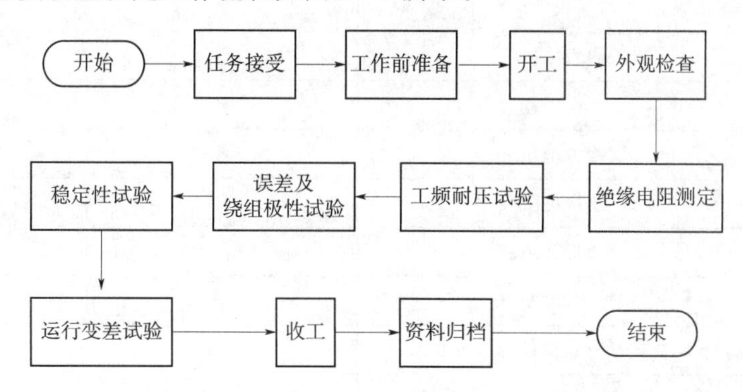

图4-1 电压互感器实验室检定工作流程图

4.3.2 工作要求

新制造的、使用中和修理后的电压互感器，在安装使用前都要经过实验室检定，只有在误差和性能达到规程要求后才能投入使用，以确保计量的可靠和准确。

通过培训，熟悉电压互感器实验室检定装置的使用方法，掌握电压互感器检定的步骤和方法。特别要掌握测试电压互感器时应注意的安全要求，同时对手动测试要有一定的了解。掌握互感器校验仪的原理及其使用方法，熟练掌握相关的国家计量检定规程、安全规程以及电力系统有关的管理规程。

4.3.3 工作准备

1. 工作前准备

（1）按照检定任务单领取待检电压互感器，放到标准装置旁边的待检区。

（2）认真核对任务单，以防错领。

（3）电压互感器按批次分别摆放在待检区。

2. 检定工器具与检定装置

(1) 常用工器具金属裸露部分应采取绝缘措施，并经检验合格。

(2) 安全工器具应经检验合格并在有效期内。

电压互感器实验室检定工器具和检定装置主要包括开展检验用工器具、标准装置及辅助设备等，见表4-1。

表4-1　　电压互感器实验室检定工器具与检定装置

序号	名称	单位	数量
1	螺丝刀组合	套	1
2	电动螺丝刀	把	1
3	电工刀	把	1
4	钢丝钳	把	1
5	斜口钳	把	1
6	尖嘴钳	把	1
7	扳手	套	1
8	内六角扳手	套	1
9	电源盘	只	1
10	峰值电压表	台	1
11	绝缘电阻表	台	1
12	钳形万用表	台	1
13	双控背带式安全带	副	1
14	互感器检定装置	套	1
15	耐压试验装置	台	1
16	感应分压器	台	1
17	纯棉长袖工作服	套/人	1
18	棉纱防护手套	副/人	1
19	安全帽	顶/人	1
20	绝缘手套	副/人	1
21	绝缘鞋	双/人	1
22	绝缘垫	块	1
23	放电棒	根	1
24	绝缘梯	部	1
25	安全围栏	套	1
26	工具箱	只	1
27	温湿度计	只	1

3. 安全要求

（1）填写工作票，检查安全措施是否到位，危险点预控措施是否落实，防止引起人身伤害和设备损坏。

（2）试验区域应设安全围栏和警示标志，试验过程中应专人监护，任何人不得进入试验区域。安全围栏的设置应符合要求，确保试验人员与带电设备之间有足够的安全距离。

（3）工作负责人检查工作票安全措施，交代安全注意事项：检查安全措施是否正确完备、是否符合实验室实际条件，必要时予以补充；工作前对工作班成员进行危险点告知，交代安全措施和技术措施，并确认每一个工作班成员都已知晓。

（4）试验人员穿棉质工作服，戴棉线手套，穿绝缘鞋。

4.3.4 工作步骤

1. 外观检查和参数记录

（1）存在下列缺陷之一的电压互感器，需修复后才可检定：

1）无铭牌、铭牌不清晰或缺少必要的标志。

2）接线端钮缺少、损坏或无标志。

3）有多个电压比的互感器没有标示出相应接线方式。

4）严重影响检定工作进行的其他缺陷，如外部有裂纹、漏油等。

5）内部结构件松动。

6）其他严重影响检定工作进行的缺陷。

（2）检查仪器及检定装置的接地是否良好。

（3）记录试验室温度和相对湿度。

（4）记录被检电压互感器铭牌参数。

2. 绝缘试验

（1）用2500V绝缘电阻表依次测量电压互感器一次绕组对二次绕组及各绕组对地的绝缘电阻值，并记录测量结果。

（2）对测试结果进行判断：不接地互感器一次绕组对二次绕组及接地端子之间的绝缘电阻不小于10MΩ/kV且不小于40MΩ；二次绕组对接地端子之间以及二次绕组之间的绝缘电阻不小于40MΩ。

3. 工频耐压试验

用工频电压试验装置，从接近零的电压平稳上升到最大值的80%时应稍作停顿，观察设备状态是否正常，有无异音、异味，如正常，再均匀上升到规定耐压值，保持工频耐压试验时间达到1min，电压互感器应无击穿和表面放电，绝缘保持良好，即为合格。

4. 电压互感器检定接线

检定电压互感器的误差，最常用的方法就是比较法，用一台标准电压互感器与被试互感器相比较以确定误差，以低端测试误差为例，接线图如图4-2所示。

实验室检定互感器可按下述步骤接线。

（1）把被检电压互感器、标准电压互感器一次端并接到升压器一次输出端，X端必须接地，调压器输出端并接到升压器输入端。

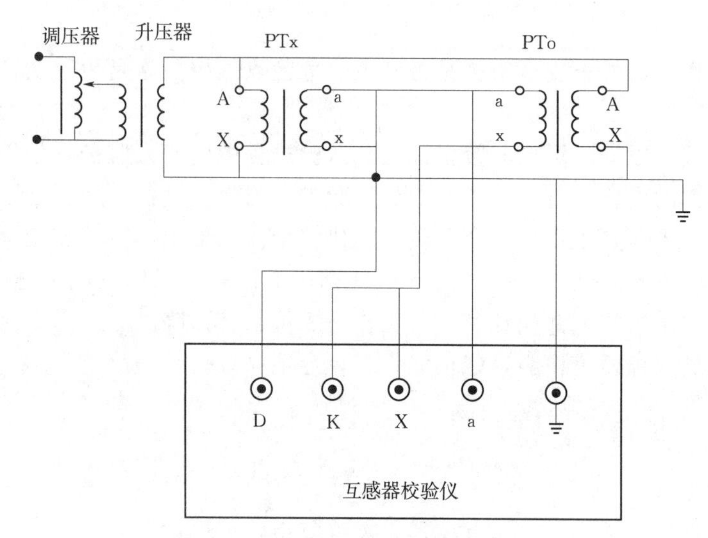

图 4-2　比较法检定电压互感器误差接线图

X、a—工作电压，其中 a 为高端，X 为低端；

D、K—差压信号，其中 D 为低端

(2) 打开被检电压互感器底座上的接线盒；电压负荷箱并接在被检电压互感器的 a 端和 x 端之间；将被检电压互感器和标准电压互感器的 a 端用短接线连接；将标准电压互感器 a 端和 x 端、被检电压互感器的 x 端分别与互感器校验仪的 a 端、K 端和 D 端相连；用短接线短接互感器校验仪的 X 端、K 端。

(3) 其余的二次绕组开路。

5. 绕组极性的检查

测量用电压互感器绕组的极性规定为减极性。实验室检定通常采用比较法，用检查具有极性指示器的互感器校验仪检查，与测量误差同时进行，接线方法如图 4-2 所示，被检电压互感器与标准电压互感器的变比必须相同。检查步骤如下：

(1) 正确接线后，使所有设备在误差测量状态。

(2) 调节电源调压器使其输出增加，同时观察互感器校验仪极性指示器。

1) 如果极性指示器没有动作，则可说明被检电压互感器极性标记是正确的。

2) 如果极性指示器有动作（点亮或蜂鸣、互感器校验仪“极性错误”汉字提示），检查互感器变比是否不对，如果变比正确，则说明被检电压互感器极性与所标记的相反。

6. 误差测量

(1) 打开校验台、互感器校验仪、负荷箱、电脑电源。

(2) 选择校验台自动测试状态，进入校验软件程序，输入有关参数。

(3) 误差测量。

1) 满载测试，二次负荷为额定值。

2) 轻载测试，二次负荷为下限值。

3) 0.1 级及以上的电压互感器，除 120%点误差测一次外，其余两点在电压上升和下降时各测一次。0.2 级及以下的电压互感器，每个测量点只测电压上升时的误差。

4) 测量点按表 4-2 要求进行。测量完毕，功率调节器自动归回零位。

表 4-2　　电压互感器的误差测量点

用途	准确度等级	额定电压的百分数①/%	二次负荷	
			伏安值	功率因数
一般测量用	0.01，0.02，0.05，0.1，0.2，0.5	20，50，80，100，120	额定值	额定值
		20，100	下限值	

① 使用在电力系统中的0.1级和0.2级电压互感器时，额定电压20%和50%两点的误差可不测量。

5）按表4-3检查各负荷点误差数据是否超差，无误后保存所有测量数据，进行检定结论输入，如有不合格者，将被检电压互感器分拣出来。

表 4-3　　电压互感器的误差限值

准确度等级	额定电压/%					额定电压/%				
	20	50	80	100	120	20	50	80	100	120
	比差/±%					角差/（±′）				
1			1.0	1.0	1.0			40	40	40
0.5			0.5	0.5	0.5			20	20	20
0.2	0.4	0.3	0.2	0.2	0.2	20	15	10	10	10
0.1	0.20	0.15	0.10	0.10	0.10	10.0	7.5	5.0	5.0	5.0
0.05	0.100	0.075	0.050	0.050	0.050	4	3	2	2	2

7．结果处理

（1）检定结果处理。

1）使用自动测试程序，检定结果可自动打印，但校核员和核验员姓名应用签字笔或钢笔书写，不得任意修改。

2）检定数据应按规定的格式和要求做好原始记录，0.1级及以上做标准用的电压互感器，检定数据的原始记录至少保存两个检定周期，其余应至少保存一个检定周期。

3）手工填写时应符合下列要求：

a. 电压互感器误差数据原始记录填写。检定数据应按《测量用电压互感器》（JJG 314—2010）所规定的格式和要求正确记录测量数值。

b. 电压互感器检定证书的填写。判断被检电压互感器的误差是否超过误差限值要以修约后的数据为准，误差的化整间距见表4-4。

表 4-4　　电压互感器误差的化整间距

误差类别	准确度等级						
	0.01	0.02	0.05	0.1	0.2	0.5	1
比值差/%	0.001	0.002	0.005	0.01	0.02	0.05	0.1
相位差/（′）	0.02	0.05	0.2	0.5	1	2	5

检定证书应按《测量用电压互感器》（JJG 314—2010）所规定的格式和要求填写，字体端正、清晰，不得涂改。空白处应标示斜线或注明“以下空白”。

c. 检定结果通知书的填写。检定不合格的电压互感器，应按实际检定数据填写检定结果通知书。

（2）检定工作结束。

1）关闭台体电源及调节设备，先按停止键，再顺次关闭互感器校验仪、电脑、总电源开关，用放电棒对电压互感器放电。

2）将检定完的电压互感器放入相应的区域，收拾好所有测试仪器、仪表、工具。

3）撤离安全隔栏。

4.4 质 量 管 控

4.4.1 管控标准

（1）《测量用电压互感器》（JJG 314—2010）。

（2）《电力互感器检定规程》（JJG 1021—2007）。

（3）《国家电网公司电力安全工作规程（变电部分）》。

4.4.2 管控措施

（1）应加强计量标准装置的运行、维护管理，定期开展计量标准的期间核查和标准量值的比对工作，做好计量标准器具送检前后的核查比对，发现异常及时排查，并将有关情况报上一级计量技术机构，同时做好计量标准运行质量分析工作，加强标准设备和检定数据的管理与控制，确保本级计量标准运行的准确、可靠。

（2）计量器具检定（校准、检测）。计量器具必须按周期进行检定，未经检定或未按周期检定（由于技术条件限制，国内无法进行正式检定的除外），以及经检定不合格的计量器具，视为失准的计量器具，严格禁止使用。

1）开展强制管理计量器具检定，必须依法取得计量检定授权，按照《法定计量检定机构考核规范》（JJF 1069—2012）要求，建立严格规范的质量管理体系，并保证质量体系规范运行，持续提升检定工作质量，保证计量检定公平、公正、准确。

2）非强制管理计量器具的检定和校准，按照相关计量规程、规范开展工作，没有规程、规范的，可由各级计量技术机构提出检定方法，报国家电网公司计量办公室审批后执行。

3）各级计量技术机构应建立相应的实验室，保证计量检定工作的质量。

计量器具检定、检测、校准的原始数据、证书、报告应按照计量器具寿命周期妥善保存，宜采用电子化档案方式存储并定期备份；必要时或用户要求时方可打印纸质文档。

在进行检定和校准前后，均需对被检样品和所使用的测量仪器设备进行状态检查，并做好相关记录。

（3）在开展检定时，检定人员必须依据检定规程，严格按照规程所述操作方法对被检样品进行检定。

（4）在开展校准时，应执行相应的校准规范，如有需要可编制必要的操作规程以指导校准。属非标方法的要注意非标方法的确认。

1）测试条件要求。温度、湿度符合规程要求，记录完整准确。

2）试验接线要求。一次、二次导线选择符合要求，工作电源接线符合要求。

3）检定项目要求。正确进行外观检查，误差测量正确，负荷点测试正确，试验项目完整正确。

4）测量数据处理。数据修约正确，检验结果判断正确，“原始记录”“检定证书”填写正确。

5）安全管控。现场安全措施正确完备，电压互感器二次不允许短路或接地，安全防护用品合格，劳动保护用品正确使用。

（5）所有检定和校准工作，检定、校准人员均须严格执行技术依据和方法，认真做好检定、校准原始记录，出具准确、可靠的证书和报告。

（6）在相关检定和校准中，如果出现异常现象或突然受到外界干扰，应立即停止工作，采取合适的应急措施，并做好记录（可记在检定、校准原始记录上）。

（7）质量监督员按《监督工作程序》要求对上述检定和校准过程进行质量监督。

（8）出具的证书、报告应进行型式审查，符合要求的予以盖章，不符合要求的退回相关人员更正，直至符合要求为止。证书和报告盖专用章后，正本发放给顾客，副本及原始记录进行存档。

4.5 异 常 处 理

4.5.1 极性错误

电压互感器应为减极性，推荐使用互感器校验仪检查绕组的极性。根据互感器的接线标志，按比较法线路完成测量接线后，取下高压接地线，升起电压至额定值的5%以下试测，用互感器校验仪的极性指示功能或误差测量功能确定互感器的极性。标准电压互感器的极性是已知的，当按规定的标记接好线通电时，如发现互感器校验仪的极性指示器动作而又排除变比接错、误差过大等因素时，则可确认被检电压互感器与标准电压互感器的极性相反。

4.5.2 影响误差因素

（1）一次、二次绕组阻抗 Z_1、Z_2 的影响，阻抗越大，误差越大。

（2）空载电流 I_0 的影响，空载电流 I_0 越大，误差越大。

（3）一次电压的影响，当一次电压变化时，空载电流和铁芯损耗角将随之变化，使误差发生变化。

（4）二次负载及二次负载 $\cos\varphi_2$ 的影响，二次负载越大，误差越大；二次负载 $\cos\varphi_2$ 越大，误差越小，且角误差 δ 明显减小。

第5章　电能表现场检验

5.1　基本知识

5.1.1　电能表检验装置组成和主要设备

电子型电能表检验装置主要由电源回路、电压回路、电流回路三部分组成。

（1）电源回路主要设备有变压器、整流器、稳压器等。

（2）电压回路主要设备有信号源、电压功放、阻抗变换器、升压器、标准电压互感器、电压采样变压器、电压反馈电路及一些继电器等。

（3）电流回路主要设备有信号源、电流功放、阻抗变换器、电流发生器、标准电流互感器、电流采样变压器、电流反馈电路及一些继电器和交流接触器等。

5.1.2　电能表现场检验周期

Ⅰ类电能表至少每3个月现场检验一次；Ⅱ类电能表至少每6个月现场检验一次；Ⅲ类电能表至少每年现场检验一次。

5.1.3　现场检验的项目

（1）检查电能表和互感器的二次回路接线是否正确。

（2）在实际运行中测定电能表的误差。

（3）检查计量差错和不合理的计量方式。

5.2　基本要求

5.2.1　检验人员

电能表现场检验作业人员至少应保证两人，必须持有计量检定员证，具备必要的电气知识和业务技能，熟悉《国家电网公司电力安全工作规程（变电部分）》的相关内容，并应经考试合格。

5.2.2　检验装置

所有检验装置应合格，其数量应满足工作需要，至少包括以下所列设备：电能表校验仪、钳型电流表、电子式万用表、相序表、相位表、频率表、秒表、计算器、便携式照明灯，其中各种仪表的准确度等级见表 5-1。仪器仪表应经检定合格，并贴有有效期内合格标签。

表 5-1　　各种仪表的准确度等级

标准仪表准确度等级	0.05	0.1	0.2	0.3
电压表	0.5	0.5	1.0	1.5
电流表	0.5	0.5	1.0	1.5
功率表	0.5	0.5	0.5	1.0
相角表	1°	1°	1°	1°
频率表	0.2	0.2	0.5	0.5

5.2.3　环境条件

（1）环境温度应在 5～35℃之间，相对湿度不大于 85%。

（2）电源。被检电能表电压对额定值的偏差不应超过±10%，频率对额定值的偏差不应超过±0.5%，电流、电压的波形失真度不大于 5%。

（3）负荷。现场检验时，负荷应为实际的负荷。当负荷电流低于被检电能表标定电流的 10%（对于 S 级的被检电能表，负荷电流低于被检电能表标定电流的 5%）或功率因数低于 0.5 时，不宜进行误差测定。负荷要求相对稳定。

5.2.4　设备条件

现场校验用的标准电能表准确等级至少要高出被检电能表两个准确度等级，必须有上级计量单位颁发的有效期内的计量标准合格证书，标准电能表的准确等级和允许的测量误差要求见表 5-2；标准电能表允许的标准偏差估计值要求见表 5-3。标准电能表必须按固定相序使用，应有明显的相别标志。连接标准电能表和试验端子之间的连接导线应有良好的绝缘，并应有明显的极性和相别标志。

表 5-2　　标准电能表的准确等级和允许的测量误差

被检电能表准确度等级		0.2	0.5	1	2	3
标准电能表准确度等级		0.05	0.1	0.2	0.3	0.3
标准电能表允许的测量误差/%						
$\cos\varphi=1.0$		±0.05	±0.10	±0.2	±0.3	
$\cos\varphi=0.5$（L）		±0.07	±0.15	±0.3	±0.45	
$\cos\varphi=0.5$（C）		±0.1	±0.2	±0.4	±0.6	
$\sin\varphi=1.0$（L 或 C）		±0.1	±0.2	±0.4	±0.5	
$\sin\varphi=0.5$（L 或 C）		±0.1	±0.3	±0.6	±0.7	
用户特殊要求时	$\cos\varphi=0.25$（L）	±0.2	±0.4	±0.8	±1.0	
	$\sin\varphi=0.25$（L）			±0.8	±1.0	
不平衡负荷时	$\cos\varphi=1.0$ 和 0.5（L）	±0.1	±0.25	±0.5	±1.0	
	$\sin\varphi=1.0$ 和 0.5（L 或 C）			±1.0	±1.0	

表 5-3　　标准电能表允许的标准偏差估计值

标准电能表准确度等级	0.05	0.1	0.2	0.3
功率因数	允许的标准偏差估计值/%			
cosφ=1.0	0.005	0.01	0.02	0.03
cosφ=0.5 (L)	0.006	0.02	0.03	0.05
sinφ=1.0	0.1	0.015	0.03	0.05
sinφ=0.5 (L)	0.015	0.02	0.05	0.08

5.2.5　适用范围

适用于额定频率为50Hz的安装式电子式及感应式交流有功、无功电能表的现场检验。

5.3　工　作　内　容

5.3.1　工作流程

电能表现场检验工作流程如图5-1所示。

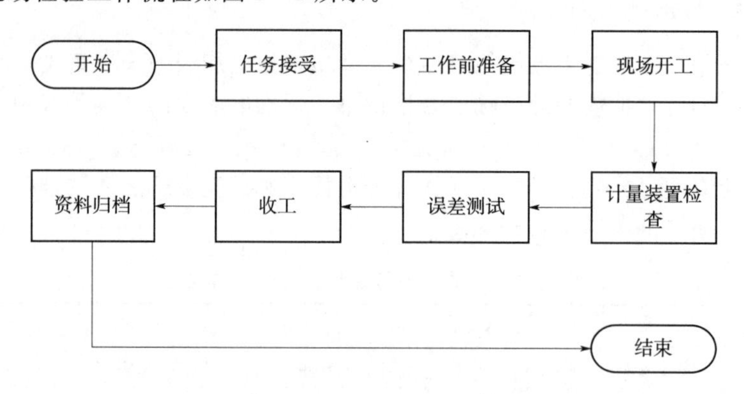

图5-1　电能表现场检验工作流程图

5.3.2　工作要求

作为电能计量装置的重要组成部分，电能表在运行中的误差变化会直接影响电能计量的准确性，为及时掌握电能计量装置现场运行合格率，按《电能计量装置技术管理规程》(DL/T 448—2016)的要求，应在规定的时间周期内，在现场对满足一定负荷条件的Ⅰ～Ⅳ类电能计量装置中的电能表进行现场检验。

掌握现场校验仪的使用方法，掌握电能表现场校验的工作程序、工作方法、内容及注意事项。加强对现场运行电能表有关检验规程的理解和掌握；熟悉不同表计的特点和功能。掌握现场运行电能表检验的有关规定、注意事项。

5.3.3 工作准备

1. 工作前准备

（1）按照营销流程要求接受任务，打印工作任务单。

（2）工作预约。应提前与用户预约工作时间，确认工作地点。

（3）核对用户信息，并通过采集系统进行初步分析。

2. 检验工器具与检验装置

（1）常用工器具金属裸露部分应采取绝缘措施，并经检验合格。

（2）安全工器具应经检验合格并在有效期内。

电能表现场检验工器具和检验装置主要包括开展检验用工器具、标准装置及辅助设备等，见表5-4。

表5-4　电能表现场检验工器具与检验装置

序号	名称	单位	数量
1	电能表现场检验仪	套	1
2	组合工具盒（含螺丝刀、电工刀、斜口钳、尖嘴钳等）	套	1
3	温湿度计	只	1
4	编程器	只	1
5	相序表	只	1
6	电源盘	只	1
7	封印钳	把	1
8	低压验电笔	只	1
9	高压验电器	只	1
10	便携式钳形相位表	块	1
11	安全帽	顶/人	1
12	绝缘鞋	双/人	1
13	棉纱防护手套	副/人	1
14	护目镜	副/人	1
15	纯棉长袖工作服	套/人	1
16	绝缘垫	块	按需配置
17	手电筒	只	1

3. 安全要求

在进行电能表现场检验工作时，应至少由两人进行，办理第二种工作票，并完成保证安全的组织措施和技术措施。

对周边的带电危险点区域根据安规要求设立标示牌或护栏，对于易发生碰连的区域设好绝缘挡板或护罩。做好防止电压互感器二次短路、电流互感器二次开路的措施，以确保人身和设备的安全。

5.3.4 工作步骤

1. 外观检查

(1) 检查电能表参数与营销系统现场检验单是否相符。核对电能表的出厂编号、厂家、型号、规格、安装地址是否一致。

(2) 检查电能表检定标记是否有效。

(3) 检查铅封是否完好。检查计量箱(或计量柜)及表计上的铅封是否是本企业的铅封，封丝是否有动过的痕迹。

2. 检验接线

现场测定误差时，标准电能表应通过专用的试验端子接入电能表的回路，其接线方式应满足以下基本要求:

(1) 标准电能表的接入不应影响被检电能表的正常工作。

(2) 标准电能表的电流线应串入被检电能表的电流回路，标准电能表的电压线应并入被检电能表的电压回路。

(3) 应确保标准电能表与被检电能表接入的是同一个电压和电流。

测量采用标准表法。单相有功电能表现场检验接线示意图如图 5-2 所示，三相三线有功电能表现场检验接线示意图如图 5-3 所示，三相四线有功电能表现场检验接线示意图如图 5-4 所示。

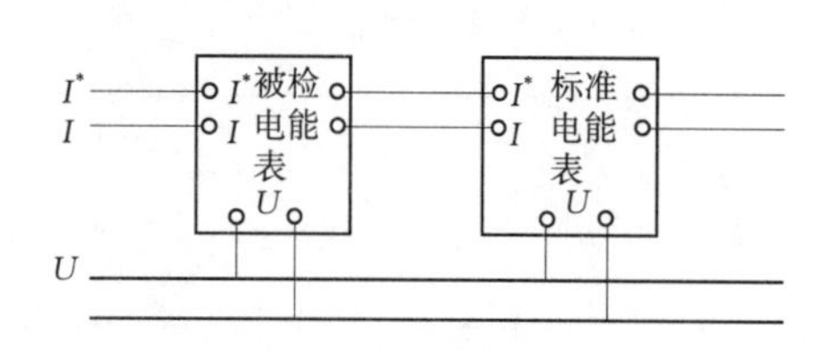

图 5-2 单相有功电能表现场检验接线示意图

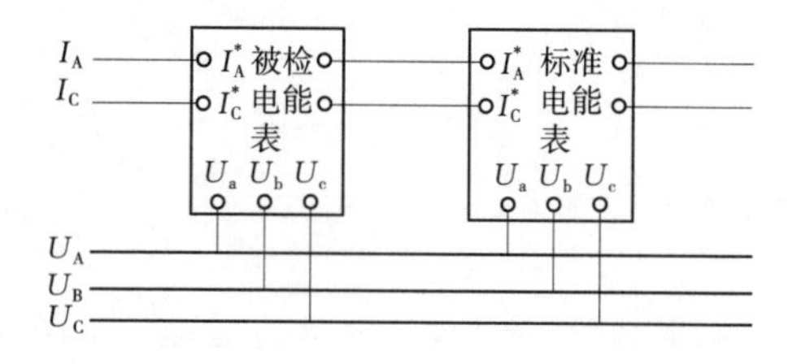

图 5-3 三相三线有功电能表现场检验接线示意图

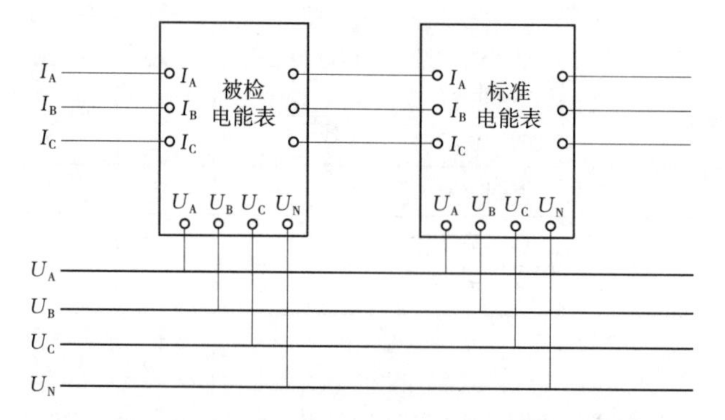

图 5-4 三相四线有功电能表现场检验接线示意图

3. 检验前检查

(1) 检查电能表的相序是否正常。

(2) 检查电能表的接线是否正确。

(3) 检查显示器能否正常显示。

(4) 对多功能电能表来说，还应检查以下项目：

1) 检查电池是否欠压。

2) 检查失压记录，并记录所计的失压次数和起止时间。

3) 检查费率时段设置是否正确。

4) 检查最大需量设置是否正确。

5) 检查结算（冻结时间）日是否正确。

6) 分时记度（多费率）电能表或多功能表各时段电量的组合应满足

$$|\Delta W_F+\Delta W_G+\Delta W_P-\Delta W_Z|\times 10^a\leqslant 2$$

式中 ΔW_F——峰段有功电量值；

ΔW_G——谷段有功电量值；

ΔW_P——平段有功电量值；

ΔW_Z——总有功电量值；

a——显示电量值的小数位数。

(5) 检查采集装置所采集的数据与电能表显示数据是否一致。

4. 相量检查

标准电能表通电预热 15min 后，读取标准表数据（电压、电流、功率、功率因数、相角)，检查相量图是否正确。另外还可以利用相位伏安表测量相位，绘制相量图，进行接线正确性分析判断。

5. 电能表误差检测

用标准电能表法，利用光电采样控制或被检电能表所发电信号控制开展检验。

(1) 定圈（定低频率脉冲）比较法。算定转数 n_0，该转数即假定被检电能表没有误差时，所用标准电能表应转的理论转数，即

$$n_0=\frac{C_0N}{Ck_Lk_Yk_Tk_Uk_J}$$

式中 k_L，k_Y——被检电能表铭牌上标注的电流互感器和电压互感器的额定变比，未标注者为 1；

k_T，k_U——同标准电能表联用的标准电流互感器和标准电压互感器使用的额定变比；

k_J——接线系数；

C——被检电能表常数，r/（kW·h)，r/（kvar·h)；

C_0——标准电能表常数，r/（kW·h)；

N——被检电能表应取的转数。

手动控制转数时，算定转数和选定被检电能表的转数下限值应满足表 5-5 的要求。

表 5-5　　手动控制转数时，算定转数和选定被检电能表的转数下限值

被检电能表的准确度等级	0.2	0.5	1	2	3
任一负荷功率时 n_0/r	8	4	3	2	
$I_b\sim I_{max}$和功率因数为 1.0 时 N/r	40	20	15	10	

（2）高频脉冲数预置法。算定（或预制置）高频脉冲数 m_0 计算公式为

$$m_0=\frac{C_{H0}N}{C_L k_L k_Y k_I k_U k_J}$$

式中 C_{H0}——标准电能表的高频脉冲常数，PH/（kW·h）；

C_L——被检电能表的低频脉冲常数，PL/（kW·h），PL/（kvar·h）；

N——被检电能表应设的低频脉冲数；

k_L，k_Y——被检电能表铭牌上标准电流互感器、电压互感器的额定变比，未标注者为1；

k_I，k_U——标准电能表外接的电流互感器、电压互感器额定变比，未标注者为1；

k_J——接线系数。

（3）误差计算公式为

$$r=\frac{W'-W}{W}\times 100\%$$

存储测试的结果或按规定的格式和要求对检测数据做好原始记录。

6. 测定与调整计时误差

（1）测定计时误差。用标准时钟或电台报时所得时间 t_0 与复费率电能表或多功能电能表计时装置指示时间 t 比较，即计时误差为

$$\Delta t=t-t_0$$

（2）计时误差的规定标准。现场运行的电能表内部时钟与北京时间相差原则上每年不得大于5min；校准周期每年不得少于1次或酌情缩短其校准周期。与北京时间相差5min及以内，现场调整时间；与北京时间误差5min以上，分析原因，必要时更换表计。

（3）电能表内部时钟校准方法与步骤。

1）采用GPS法校对电能表内部时钟。将GPS的通信接口（串口）接至便携式电脑的一个通信接口，电能表通信接口接便携式电脑的另一个通信接口。时钟校对前，首先使GPS处于有效接受状态（工作现场注意GPS接受天线摆放位置和接受电缆的屏蔽），校准便携式电脑的时钟后，再用便携式电脑中的电表校时软件对电能表内部时钟进行校准，校准时记录电表时差，校准后检查电表时钟。

2）采用北京时间校对法校准电能表内部时钟。将便携式电脑与北京时间校准后，再用便携式电脑中的电表校时软件对电能表内部时钟进行校准，校准前记录电表时差，校准后检查电表时钟。当电表具备硬件校时功能时，可采用手动方式。若现场不具备GPS法校时条件，可在实验室先将便携式电脑时钟校准，再在工作现场对电能表内部时钟进行校准，注意时间不超过1周。

7. 检测结尾工作

（1）将检验接线全部拆除，试验端子及连接片应恢复原状，各螺丝固定牢固。

（2）对检验合格的电能表粘贴检测标记，标记应注明检测日期和检测人。

（3）将电能表接线盒盖及试验盒盖以及计量箱（柜）门全部加封。

（4）清理现场，保持整洁。

8. 结果处理

(1) 对检验结果按误差限进行分析。

1) 电子式电能表现场检验时允许的工作误差限见表 5-6。

表 5-6　　电子式电能表现场检验时允许的工作误差限

类别	负荷电流	功率因数	工作误差限/%			
			0.2	0.5	1.0	2.0
			基本误差限/%			
安装式有功电能表	$0.1I_b \sim I_{max}$	$\cos\varphi=1.0$	±0.3	±0.70	±1.5	±3.0
	$0.1I_b$	$\cos\varphi=0.5$ (L)	±0.5	±1.0	±2.5	±4.0
		$\cos\varphi=0.8$ (C)	±0.5	±1.0	±2.5	±4.0
	$0.2I_b \sim I_{max}$	$\cos\varphi=0.5$ (L)	±0.5	±1.0	±2.0	±3.4
		$\cos\varphi=0.8$ (C)	±0.5	±1.0	±2.0	±3.4
安装式无功电能表	$0.1I_b \sim I_{max}$	$\sin\varphi=1.0$ (L或C)			±1.5	±3.0
	$0.1I_b$	$\sin\varphi=0.5$ (L或C)			±2.0	±4.0
	$0.2I_b \sim I_{max}$	$\sin\varphi=0.5$ (L或C)			±1.7	±3.4
	$0.5I_b \sim I_{max}$	$\sin\varphi=0.25$ (L或C)			±2.0	±4.0

2) 感应式电能表现场检验时允许的工作误差限见表 5-7。

表 5-7　　感应式电能表现场检验时允许的工作误差限

类别	负荷电流	功率因数	工作误差限/%			
			0.5	1	2	3
			基本误差限/%			
安装式有功电能表	$0.1I_b \sim I_{max}$	$\cos\varphi=1.0$	±1.0	±1.5	±3.0	
	$0.1I_b$	$\cos\varphi=0.5$ (L)	±0.5	±1.0	±2.5	
		$\cos\varphi=0.8$ (C)	±0.5	±1.0	±2.5	
	$0.2I_b \sim I_{max}$	$\cos\varphi=0.5$ (L)	±0.5	±1.0	±2.0	
		$\cos\varphi=0.8$ (C)	±0.5	±1.0	±2.0	
安装式无功电能表	$0.1I_b$	$\sin\varphi=1.0$ (L或C)			±4.0	±5.0
	$0.2I_b \sim I_{max}$	$\sin\varphi=1.0$ (L或C)			±3.0	±4.0
	$0.2I_b$	$\sin\varphi=0.5$ (L或C)			±5.0	±7.0
	$0.5I_b \sim I_{max}$	$\sin\varphi=0.5$ (L或C)			±3.4	±5.0
	$0.5I_b \sim I_{max}$	$\sin\varphi=0.25$ (L或C)			±6.0	±8.0

3) 用于重要贸易结算的电能表现场检验时允许的工作误差限见表 5-8。

表 5-8　　用于重要贸易结算的电能表现场检验时允许的工作误差限

类别	负荷电流	功率因数	工作误差限/%				
			0.2	0.5	1	2	3
			基本误差限/%				
安装式有功电能表	$0.1I_b \sim I_{max}$	$\cos\varphi=1.0$	±0.2	±0.5	±1.0	±2.0	
	$0.1I_b$	$\cos\varphi=0.5$ (L)	±0.5	±1.3	±1.5	±2.5	
		$\cos\varphi=0.8$ (C)	±0.5	±1.3	±1.5		
	$0.2I_b \sim I_{max}$	$\cos\varphi=0.5$ (L)	±0.3	±0.8	±1.0	±2.0	
		$\cos\varphi=0.8$ (C)	±0.3	±0.8	±1.0		
安装式无功电能表	$0.1I_b$	$\sin\varphi=1.0$ (L或C)			±1.5	±3.0	±4.0
	$0.2I_b \sim I_{max}$	$\sin\varphi=1.0$ (L或C)			±1.0	±2.0	±3.0
	$0.2I_b$	$\sin\varphi=0.5$ (L或C)			±2.0	±4.0	±5.0
	$0.5I_b \sim I_{max}$	$\sin\varphi=0.5$ (L或C)			±1.0	±2.0	±3.0
	$0.5I_b \sim I_{max}$	$\sin\varphi=0.25$ (L或C)			±2.0	±4.0	±6.0

(2) 化整间距应为被检电能表的准确度等级的1/10，电能表相对误差化整间距见表5-9。

表 5-9　　电能表相对误差化整间距

被检电能表准确度等级	0.1	0.2	0.5	1	2	3
化整间距	0.01	0.02	0.05	0.1	0.2	0.2

(3) 判定电能表是否合格，应以修约后的数据为准。检测数据按规定修正时，先考虑用电能表现场校验仪已定系统误差修整检测结果，再进行误差化整。判断电能表的相对误差是否超出允许值，一律以化整后的结果为准。

(4) 当现场检验电能表的误差超过其等级指标时，应及时更换电能表，同时应填写详细的检验报告，现场严禁调表。

(5) 对于现场计量有差错的，或发现有不合理计量的，应及时更正，并填写更正情况报告。

(6) 电能表现场检验误差原始记录档案应妥善保管。对于现场校验仪测试的数据，和营销系统有接口连接的要上传营销系统，没有接口的另外作好数据备份。

(7) 测试周期。新投运或改造后的Ⅰ～Ⅳ类高压计量装置应在一个月内进行首次现场检验。

Ⅰ类电能表至少每3个月现场检验一次，Ⅱ类电能表至少每6个月现场检验一次，Ⅲ类电能表至少每年现场检验一次。

对于用户申请进行现场检验的，应按营销系统流程要求在5个工作日内进行现场检验。

5.4 质 量 管 控

5.4.1 管控标准

(1)《电能计量装置技术管理规程》(DL/T 448—2016)。

(2)《交流电能表现场校准技术规范》(JJF 1055—1997)。

(3)《国家电网公司电力安全工作规程(变电部分)》。

5.4.2 管控措施

(1)应加强计量标准装置的运行、维护管理，定期开展计量标准的期间核查和标准量值的比对工作，做好计量标准器具送检前后的核查比对，发现异常及时排查，并将有关情况报上一级计量技术机构，同时做好计量标准运行质量分析工作，加强标准设备和检定数据的管理与控制，确保本级计量标准运行的准确、可靠。

(2)计量器具检定(校准、检测)。计量器具必须按周期进行检定，未经检定或未按周期检定(由于技术条件限制，国内无法进行正式检定的除外)，以及经检定不合格的计量器具，视为失准的计量器具，严格禁止使用。

1)开展强制管理计量器具检定，必须依法取得计量检定授权，按照《法定计量检定机构考核规范》(JJF 1069—2012)要求，建立严格规范的质量管理体系，并保证质量体系规范运行，持续提升检定工作质量，保证计量检定公平、公正、准确。

2)非强制管理计量器具的检定和校准，按照相关计量规程、规范开展工作，没有规程、规范的，可由各级计量技术机构提出检定方法，报国家电网公司计量办公室审批后执行。

3)各级计量技术机构应建立相应的实验室，保证计量检定工作的质量。

计量器具检定、检测、校准的原始数据、证书、报告应按照计量器具寿命周期妥善保存，宜采用电子化档案方式存储并定期备份；必要时或用户要求时方可打印纸质文档。

在进行检定和校准前后，均需对被检样品和所使用的测量仪器设备进行状态检查，并做好相关记录。

(3)在开展检定时，检定人员必须依据检定规程，严格按照规程所述操作方法对被检样品进行检定。

(4)在开展校准时，应执行相应的校准规范，如有需要可编制必要的操作规程以指导校准。属非标方法的要注意非标方法的确认。

(5)所有检定和校准工作，检定、校准人员均须严格执行技术依据和方法，认真做好检定、校准原始记录，出具准确、可靠的证书和报告。

(6)在相关检定和校准中，如果出现异常现象或突然受到外界干扰，应立即停止工作，采取合适的应急措施，并做好记录(可记在检定、校准原始记录上)。

(7)质量监督员按《监督工作程序》要求对上述检定和校准过程进行质量监督。

(8)出具的证书、报告应进行型式审查，符合要求的予以盖章，不符合要求的退回相关人员更正，直至符合要求为止。证书和报告盖专用章后，正本发放给顾客，副本及原始记录进行存档。

5.5 异常处理

5.5.1 电能表超差或跳变异常

（1）现场运行点在电能表保证等级范围以外，如电流过大。

（2）现场校验仪与电能表功率校验接口不匹配。

（3）使用钳形电流串接现场校验仪，接触不良。

（4）现场电压、电流变化速度快，由于电能表与现场校验仪的反应速度不同，造成误差跳变。

（5）无功功率要注意由于算法不同引起的误差，因为在现场线路往往会不平衡。

（6）线路情况，如零线未接好等。

5.5.2 电能表通电后无任何显示异常

（1）开关未通或断线或熔丝断、接触不良。

（2）整流器、稳压管或稳压集成块坏。

（3）控制板插头脱落或失去记忆功能。

（4）电池电压不足。

5.5.3 电能表误差超过规定值的处理

现场检验时不允许打开电能表罩壳和现场调整电能表误差。当现场检验电能表误差超过电能表准确度等级时应在3个工作日内更换。

5.5.4 不宜进行电能表现场校验的情况

当负荷电流小于$10\%I_e$，功率因数小于0.5时不宜进行电能表现场校验。

5.5.5 电能表误差超差补（退）电量

当电能表误差超过标准规定值时，应该从零误差开始进行电量的补（退），计算公式为

$$\Delta A = A\left(\frac{1}{1+\varepsilon_b}-1\right)$$

式中 ΔA——补（退）电量，正值补收电量，负值退还电量；

A——电能表现场记录的电量；

ε_b——电能表误差百分值。

5.5.6 确定电能表误差超过标准的数值

电能计量技术机构受理用户提出有异议的电能计量装置的检验申请后，进行现场检

验。现场检验时的负荷电流应为正常情况下的实际负荷。如测定的误差超差，应再进行实验室检定。

电能表临时检定时，按下列用电负荷确定误差：对高压用户或低压三相供电的用户，一般应按实际用电负荷确定电能表的误差，实际负荷难以确定时，应以正常月份的平均负荷确定误差，即

$$P_{PJ}=\frac{A_Y}{T}$$

式中 P_{PJ}——平均负荷，kW；

A_Y——平常月份用电量，kW·h；

T——正常月份的用电时间，h。

对照明用户一般应按平均负荷确定电能表误差，即

$$T=5h\times30$$

照明用户的平均负荷难以确定时，可按下式所列方法确定电能表误差：

$$\varepsilon_b=(\varepsilon_{I\max}+3\varepsilon_{I\cdot b}+\varepsilon_{0.2I\cdot b})/5$$

式中 ε_b——电能表误差；

$\varepsilon_{I\max}$——电能表额定最大电流时的误差；

$\varepsilon_{I\cdot b}$——电能表标定电流时的误差；

$\varepsilon_{0.2I\cdot b}$——电能表20%标定电流时的误差。

各种负荷电流时的误差，按负荷功率因数为1.0时的测定值计算。

5.5.7 错误接线更正系数计算

更正系数是负载实际消耗的有功电量与电能表现场记录的有功电量之比，计算公式为

$$G_X=\frac{A_0}{A}=\frac{P_0t}{Pt}=\frac{P_0}{P}$$

式中 G_X——电能表错误接线更正系数；

A_0——负载实际消耗的电量；

A——电能表现场记录的电量；

P_0——负载实际消耗的有功功率；

P——电能表现场记录的有功功率；

t——时间。

当$G_X=1$时，电能表计量正确；当$G_X>1$时，电能表少计电量；当$1>G_X>0$时，电能表多计电量；当$G_X<0$时，电能表倒走，电能表记录的电量A也为负值；当$G_X\rightarrow\infty$时，电能表趋向停走；当$G_X=0$时，实际电量等于0。

电能表错误接线更正系数G_X的分析是按照三相完全对称负载情况下得出的结论，忽略三相负载不对称情况的影响。

第6章　电流互感器现场检验

6.1　基　本　知　识

6.1.1　互感器检定要求

（1）低压电流互感器从运行的第20年起，每年应抽取10%进行轮换和检验，统计合格率应不低于98%，否则应加倍抽取、检验、统计合格率，直至全部轮换。

（2）高压互感器允许用现场检验代替互感器的周期轮换。现场检验的周期每10年进行一次。

（3）电流互感器检定项目一般为外观检查、绝缘电阻测定、工频耐压试验、绕组极性检查、电流互感器退磁以及误差测试等。

6.1.2　多抽头式电流互感器的构造和工作原理

多抽头式电流互感器一次绕组不变，在绕制二次绕组时，增加几个抽头，以获得多个不同变比。它具有一个铁芯和一个匝数固定的一次绕组，其二次绕组用绝缘铜线绕在套装于铁芯上的绝缘筒上，将不同变比的二次绕组抽头引出，接在接线端子座上，每个抽头设置各自的接线端子，这样就形成了多个变比。例如二次绕组增加两个抽头，K_1、K_2 间变比为100/5，K_1、K_3 间变比为75/5，K_1、K_4 间变比为50/5，如图6-1所示。

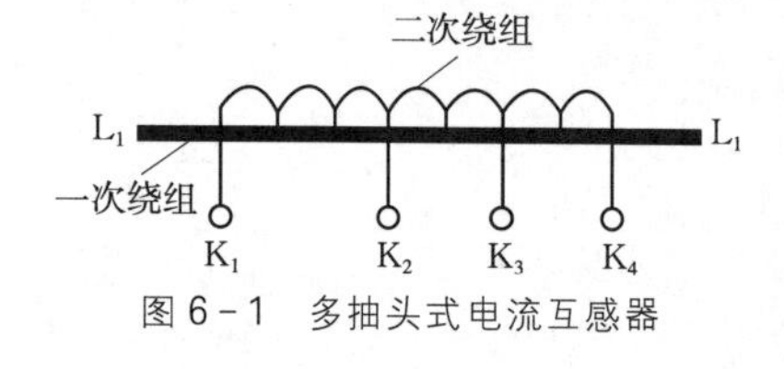

图6-1　多抽头式电流互感器

6.1.3　多抽头式电流互感器的作用

多抽头式电流互感器有多种变比可使用，可以满足小负荷时间的计量和正常负荷时的计量，用户在负荷电流增加或减小时不用更换电流互感器，只要改变二次侧抽头即可；供电部门也方便调整计量装置的负荷电流，因为有些用户减产时，负荷减小甚至变得很小，导致二次电流很小，使电能表慢转或停转，造成电能计量不准确，增加损耗，装设多抽头电流互感器就可改变抽头改变变比，增大二次电流，使电能表正常计量。例如，300/5A变比改为100/5A时，一次侧不用改接就可以使电能表的负荷电流增大，达到正常运行计量、减少损耗的目的。因此，多抽头式特别适合于新建、多期完成的大用户，因初期完成的负荷很小，全部完成时负荷很大，这种情况就可以改变二次侧的抽头来改变匹配负荷电流的变化，使电能表正常计量，不必更换电流互感器。

6.1.4 穿心式电流互感器结构原理

穿心式电流互感器其本身结构不设一次绕组，载流（负荷电流）导线由 L_1 至 L_2 穿过由硅钢片卷制成的圆形（或其他形状）铁芯起一次绕组作用。二次绕组直接均匀地缠绕在圆形铁芯上，与仪表、继电器、变送器等电流线圈的二次负荷串联形成闭合回路，如图 6－2所示。

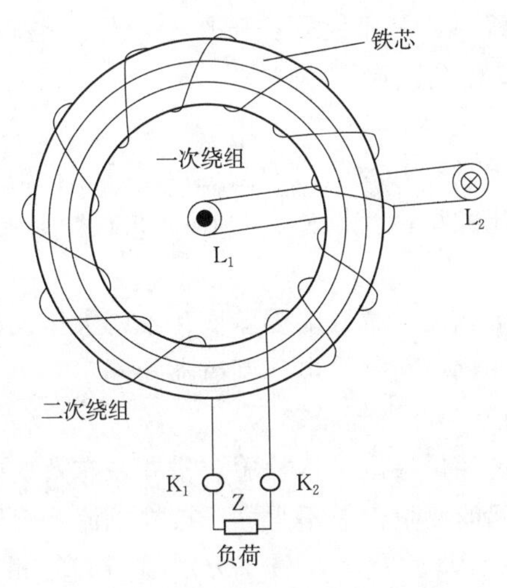

图 6－2　穿心式电流互感器结构原理

6.2 基 本 要 求

6.2.1 检验人员

检验人员不得少于两人，必须持有计量检定员证，且互感器专业考核合格。

检验人员应熟悉作业内容、检验装置的性能和操作程序、危险点分析、安全注意事项，严格遵守装置操作规程。熟悉《测量用电流互感器》（JJG 313—2010）和《国家电网公司电力安全工作规程（变电部分）》。

6.2.2 检验装置

检验装置包括互感器校验仪、标准电流互感器、电流负荷箱、升流器、调压器、一次导线、二次导线、2500V 绝缘电阻表、万用表压接件、接地导线、电源设备等。其中的仪器仪表应经检定合格，并贴有有效期内合格标签。

6.2.3 环境条件和设备条件

（1）检验环境和电源控制设备条件。

1）电源及调节设备应保证具有足够的容量及调节细度，其性能应达到使用说明书的技术指标。

2）检验时使用电源的频率应能保证为（50±0.5）Hz，波形畸变系数应不大于5%。

3）试验电源设备包括调压器、升流器和控制开关。调压器应有足够的调节细度，其输出容量和电压应与升流器相适应；升流器应有足够的容量和不同的输出电压挡，以满足在相应的一次测试回路阻抗下输出电流大小和输出波形的需要。

4）现场周围与检验工作无关的电磁场不大于正常工作接线所产生的电磁场。

5）用于测试工作的升流器、调压器等在工作中产生的电磁干扰引入的测量误差应不大于被检电流互感器误差限值的1/10。

（2）标准电流互感器。

1）标准电流互感器必须具有有效期内的法定计量检定机构的检定证书。

2）标准电流互感器应比被检电流互感器高两个准确度等级，其实际误差应不超过被检电流互感器误差限值的1/5。

3）在检验周期内，标准电流互感器的误差变化不得大于误差限值的1/3。

4）标准电流互感器的变比应与被检电流互感器相同。

（3）误差测量装置（通常为互感器校验仪）。

1）互感器检验仪经法定计量检定机构检验合格并在有效期内。

2）互感器校验仪所引起的测量误差不得大于被检电流互感器误差限值的1/10。其中，装置灵敏度引起的测量误差不大于1/20，最小分度值引起的测量误差不大于1/15，差流测量回路的二次负荷引起的测量误差不大于1/20。

（4）电流负荷箱。

1）电流负荷箱经法定计量检定机构检验合格并在有效期内。

2）在额定频率为50Hz、周围温度为（20±5）℃时，准确度应达到3级。

3）额定环境温度区间、额定频率、额定电流或电压及功率因数应标记在铭牌上。

（5）监测用电流表。

1）外接监测用电流表的准确度等级应不低于1.5级。

2）在同一量程的所有示值范围内，电流表的内阻抗应保持不变。

（6）连接导线要求。

1）电流互感器的一次、二次电流的测试导线应采用机械性能好和绝缘性能好的铜芯电缆，铜芯导线截面应能满足检验电流容量的要求。

2）一次测试导线线头应焊有黄铜或紫铜的接线鼻或接线板。接线时要和电流互感器接线柱紧密连接，以减小接线电阻。

3）使用压接件应能使一次、二次电流的测试导线与被检电流互感器和测试设备保持良好的接触。

4）接地导线应采用裸露的软铜导线，其导线直径应大于1.5mm。

（7）电流互感器现场检验项目见表6-1。

6.2.4 适用范围

适用于额定频率为50Hz的35kV电压互感器的现场后续检定。

表 6-1　　　　**电流互感器现场检验项目**

检定项目	首次检定	后续检定	使用中检验
外观及标志检查	+	+	+
绝缘试验	+	+	−
绕组极性检查	+	−	−
基本误差测量	+	+	+
稳定性试验	−	+	+
运行变差试验	+	−	−
磁饱和裕度试验	+	−	−

注　“+”表示必检项目，“−”表示可不检项目。绝缘试验可以采用未超过有效期的交接试验或预防性试验报告的数据。运行变差试验可以部分或全部采用经检定机构认可的试验室提供的试验报告数据。

6.3　工　作　内　容

6.3.1　工作流程

电流互感器现场检验工作流程如图 6-3 所示。

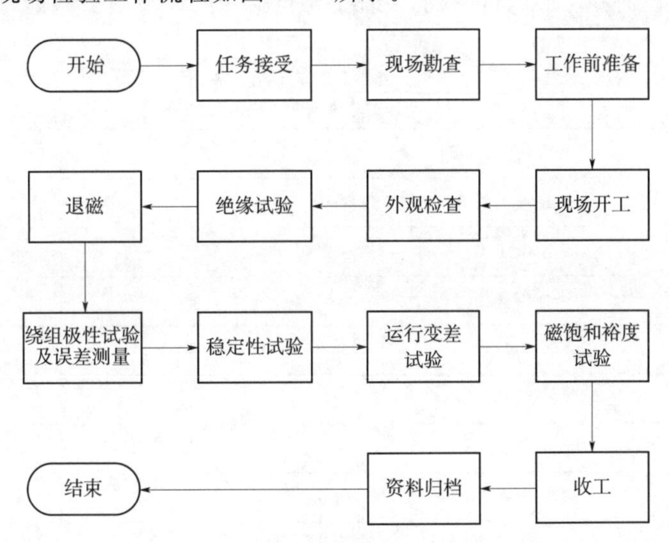

图 6-3　电流互感器现场检验工作流程图

6.3.2　工作要求

电流互感器起到电流变换的作用，一次电流按变比折算到二次侧后与理论二次电流存在一定的误差，这个误差包括比值差和相位差两部分。电流互感器的比值差和相位差均需按互感器的准确度等级控制在一定范围内，即要求电流互感器必须满足测控、保护、计量等不同用途的要求。因此需对新装、运行中的电流互感器开展首次检定、后续检定和使用中的检验，确保互感器变比正确、误差合格。

电流互感器的现场检验能及时发现在运行过程中所存在的问题，制定相应措施并加以落实，从而保证计量装置的准确和可靠，维护计量的公平和公正。通过培训，熟悉电流互感器现场检验装置的使用方法，掌握电流互感器现场检验的步骤和方法。同时必须熟练掌握《电业安全工作规程》《测量用电流互感器》（JJG 313—2010）等相关的国家计量检定规程以及电力系统有关的管理规程。

6.3.3 工作准备

1. 工作前准备

（1）打印工作任务单，同时核对计量设备技术参数与相关资料。

（2）提前联系客户或厂站管理方，核对被试检电流互感器型式和参数，了解电流互感器安装位置，约定现场检验时间。

（3）会同客户进行现场勘查，查看电流互感器是否安装到位、现场工况是否满足检验要求。

2. 检验工器具与检验装置

（1）常用工器具金属裸露部分应采取绝缘措施，并经检验合格。

（2）安全工器具应经检验合格并在有效期内。

电流互感器现场检验工器具和检验装置主要包括开展检验用工器具、标准装置及辅助设备等，见表6-2。

表6-2　　电流互感器现场检验工器具与检验装置

序号	名称	单位	数量
1	螺丝刀组合	套	1
2	电工刀	把	1
3	钢丝钳	把	1
4	斜口钳	把	1
5	尖嘴钳	把	1
6	扳手	套	1
7	电源盘（带漏电保护）	只	1
8	低压验电笔	只	1
9	高压验电器	只	1
10	万用表	台	1
11	绝缘梯	架	2
12	护目镜	副	1

续表

序号	名称	单位	数量
13	绝缘杆	根	1
14	放电棒	根	1
15	双控背带式安全带	根	1
16	安全帽	顶/人	1
17	绝缘鞋	双/人	1
18	绝缘手套	副/人	1
19	棉纱防护手套	副/人	1
20	纯棉长袖工作服	套/人	1
21	绝缘垫	块	按需配置
22	警示带	m	50
23	数码相机	台	按需配置
24	工具包	只	2
25	温湿度计	只	1
26	测试用导线	套	1
27	升流控制器	只	1
28	升流器	台	根据作业需要
29	标准电流互感器	只	1
30	互感器校验仪	台	1
31	电流负荷箱	只	根据作业需要
32	兆欧表	台	1
33	耐压试验装置	台	1
34	高空接线钳	只	2
35	手电筒	只	2

3. 现场勘查

(1) 确定现场检验工作地点和具体工作内容。

(2) 确定被检电流互感器的技术参数。

(3) 确定现场运行的主接线方式和被测线路的正常运行方式。

(4) 确认作业面安全距离、作业半径。

(5) 确定现场如何提供符合要求的测试用供电电源。

(6) 确定在现场如何合理放置检验设备。

4. 安全要求

（1）根据现场设备运行状态和工作内容正确办理现场工作第一种工作票，并按有关规定及时送交办理工作票。

（2）做好安全工作的组织措施和技术措施。

1）被检电流互感器从系统中隔离，并在一次侧两端挂接地线。

2）检验中严禁电流互感器二次回路开路。严禁在电流互感器与短路端子间的回路和导线上进行任何工作。除被验二次回路，其余二次回路必须使用短路线或短路片可靠短接，注意严禁使用导线缠绕。

3）工作时必须有专人监护，工作人员应正确使用合格的安全绝缘工器具和个人劳动防护用品。

4）核对工作票、工作任务单与现场信息是否一致，防止走错间隔。被检电流互感器周围悬挂标示牌和装设遮栏，将作业点与邻近带电间隔或带电部位隔离。作业中应保持与带电设备的安全距离。

5）被检电流互感器接地点应可靠接地。

6.3.4 工作步骤

1. 检定前工作

（1）工作票许可后，现场工作负责人和许可人现场核实工作票各项内容，检查安全措施是否正确和完备、是否符合现场实际条件，必要时予以补充。检查安全围栏的设置是否符合要求，确保检验人员与带电设备之间有足够的安全距离。

（2）工作负责人检查工作班成员着装是否符合要求，对工作班成员进行危险点告知，交代安全措施和技术措施、带电部位和工作危险点及其控制措施，并确认每一个工作班成员都已知晓。

（3）检查确认电流互感器被检的计量二次绕组及一次、二次回路，连在二次的保护已全部退出，确认无误后方可开始工作。

（4）用放电棒对电流互感器放电。

（5）记录温度和相对湿度。

（6）记录被检电流互感器铭牌参数。

2. 外观检查

如果存在下列缺陷之一，需修复后才可检定：

（1）没有铭牌，铭牌不清晰或缺少必要的标志。

（2）接线端组缺少、损坏或无标志。

（3）穿心式电流互感器没有标极性标志，多抽头式电流互感器没有标明不同变比的接线方式。

（4）电流互感器外部有机械损伤，绝缘表面破损或受潮。

（5）一次、二次接线端子上没有电流接线符号标志，接地端子上没有接地标志。

（6）其他严重影响检验工作进行的缺陷，如漏油、裂纹等。

3. 绝缘试验

（1）使用2500V绝缘电阻表依次测量电流互感器一次绕组对二次绕组及各绕组对地的

绝缘电阻值，并记录测量结果。

（2）对测试结果进行判断，满足表6－3要求时视为绝缘合格，不合格的不予检验。

表6－3　电流互感器绝缘试验项目及要求　单位：MΩ

试验项目	一次绕组对二次绕组绝缘电阻	一次绕组对地绝缘电阻	二次绕组对地绝缘电阻
要求	＞1500	＞500	＞500

4. 电流互感器现场检验接线

电流互感器现场检验接线如图3－2所示。

（1）一次接线。

1）搬运梯子进行接线时一定要注意与周围带电的高压设备保持安全距离。

2）首先检查被接导体是否存在被氧化或有污垢等现象，如果有，则应用砂纸或其他工具清洁后再接。

3）从被检电流互感器的L_1（P_1）端、L_2（P_2）端用一次导线引下，注意两根一次导线应尽量靠拢，以减少回路电感，分别连接到标准电流互感器对应变比的L_1端、升流器L_2端，标准电流互感器L_2端接到升流器L_1端。

4）接线完毕后，要断开一次回路的一侧接地刀闸或开关（断路器），并检查一次回路，确认没有其他旁路。

5）互感器校验仪与互感器、升流器之间保持一定的距离，一般应不小于3m，以防止大电流磁场的影响。

（2）二次接线。在电流互感器二次端钮上接线。

1）打开被检电流互感器底座上的接线盒，拆下计量绕组的二次引线。K_1端用二次导线连接互感器校验仪上的K端，K_2端用二次导线连接电流负荷箱上的Z_1端，电流负荷箱上的Z_2端连接互感器校验仪上的TX端。

2）将标准电流互感器对应变比的K_1端用二次导线连接互感器校验仪上的K端，K_2端用二次导线连接互感器校验仪上的TO。

3）断开其余电流互感器二次绕组的二次回路，用短路夹或直径大于1.5mm的铜裸导线短接其余的二次绕组。

（3）电源接线。试验设备接试验电源时，应通过开关控制，接电源线时需使用万用表测试电源电压，接线时需有人员监护。

5. 检验误差的操作步骤

（1）将标准电流互感器、升流器平稳放置在靠近被检电流互感器的地面处。互感器校验仪、电流互感器负荷箱放置在调压器的附近，连接校验仪的供电电源，连接升流器（标准互感器）电源。

（2）对一次、二次进行接线并认真检查。确认被检电流互感器二次绕组正确无误并与其二次回路完全断开；其余二次绕组应可靠短路。一次应形成闭合回路，一次电流应无别的旁路。

（3）核对设备各开关的位置，调压器的旋钮开关都在零位。负荷箱指针指示在额定负荷。合上总电源开关，合上互感器校验仪开关。

(4) 设置互感器校验仪测试状态。由主菜单开始，在功能选择菜单中选择互感器测试功能；在测试菜单中，选择TA误差测试；在量程选择菜单中，根据被检电流互感器二次额定电流选择所需量程；在测试方式菜单中，选择测试方式；在被检电流互感器精度选择菜单中，选择对应的精度等级；在二次负荷菜单中，首先选择额定负荷，均匀、缓慢地升电流，先将一次电流升至额定电流的1%～5%时，如未发现错误（极性指示器动作或其他），将电流升至最大电流测量点，再降到接近零值，然后准备正式测量。如有异常，应在排除故障后再进行测试。

(5) 满载测试。按表6-4误差测量点要求，将电流分别平稳、缓慢地升至额定电流的1%（S级）、5%、20%、100%、120%，并分别做好试验数据记录（若有特殊要求，可增加测试点），将调压器退回零位。

表6-4　电流互感器误差测量点

额定电流的百分数	1①	5	20	100	120
上限负荷	+	+	+	+	+
下限负荷	+	+	+	+	−

① 适用于S级电流互感器。

(6) 轻载测试。改变负荷箱指针指示在下限负荷值（二次额定电流5A的电流互感器，下限负荷按3.75VA选取；二次额定电流1A的电流互感器，下限负荷按1VA选取）。将电流分别平稳、缓慢地升至额定电流的1%（S级）、5%、20%、100%，并分别做好记录，将调压器退回零位。

(7) 实际负荷下测试，做好记录。

(8) 断开互感器校验仪开关，断开升流器（标准互感器）棒对电流互感器放电，关掉总电源。注意测试仪器工作电源应尽量避免与升流器电源使用相同相，以免电压变化过大干扰互感器校验仪正常工作。

6. 稳定性试验

(1) 取上次检验结果。

(2) 取当前检验结果。

(3) 分别计算两次检验结果中比值差的差值和相位差的差值。

(4) 对差值进行判断，如果变化不大于基本误差限值的2/3，则稳定性合格。

7. 结果处理

(1) 误差数据根据表3-3和表3-4给出的误差限制进行修约。

(2) 误差数据合格且稳定性合格，则认为互感器误差合格。误差数据、稳定性有一项超差，且实际误差绝对值加上超差的各项运行变差绝对值超过基本误差限值，则认为互感器误差不合格。

(3) 将修约后的试验数据和对被检电流互感器的综合判断按《电力互感器检定规程》(JJG 1021—2007) 规定的格式和要求做好原始记录和检定证书。电流互感器现场测试误差原始记录应至少保存两个检定周期。

(4) 检定证书用钢笔填写或电脑打印，要求如实、认真填写，字体端正、清晰，不得涂改。空白处应标示斜线或注明“以下空白”。

(5) 经检定不合格的电流互感器，应按实际检定数据填写，出具检定结果通知书。

(6) 电磁式电流互感器的检定周期不得超过10年。

8. 检验工作结束

(1) 试验完毕后停电，拆除试验电源，确认无误后，打开遮栏进入试验区拆除接线，将所有接线拆除后，恢复被试设备，并拆除所设遮栏。

(2) 妥善保管校验原始记录，清点工具，拆除仪器试验接线，清理现场。

(3) 工作负责人终结工作票。

6.4 质 量 管 控

6.4.1 管控标准

(1)《测量用电流互感器》(JJG 313—2010)。

(2)《电力互感器检定规程》(JJG 1021—2007)。

(3)《电能计量装置技术管理规程》(DL/T 448—2016)。

(4)《国家电网公司电力安全工作规程(变电部分)》。

6.4.2 管控措施

(1) 应加强计量标准装置的运行、维护管理，定期开展计量标准的期间核查和标准量值的比对工作，做好计量标准器具送检前后的核查比对，发现异常及时排查，并将有关情况报上一级计量技术机构，同时做好计量标准运行质量分析工作，加强标准设备和检定数据的管理与控制，确保本级计量标准运行的准确、可靠。

(2) 计量器具检定(校准、检测)。计量器具必须按周期进行检定，未经检定或未按周期检定(由于技术条件限制，国内无法进行正式检定的除外)，以及经检定不合格的计量器具，视为失准的计量器具，严格禁止使用。

1) 开展强制管理计量器具检定，必须依法取得计量检定授权，按照《法定计量检定机构考核规范》(JJF 1069—2012)要求，建立严格规范的质量管理体系，并保证质量体系规范运行，持续提升检定工作质量，保证计量检定公平、公正、准确。

2) 非强制管理计量器具的检定和校准，按照相关计量规程、规范开展工作，没有规程、规范的，可由各级计量技术机构提出检定方法，报国家电网公司计量办公室审批后执行。

3) 各级计量技术机构应建立相应的实验室，保证计量检定工作的质量。

计量器具检定、检测、校准的原始数据、证书、报告应按照计量器具寿命周期妥善保存，宜采用电子化档案方式存储并定期备份；必要时或用户要求时方可打印纸质文档。

在进行检定和校准前后，均需对被检样品和所使用的测量仪器设备进行状态检查，并做好相关记录。

(3) 在开展检定时，检定人员必须依据检定规程，严格按照规程所述操作方法对被检样品进行检定。

(4) 在开展校准时，应执行相应的校准规范，如有需要可编制必要的操作规程以指导校准。属非标方法的要注意非标方法的确认。

1) 测试条件要求。温度、湿度符合规程要求，记录完整准确。

2) 试验接线要求。一次导线选择符合要求，二次导线选择符合要求，工作电源接线符合要求。

3) 检定项目要求。正确进行外观检查，误差测量正确，负荷点测试正确，试验项目完整正确。

4) 测量数据处理。数据修约正确，检验结果判断正确，"原始记录""检定证书"填写正确。

5) 安全管控。现场安全措施正确完备，电流互感器二次不允许开路，安全防护用品合格、劳动保护用品正确使用。

(5) 所有检定和校准工作，检定、校准人员均须严格执行技术依据和方法，认真做好检定、校准原始记录，出具准确、可靠的证书和报告。

(6) 在相关检定和校准中，如果出现异常现象或突然受到外界干扰，应立即停止工作，采取合适的应急措施，并做好记录（可记在检定、校准原始记录上）。

(7) 质量监督员按《监督工作程序》要求对上述检定和校准过程进行质量监督。

(8) 出具的证书、报告应进行型式审查，符合要求的予以盖章，不符合要求的退回相关人员更正，直至符合要求为止。证书和报告盖专用章后，正本发放给顾客，副本及原始记录进行存档。

6.5 异 常 处 理

6.5.1 运行中的电流互感器二次开路

1. 产生后果

(1) 运行中的电流互感器二次回路一旦开路，二次去磁通电流消失，一次电流全部用于激磁，在二次侧产生相当高的电动势，对一次、二次绕组绝缘介质造成损害，对人身及仪器设备造成极大的威胁。甚至对电力系统造成破坏。

(2) 铁芯磁通密度增大饱和，可以使铁芯中的损耗增加，不仅使铁芯过热，烧坏绕组，还会使铁芯因过热而品质变坏，铁芯中产生剩磁，使电流互感器误差增大。

2. 处理方法

(1) 运行中的高压电流互感器，其二次出口端开路时，因二次开路电压高，限于安全距离，人不能靠近，必须停电处理。

(2) 运行中的电流互感器发生二次开路，不能停电的应该设法转移负荷，在低峰负荷时作停电处理。

(3) 若因二次接线端子螺丝松造成二次开路，在降低负荷电流和采取必要的安全措施（有人监护，处理时人与带电部分有足够的安全距离，使用有绝缘柄的工具）的情况下，可不停电将松动的螺丝拧紧。

6.5.2 极性错误

检定电流互感器时，要求将标准电流互感器和被检电流互感器一次侧和二次侧极性端对接，极性接反缘于标准电流互感器或被测电流互感器一次或二次极性接反。一般互感器检验仪都具有极性反报警功能，当校验仪显示极性反报警时，只要将标准电流互感器或被测电流互感器极性端对调即可。

第7章　电压互感器现场检验

7.1　基　本　知　识

7.1.1　电压互感器接线方式

接入中性点绝缘系统的3台电压互感器，35kV及以上的宜采用Y/y方式接线；35kV以下的宜采用V/V方式接线。接入非中性点绝缘系统的3台电压互感器，宜采用Y_0/Y_0方式接线，其一次侧接地方式和系统接地方式相一致。

7.1.2　电压互感器接线方式

电压互感器在三相电路中常用的接线方式有以下几种：

（1）一个单相电压互感器的接线，如图7-1（a）所示，用于对称的三相电路，二次侧可接仪表或继电器。

（2）两个单相电压互感器的V/V形接线，如图7-1（b）所示，可以测量相间线电压，但不能测量相电压。

（3）三个单相电压互感器的Y_0/Y_0形接线，如图7-1（c）所示，可供给要求测量线电压的仪表或继电器，以及供给测量相电压的绝缘监察电压表。

（4）三相五芯柱电压互感器的$Y_0/Y_0/\triangle$（开口三角形）形接线，如图7-1（d）所示。接成Y_0形的二次线圈供电给仪表、继电器及绝缘监察电压表等；辅助二次线圈接成开口三角形，供电给绝缘监察电压继电器。当三相系统正常工作时，三相电压平衡，开口三角形两端电压为零；当某一相接地时，开口三角形两端出现零序电压，使绝缘监察电压继电器动作，发出信号。

7.1.3　电压互感器误差因素

当U_1在铁芯中产生磁通Φ时，有激磁电流I_0存在，由于一次绕组存在电阻和漏抗，I_0在激磁导纳上产生了电压降，就形成了电压互感器的空载误差，当二次绕组接有负载时，产生的负荷电流在二次绕组的内阻抗及一次绕组中感应的一个负载电流分量在一次绕组内阻抗上产生电压降，形成了电压互感器的负载误差。可见，电压互感器的误差主要与激磁导纳，一次、二次绕组内阻抗和负荷导纳有关。

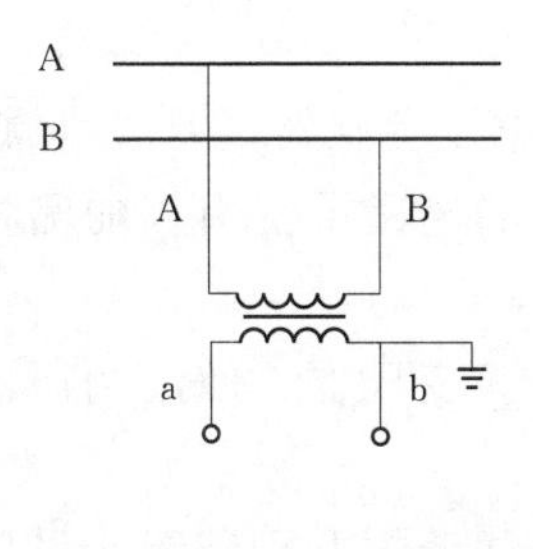

（a）一个单相电压互感器的接线

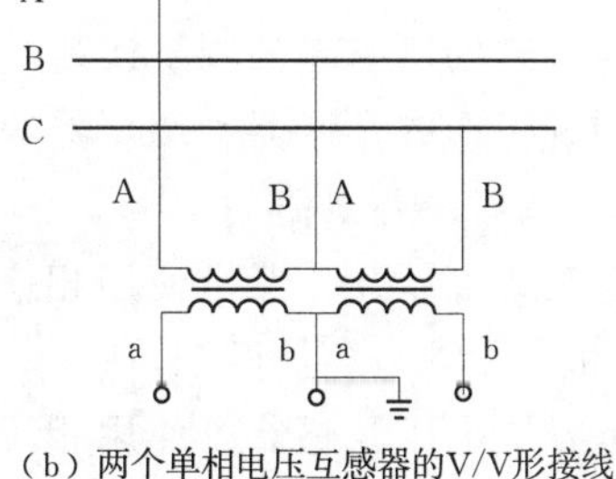

（b）两个单相电压互感器的V/V形接线

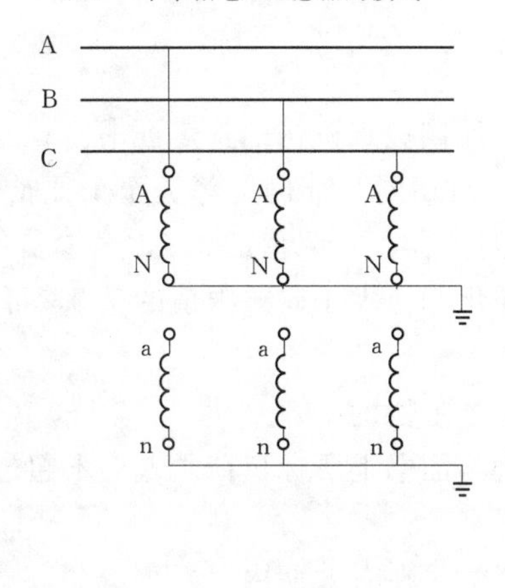

（c）三个单相电压互感器的Y_0/Y_0形接线

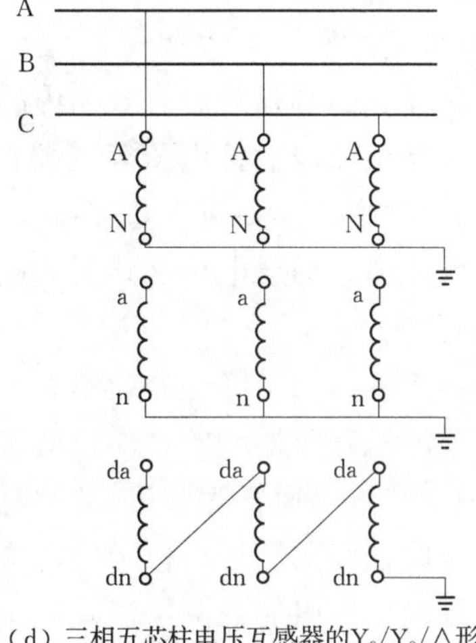

（d）三相五芯柱电压互感器的$Y_0/Y_0/\triangle$形接线

图 7－1　电压互感器常用接线方式

7.2　基　本　要　求

7.2.1　检验人员

检验人员不得少于两人，必须持有计量检定员证，且互感器专业考核合格。

检验人员应熟悉作业内容、检验装置的性能和操作程序、危险点分析、安全注意事项，严格遵守装置操作规程，掌握《电力互感器检定规程》（JJG 1021—2007）和《国家电网公司电力安全工作规程（变电部分）》。

7.2.2　检验装置

检验装置包括互感器校验仪、标准电压互感器、升压器、调压器、万用表、2500V 绝缘电阻表、钳形电压表、电源设备等。其中的仪器仪表应经检定合格，并贴有有效期内的合格标签。

7.2.3　环境条件和设备条件

（1）电源及环境条件。

1）电源及调节设备应保证具有足够的容量及调节细度，检验时使用电源的频率为

(50±0.5) Hz，波形畸变系数应不大于5%。

2）由外界电磁场所引起的测量误差，应不大于被检电压互感器误差限值的1/20。

3）用于测试工作的升流器、调压器等在工作中产生的电磁干扰引入的测量误差应不大于被检电压互感器误差限值的1/10。

4）检验电磁式电压互感器可使用相应电压等级的试验变压器，使用调压器的容量应与其额定电压和实际输出容量匹配。

5）检验电容式电压互感器可使用相应电压等级的串联谐振升压装置，采用调感式或调电容式，用电网频率激励。

(2) 标准电压互感器。

1）标准电压互感器必须具有有效期内的法定计量检定机构的检定证书。

2）标准电压互感器与被检电压互感器额定变比相同，准确度等级至少比被检电压互感器高两个级别，其实际误差应不超过被检电压互感器误差限值的1/5。

3）在检验周期内，标准电压互感器的误差变化不得大于误差限值的1/3，可以通过期间核查进行测量。

4）标准电压互感器的升降变差应不大于其误差限值的1/5。

5）使用标准电压互感器时的二次负荷实际值与证书上所标负荷之差应不超过±10%。

(3) 误差测量装置（通常为互感器校验仪）。

1）互感器校验仪经法定计量检定机构检验合格并在有效期内。

2）互感器校验仪所引起的测量误差不得大于被检电压互感器误差限值的1/10。其中，装置灵敏度引起的测量误差不大于1/20，最小分度值引起的测量误差不大于1/15，差压测量回路的二次负荷引起的测量误差不大于1/20。

(4) 电压负荷箱。

1）电压负荷箱经法定计量检定机构检验合格并在有效期内。

2）电压负荷箱准确度等级应达到3级。

(5) 监测用电压表。

1）外接监测用电压表的准确度等级应不低于1.5级。

2）在同一量程的所有示值范围内，电压表的内阻抗应保持不变。

3）在所有误差测量点的相对误差均不大于20%。

(6) 电压互感器的现场检验项目与电流互感器相同，见表6-1。

7.2.4 适用范围

适用于额定频率为50Hz的35kV电压互感器的现场后续检定。

7.3 工 作 内 容

7.3.1 工作流程

电压互感器现场检验工作流程如图7-2所示。

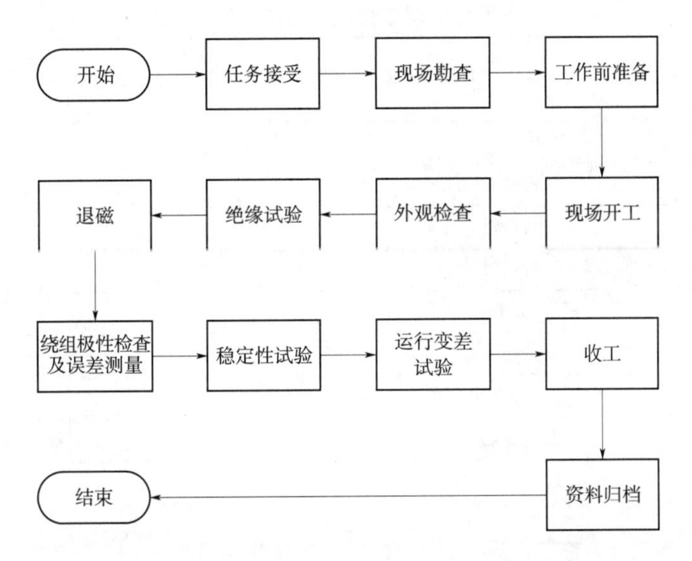

图 7-2　电压互感器现场检验工作流程图

7.3.2　工作要求

计量用电压互感器是电能计量装置中的主要器具，其作用是将电力系统中一次侧的高电压转换为二次回路中计量、测量和保护所需要的特定电压。为了保证电压互感器在运行中的准确性，按照规程规定，需对新装、运行中的电压互感器开展首次检定、后续检定和使用中的检验，确保互感器变比正确、误差合格。

通过培训，熟悉电压互感器现场检验装置的使用方法，掌握电压互感器现场检验的步骤和方法。同时必须熟练掌握《电业安全工程规程》《测量用电压互感器》（JJG 314—2010）、《电力互感器检定规程》（JJG 1021—2007）等相关的国家计量检定规程以及电力系统有关的管理规程。

7.3.3　工作准备

1. 工作前准备

（1）打印工作任务单，同时核对计量设备技术参数与相关资料。

（2）提前联系客户或厂站管理方，核对被检电压互感器型式和参数，了解电压互感器安装位置，约定现场检验时间。

（3）会同客户进行现场勘查，查看电压互感器是否安装到位、现场工况是否满足检验要求。

2. 检验工器具与检验装置

（1）常用工器具金属裸露部分应采取绝缘措施，并经检验合格。

（2）安全工器具应经检验合格并在有效期内。

工器具和检验装置主要包括开展检验用工器具、标准装置及辅助设备等，见表 7-1。

表 7-1　　电压互感器现场检验工器具与检验装置

序号	名称	单位	数量
1	螺丝刀组合	套	1
2	电工刀	把	1
3	钢丝钳	把	1
4	斜口钳	把	1
5	尖嘴钳	把	1
6	扳手	套	1
7	高空接线钳	把	1
8	电源盘（带漏电保护）	只	1
9	低压验电笔	只	1
10	高压验电器	只	1
11	万用表	台	1
12	绝缘梯	架	2
13	护目镜	副	1
14	绝缘杆	根	1
15	放电棒	根	1
16	双控背带式安全带	副	1
17	安全帽	顶/人	1
18	绝缘鞋	双/人	1
19	绝缘手套	副/人	1
20	棉纱防护手套	副/人	1
21	纯棉长袖工作服	套/人	1
22	绝缘垫	块	按需配置
23	警示带	m	50
24	数码相机	台	按需配置
25	工具包	只	2
26	温湿度计	只	1
27	测试用导线	套	1
28	标准电压互感器	套	1
29	互感器校验仪	台	1
30	感应分压器	台	1
31	电压负荷箱	台	3
32	升压装置	套	套
33	调压控制器	只	1
34	兆欧表	台	1
35	手电筒	只	1

3. 现场勘查

（1）确定现场检验工作地点和具体工作内容。

（2）确定被检电压互感器的技术参数及二次回路情况。

（3）确定现场运行的主接线方式和被测线路的正常运行方式。

（4）确定现场如何提供符合要求的测试用供电电源。

（5）确定在现场如何合理放置检验设备。

4. 安全要求

（1）根据现场设备运行状态和工作内容正确办理现场工作第一种工作票，并按有关规定及时送交办理工作票。

（2）做好安全工作的组织措施和技术措施。

1）被检电压互感器从系统中隔离，断开与其无关的其他设备。

2）电压互感器至母线的隔离开关应拉开，并检查有明显断开点，断开电压互感器至端子箱的二次回路保险，与其他二次回路相关联的导线都应拆开。所拆线头详细记录在记录卡上，恢复时专人核对检查。

3）核对设备编号，防止走错间隔。被检电压互感器周围悬挂标示牌和装设遮栏。

4）工作时必须有专人监护，工作人员正确使用合格的安全绝缘工器具和个人劳动防护用品。

5）搬运梯子进行接线时一定要注意与周围带电的高压设备保持安全距离，设备离地较高，需要一人站在梯子上，另一人在地上配合拆、接线，防止高处摔下及高处坠物伤人。

7.3.4 工作步骤

1. 检定前工作

（1）工作票许可后，现场工作负责人和许可人现场核实工作票各项内容，检查是否已做好安全工作的组织措施和技术措施，检查安全围栏的设置是否符合要求，确保检验人员与带电设备之间有足够的安全距离。

（2）工作负责人检查工作班成员着装是否符合要求，对工作班成员进行危险点告知，交代安全措施和技术措施、带电部位和工作危险点及其控制措施，并确认每一个工作班成员都已知晓。

（3）用放电棒对电压互感器放电。

（4）记录环境温度和相对湿度。

（5）记录被检电压互感器铭牌参数。

2. 外观检查

如果存在有下列缺陷之一，需修复后予以检定：

（1）电压互感器外部不应有机械损伤，绝缘表面破损或受潮，表面应清洁干净。

（2）电压互感器没有铭牌，铭牌不清晰或缺少必要的标志。

（3）铭牌上没有产品编号、出厂日期、接线图或接线方式说明，没有额定变比、准确度等级等明显标志。

(4) 一次和二次接线端子上没有电压接线符号标志，接地端子上没有接地标志。

(5) 其他严重影响检验工作进行的缺陷，如漏油、裂纹等。

3. 绝缘试验

(1) 用2500V绝缘电阻表依次测量电压互感器一次绕组对二次绕组及各绕组对地的绝缘电阻值，并记录测量结果。

(2) 对测试结果进行判断，满足表7-2要求时视为绝缘合格。

表7-2　　电压互感器绝缘试验项目及要求　　单位：MΩ

试验项目	一次绕组对二次绕组绝缘电阻	一次绕组对地绝缘电阻	二次绕组对地绝缘电阻
要求	>1000	>500	>500
说明	电容式电压互感器除外		

4. 电压互感器现场检验接线

检验电压互感器的误差，最常用的方法就是比较法，用一台标准电压互感器与被检互感器相比较确定误差，接线图如图7-3所示。

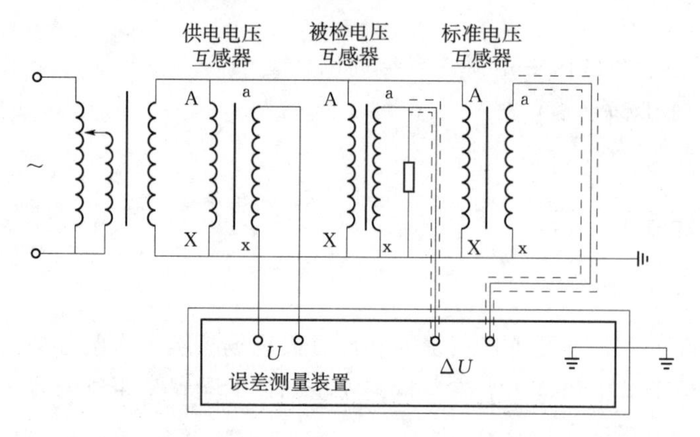

图7-3　比较法检验电压互感器误差接线图（高电位端测量误差）

A、X—电压互感器一次绕组的对应端子；a、x—电压互感器二次绕组的对应端子

接线步骤及注意事项如下：

(1) 电源通过控制开关接到调压器输入端，其输出端接入升压标准电压互感器的电源输入端。升压器输出端与被检电压互感器的一次侧、标准电压互感器一次侧并联。

1) 连接用一次导线推荐使用直径1.5～2.5mm^2的铜软裸线，电压等级在110kV及以上时，禁止用硬导线做一次导线。非计量绕组的二次接地线不需拆除，应确认连接在二次侧的保护已全部退出。

2) 从被检电压互感器的一次导线引下，接头应紧固，同时为了使一次导线与被检电压互感器有适当的安全距离，两根一次导线应与被检电压互感器至少成45°，必要时可以使用绝缘绳牵引导线绕过障碍物，分别连接到升压标准电压互感器的一次侧上，然后紧固。接线完成后检查一次回路，负责人需确认回路内没有其他一次设备接入。

（2）打开被检电压互感器底座上的接线盒，拆下计量绕组及测量、保护等绕组的二次引线，并作相应的标记和绝缘措施，防止接地短路。

（3）将标准电压互感器计量绕组的二次输出端接入互感器校验仪的电压输入端“U”，标准与被检电压互感器二次输出的差压接入互感器校验仪的差压输入端“ΔU”。

（4）电压负荷箱并接在被检电压互感器二次输出端子，其余的二次绕组开路。

1）必须按照厂家提供的说明书正确接线。

2）电压互感器校验仪的差压回路有高端测差和低端测差方式。

5. 检验误差的操作步骤

（1）通电前检查。工作负责人检查一次测试线与其他高压回路的绝缘距离是否符合要求，接线是否正确。

（2）电源引线接到测量工作区通过断路器给试验设备供电。打开供电电源。

（3）选择负荷箱负荷为电压互感器的额定负荷。合上测试用电源刀闸，调压器在零位，调压器零位指示灯亮，合上互感器校验仪开关。

（4）设置互感器校验仪测试状态。由主菜单开始，在功能选择菜单中选择互感器测试功能；在测试菜单中，选择TV误差测试；在量程选择菜单中，根据被检电压互感器二次额定电压选择所需量程；在测试方式菜单中，选择测试方式；在被检电压互感器精度选择菜单中，选择对应的精度等级。

（5）进行预通电，平稳地升起一次电压至额定值5%～10%的某一值，互感器校验仪极性指示器不动作，则电压互感器极性正确；反之电压互感器极性错误。如未发现异常，可升到最大电压百分点，再降到接近零的值，准备正式测量。如有异常，应排除后再试测。

（6）满载测试。负荷箱选择在额定负荷，互感器校验仪二次负荷菜单中，选择负荷2.5VA。按表7-3误差测量点将电压分别平稳、缓慢地升至额定电压的80%、100%、115%，并分别做好记录。将调压器退回零位。

表7-3　电压互感器误差测量点

额定电压的百分数	80	100	110①	115②
上限负荷	+	+	+	+
下限负荷	+	+	+	+

① 适用于330kV和500kV电压互感器。

② 适用于220kV及以下电压互感器。

（7）轻载测试。改变负荷箱指针指示在下限负荷值（在互感器校验仪二次负荷菜单中，选择负荷2.5VA）。将电压平稳、缓慢地升至额定电压的80%、100%，并分别做好记录。

（8）将电压由最大值平稳、缓慢地下降，调压器退回零位。断开互感器校验仪开关，断开测试用电源。用放电棒对电压互感器放电。

如检验三相电压互感器，可分别把标准电压互感器接入各相，用互感器校验仪依次测量各相电压互感器的误差。

6. 稳定性试验

（1）取上次检验结果。

（2）取当前检验结果。

（3）分别计算两次检验结果中比值差的差值和相位差的差值。

（4）对差值进行判断，如果变化不大于基本误差限值的2/3，则稳定性合格。

7. 结果处理

（1）误差数据根据表7-4给出的误差限值进行修约。

表7-4　电压互感器的基本误差限值

准确度等级	电压百分数/%	80～120	准确度等级	电压百分数/%	80～120
1	比差值/±%	1.0	0.2	比差值/±%	0.2
	相位差/±′	40		相位差/±′	10
0.5	比差值/±%	0.5	0.1	比差值/±%	0.1
	相位差/±′	20		相位差/±′	5

（2）各项误差数据都合格，则认为电压互感器误差合格。

（3）将修约后试验数据和对被检电压互感器的综合判断，按《电力互感器检定规程》（JJG 1021—2007）规定的格式和要求做好原始记录和检定证书。

（4）电压互感器现场测试误差原始记录应至少保存两个检定周期。

（5）检定证书用钢笔或电脑打印，要求如实、认真填写，字体端正、清晰，不得涂改。空白处应标示斜线或注明“以下空白”。

（6）经检定不合格的电压互感器，应按实际检定数据填写，出具检定结果通知书。

（7）电磁式电流、电压互感器的检定周期不得超过10年，电容式电压互感器的检定周期不得超过4年。

8. 检验工作结束

（1）试验完毕后停电，拆除试验电源，确认无误后，打开遮栏进入试验区拆除接线，将所有接线拆除后，恢复被试设备，并拆除所设遮栏。

（2）妥善保管校验原始记录，清点工具，拆除仪器试验接线，清理现场。

（3）工作负责人终结工作票。

7.4 质 量 管 控

7.4.1 管控标准

（1）《电力互感器检定规程》（JJG 1021—2007）。

（2）《测量用电压互感器》（JJG 314—2010）。

（3）《电能计量装置技术管理规程》（DL/T 448—2016）。

（4）《国家电网公司电力安全工作规程（变电部分）》。

7.4.2 管控措施

（1）应加强计量标准装置的运行、维护管理，定期开展计量标准的期间核查和标准量值的比对工作，做好计量标准器具送检前后的核查比对，发现异常及时排查，并将有关情况报上一级计量技术机构，同时做好计量标准运行质量分析工作，加强标准设备和检定数据的管理与控制，确保本级计量标准运行的准确、可靠。

（2）计量器具检定（校准、检测）。计量器具必须按周期进行检定，未经检定或未按周期检定（由于技术条件限制，国内无法进行正式检定的除外），以及经检定不合格的计量器具，视为失准的计量器具，严格禁止使用。

1）开展强制管理计量器具检定，必须依法取得计量检定授权，按照《法定计量检定机构考核规范》（JJF 1069—2012）要求，建立严格规范的质量管理体系，并保证质量体系规范运行，持续提升检定工作质量，保证计量检定公平、公正、准确。

2）非强制管理计量器具的检定和校准，按照相关计量规程、规范开展工作，没有规程、规范的，可由各级计量技术机构提出检定方法，报国家电网公司计量办公室审批后执行。

3）各级计量技术机构应建立相应的实验室，保证计量检定工作的质量。

计量器具检定、检测、校准的原始数据、证书、报告应按照计量器具寿命周期妥善保存，宜采用电子化档案方式存储并定期备份；必要时或用户要求时方可打印纸质文档。

在进行检定和校准前后，均需对被检样品和所使用的测量仪器设备进行状态检查，并做好相关记录。

（3）在开展检定时，检定人员必须依据检定规程，严格按照规程所述操作方法对被检样品进行检定。

（4）在开展校准时，应执行相应的校准规范，如有需要可编制必要的操作规程以指导校准。属非标方法的要注意非标方法的确认。

1）测试条件要求。温度、湿度符合规程要求，记录完整准确。

2）试验接线要求。一次导线选择符合要求，二次导线选择符合要求，工作电源接线符合要求。

3）检定项目要求。正确进行外观检查，误差测量正确，负荷点测试正确，试验项目完整正确。

4）测量数据处理。数据修约正确，检验结果判断正确，“原始记录”“检定证书”填写正确。

5）安全管控。现场安全措施正确完备，电压互感器二次不允许短路或接地，安全防护用品合格、劳动保护用品正确使用。

（5）所有检定和校准工作，检定、校准人员均须严格执行技术依据和方法，认真做好检定、校准原始记录，出具准确、可靠的证书和报告。

（6）在相关检定和校准中，如果出现异常现象或突然受到外界干扰，应立即停止工作，采取合适的应急措施，并做好记录（可记在检定、校准原始记录上）。

（7）质量监督员按《监督工作程序》要求对上述检定和校准过程进行质量监督。

（8）出具的证书、报告应进行型式审查，符合要求的予以盖章，不符合要求的退回相关人员更正，直至符合要求为止。证书和报告盖专用章后，正本发放给顾客，副本及原始记录进行存档。

7.5 异常处理

7.5.1 极性错误

电压互感器应为减极性，推荐使用互感器校验仪检查绕组的极性。根据互感器的接线标志，按比较法线路完成测量接线后，取下高压接地线，升起电压至额定值的5%以下试测，用互感器校验仪的极性指示功能或误差测量功能确定电压互感器的极性。标准电压互感器的极性是已知的，当按规定的标记接好线通电时，如发现互感器校验仪的极性指示器动作而又排除是由于变比接错、误差过大等因素所致，则可确认试品与标准电压互感器的极性相反。

7.5.2 电压互感器须停止运行现象

（1）高压侧熔断器接连熔断两次。

（2）引线端子松动、过热。

（3）内部出现放电异音或噪声。

（4）见到放电，有闪络危险。

（5）发出臭味或冒烟。

（6）溢油。

7.5.3 电压互感器使用注意事项

（1）应根据用电设备的需要，选择电压互感器型号、容量、变比、额定电压和准确度等参数。

（2）接入电路之前，应校验电压互感器的极性。

（3）接入电路之后，应将二次线圈可靠接地，以防一次、二次侧的绝缘击穿时，高压危及人身和设备的安全。

（4）运行中的电压互感器在任何情况下都不得短路，其一次侧应安装熔断器，并在一次侧装设隔离开关。35kV以上贸易结算用电能计量装置中的电压互感器二次回路应不装设隔离开关辅助接点，但可装设熔断器；35kV及以下贸易结算用电能计量装置中的电压互感器二次回路应不装设隔离开关辅助接点和熔断器。在电源检修期间，为防止二次侧电源向一次侧送电，应将一次侧的断路器和一次、二次侧的熔断器都断开。

7.5.4 运行中电压互感器二次短路后果

运行中的电压互感器二次短路会产生很大的短路电流，使线圈因过流而发热。高温、高压将直接损害电压互感器线圈的绝缘介质，或使线圈因过流而断线，甚至影响电力系统安全运行。

7.5.5 系统电压对电压互感器误差影响

由于铁芯磁导率和损耗角都是非线性的，随着系统电压的增大，铁芯磁通密度增加，磁导率和损耗角均增大，若系统电压进一步增大，铁芯将趋向于饱和，磁化曲线趋向平坦，磁导率下降。因此空载比差和角差随着电压的增大先减小，然后再随之增大。

第8章　电压互感器二次压降及互感器二次回路负荷现场检验

8.1　基　本　知　识

8.1.1　互感器额定二次负荷

能满足互感器准确度等级的互感器二次所接的最大负荷。

8.1.2　互感器二次负荷

电压互感器的误差与二次负荷有关，二次负荷越大，变比误差和角误差越大。因此制造厂家就按各种准确度等级给出了对应的使用额定容量，同时按长期发热条件下给出了最大容量。

电流互感器的运行状态和误差直接关系到整个计量装置的准确性，电流互感器都有规定的二次负载范围，只有工作在这个范围内才能保证电流互感器的运行状态和准确度。

8.1.3　二次回路导线压降规定

Ⅰ、Ⅱ类用于贸易结算的电能计量装置中的电压互感器二次回路电压降应不大于其额定二次电压的0.2%；其他电能计量装置中的电压互感器二次回路电压降应不大于其额定二次电压的0.5%。

8.2　基　本　要　求

8.2.1　检验人员

检验人员不得少于两人，必须持有计量检定员证，具备必要的电气知识和业务技能。试验人员应熟悉《测量用电压互感器》（JJG 314—2010）等相关规程；熟悉作业内容、检验装置的性能和使用方法；知道危险点及安全注意事项。

8.2.2　检验装置

检验装置包括二次压降及负荷测试仪、专用测试屏蔽导线、验电笔、万用表、钳形电流表、相序表、绝缘电阻表等。其中的仪器仪表应经检定合格，并贴有有效期内的合格标签。

8.2.3　设备条件

对二次压降及负荷测试仪的要求如下：

（1）准确度等级不应低于 2.0 级。二次压降及负荷测试仪基本误差应包含测试引线所带来的附加误差。

（2）二次压降及负荷测试仪必须具有有效期内的法定计量检定机构的检定证书。

（3）压降测试仪的分辨力应不小于以下限值：f 为 0.01%，δ 为 0.01′。

（4）压降测试仪对被测试回路带来的负荷最大不超过 1VA。

8.2.4 适用范围

适用于 10kV 及以上电压互感器二次压降及电压、电流互感器二次回路负荷现场测试。

8.3 工 作 内 容

8.3.1 工作流程

电压互感器二次压降及互感器二次回路负荷现场检验工作流程如图 8-1 所示。

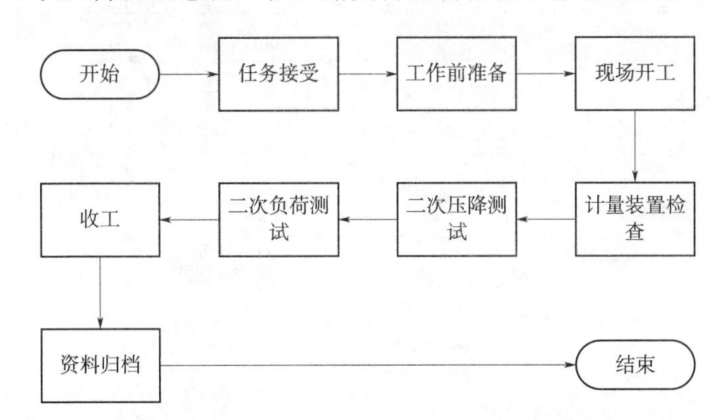

图 8-1 电压互感器二次压降及互感器二次回路负荷现场检验工作流程图

8.3.2 工作要求

安装运行于变电站现场的电压互感器通常与电能表距离较远，导致电压互感器二次电压与表计端子上电压幅值和相位不一致，从而产生电能计量误差。对运行中的电压互感器需进行周期测试，对于 35kV 及以上电压互感器二次压降，每 2 年至少检验一次。

任何电流互感器、电压互感器都有规定的二次负荷范围，只有工作在这个范围内才能保证互感器运行状态和准确度，所以开展二次回路负荷现场检验，及时掌握互感器的二次回路实际负荷，对提高电能计量装置的管理水平有非常重要的意义。

通过培训，熟悉电压互感器二次压降及二次回路负荷测试仪的使用方法，掌握电压互感器二次压降测试的步骤和方法，掌握电压互感器二次回路负荷与电流互感器二次回路负荷的测试步骤和方法，特别是接线的要求，同时必须掌握《电业安全工作规程》《电能计量装置技术管理规程》等相关的国家计量检定规程。

8.3.3 工作准备

1. 工作前准备

(1) 根据工作计划，接受任务安排。

(2) 打印工作任务单，同时核对计量设备技术参数与相关资料。

(3) 根据检验内容提前与客户（公司变电运行部门）联系，核对线路名称，预约现场检验时间。

2. 检验工器具与检验装置

(1) 常用工器具金属裸露部分应采取绝缘措施，并经检验合格。

(2) 安全工器具应经检验合格并在有效期内。

工器具与检验装置主要包括开展检测用工器具、仪器仪表和电源设施等，见表8-1。

表8-1　电压互感器二次压降及互感器二次回路负荷现场检验工器具与检验装置

序号	名称	单位	数量
1	螺丝刀组合	套	1
2	电工刀	把	1
3	斜口钳	把	1
4	尖嘴钳	把	1
5	电源盘（带漏电保护）	只	1
6	低压验电笔	只	1
7	高压验电器	只	1
8	绝缘梯	架	1
9	兆欧表	台	1
10	绝缘垫	块	1
11	钳形万用表	只	1
12	二次压降专用测试线车	辆	根据实际距离选择长度
13	安全帽	顶/人	1
14	绝缘鞋	双/人	1
15	棉纱防护手套	副/人	1
16	绝缘手套	副/人	1
17	纯棉长袖工作服	套/人	1
18	警示带	套	1
19	对讲机	对	1
20	二次压降及负荷测试仪	台	按需配置
21	数码相机	台	按需配置
22	手电筒	只	1

3. 安全要求

（1）根据现场设备运行状态和工作内容正确填写工作票。

（2）核对工作票、工作任务单与现场信息是否一致，防止走错间隔，在被检电压互感器周围悬挂标示牌。

（3）工作时必须有专人监护，工作人员正确使用合格的安全绝缘工器具和个人劳动防护用品。

8.3.4 工作步骤

1. 检定前工作

（1）办理第二种工作票。工作负责人检查安全措施是否正确完备，是否符合现场实际条件，必要时予以补充。

（2）工作负责人检查工作班成员着装是否符合要求，对工作班成员进行危险点告知，交代安全措施和技术措施、带电部位和工作危险点及其控制措施，并确认每一个工作班成员都已知晓。

（3）核对电能计量装置的计量方式。

（4）对被检互感器的二次回路进行检查核对，确认无误后方可开始工作。

（5）连接互感器二次端子和压降测试仪之间的导线应是专用的屏蔽导线，其屏蔽层应可靠接地。

2. 测试原理及测试接线

（1）在TV侧用二次压降测试仪测试压降设备位置图，如图8-2所示。

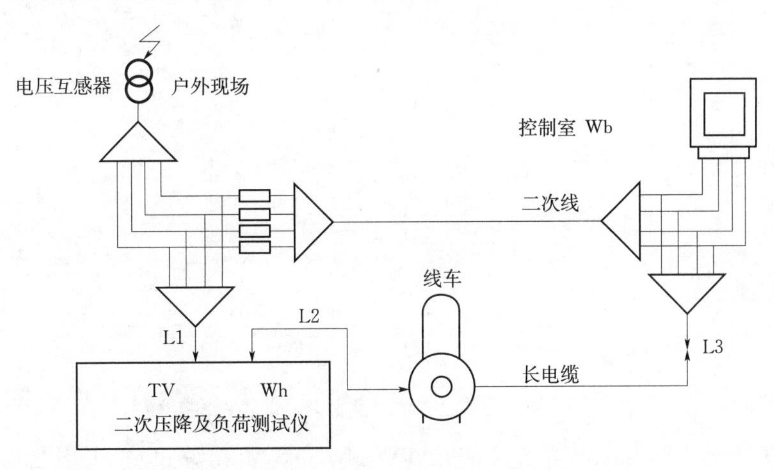

图8-2 在TV侧用二次压降测试仪测试压降设备位置图

（2）三相三线计量方式下二次压降测试原理接线图如图8-3所示。

（3）电流互感器二次回路负荷测试（星形接线），如图8-4所示。

（4）电压互感器二次回路负荷测试（V形接线），如图8-5所示。

3. 电压互感器二次压降测试

（1）确认被测二次回路，核实端子标志和相别。

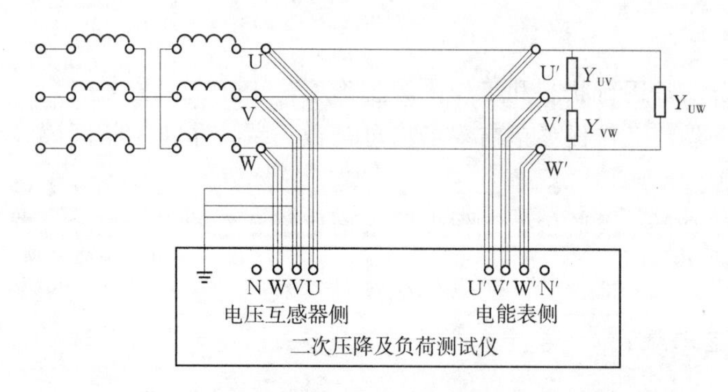

图 8-3　三相三线计量方式下二次压降测试原理接线图

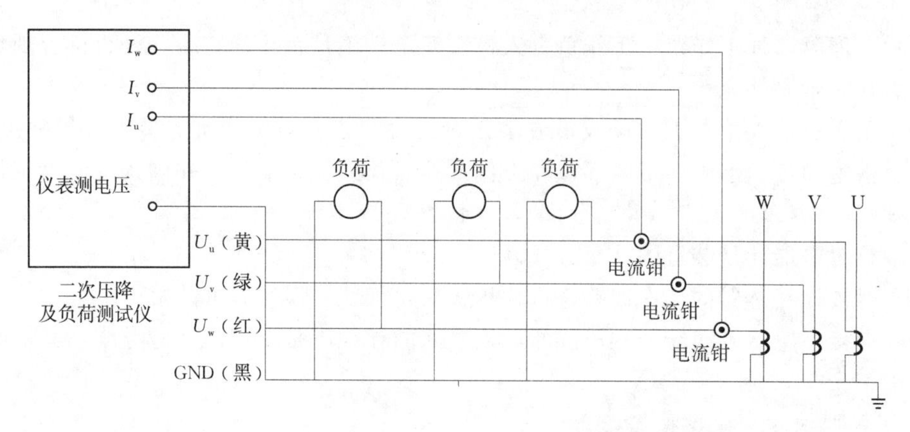

图 8-4　电流互感器二次回路负荷测试（星形接线）

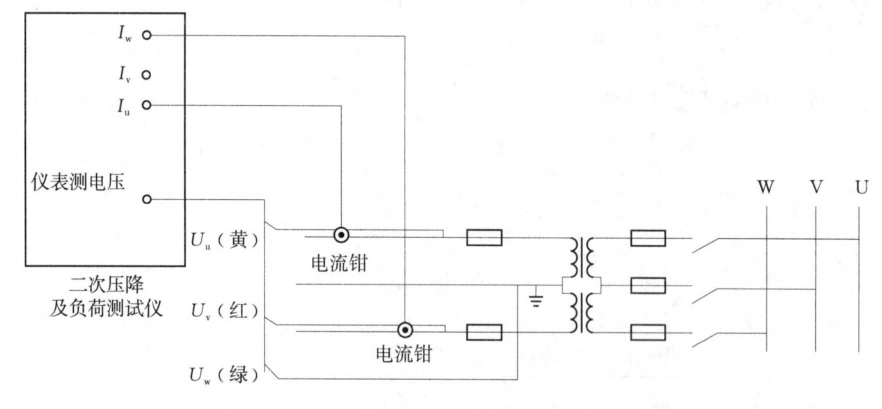

图 8-5　电压互感器二次回路负荷测试（V 形接线）

（2）若现场测试采用户外进行（即在 TV 侧测量，始端方式），先将二次压降测试仪放在电压互感器端子箱侧。在电压互感器二次端子箱和电能表接线端子间放好专用电缆。

（3）分别在电压互感器二次端子箱和电能表接线盒处用相序表核实被测回路相序，应为正相序。

（4）二次压降及负荷测试仪 TV 输入端子接二次回路电压互感器第一组端子，二次压降及负荷测试仪 Wh 端接二次回路电能表端，相对应的 U、V、W、N（三相三线 U、V、W）相连。接线时注意先接电压互感器侧的接线，再接电能表侧的接线。

(5) 测量。打开二次压降及负荷测试仪电源，选择计量装置的接线方式（三相三线或三相四线测量）和二次压降测试接线方式（始端或末端接线方式），输入一次线路平均功率因数，进入二次压降全自动测量状态，记录测试数据。

(6) 测试完成后，断开电源，先拆电能表接线盒的接线，再拆电压互感器端子箱的接线，然后收线；恢复打开的电能表屏柜门和电能表接线盒。

4. 电压互感器二次回路负荷的测试

(1) 确认被测二次回路，核实端子标志和相别。

(2) 接线。用始端方式测量，将电压线接在对应每相上，钳形电流互感器夹在对应二次接线上，不能用力扳二次接线以免造成二次开路。

(3) 打开二次压降及负荷测试仪电源，进入电压互感器二次回路负荷测量界面，显示测量数据，记录测试数据。

(4) 测试完成后，断开电源，先拆互感器侧接线，再拆测试仪侧接线。

5. 电流互感器二次回路负荷的测试

(1) 确认被测二次回路，核实端子标志和相别。

(2) 接线。始端方式测量，将电压线接在对应电流互感器二次端，钳形电流互感器夹在对应二次接线上。

(3) 打开二次压降及负荷测试仪电源，进入电流互感器二次回路负荷测量界面，显示测量数据，记录测试数据。

(4) 测试试完成后，断开电源，先拆互感器侧接线，再拆测试仪侧接线。

6. 结果处理

(1) 数据修约。对测量后二次压降数据进行修约，修约间距见表 8-2。

(2) 数据判定。电压互感器二次压降的误差数据应不超过《电能计量装置技术管理规程》(DL/T 448—2000) 的要求，其误差限制见表 8-3。

表 8-2　电压互感器二次回路压降现场检验的修约间隔

电能计量装置类别	误差限值/%
Ⅰ类、Ⅱ类	0.02
其他	0.05

表 8-3　电压互感器二次回路电压降现场检验误差限值

电能计量装置类别	误差占额定二次电压的百分数/%
Ⅰ类、Ⅱ类	≤0.2
其他	≤0.5

(3) 数据保存时间。电压互感器二次压降和互感器二次回路负荷现场检验记录应至少保存两个检验周期。

(4) 检验周期。对 35kV 及以上的电压互感器二次回路电压降，至少每两年检验一次。

7. 检验工作结束

(1) 拆除并收拾好所有测试接线、仪器、仪表、工具。

(2) 由工作负责人检查，确认无问题后工作人员方可撤离现场。

(3) 工作负责人终结工作票。

8.4 质 量 管 控

8.4.1 管控标准

(1)《测量用电流互感器》(JJG 313—2010)。

(2)《测量用电压互感器》(JJG 314—2010)。

(3)《电能计量装置技术管理规程》(DL/T 448—2016)。

(4)《国家电网公司电力安全工作规程(变电部分)》。

8.4.2 管控措施

(1)应加强计量标准装置的运行、维护管理,定期开展计量标准的期间核查和标准量值的比对工作,做好计量标准器具送检前后的核查比对,发现异常及时排查,并将有关情况报上一级计量技术机构,同时做好计量标准运行质量分析工作,加强标准设备和检定数据的管理与控制,确保本级计量标准运行的准确、可靠。

(2)计量器具检定(校准、检测)。计量器具必须按周期进行检定,未经检定或未按周期检定(由于技术条件限制,国内无法进行正式检定的除外),以及经检定不合格的计量器具,视为失准的计量器具,严格禁止使用。

1)开展强制管理计量器具检定,必须依法取得计量检定授权,按照《法定计量检定机构考核规范》(JJF 1069—2012)要求,建立严格规范的质量管理体系,并保证质量体系规范运行,持续提升检定工作质量,保证计量检定公平、公正、准确。

2)非强制管理计量器具的检定和校准,按照相关计量规程、规范开展工作,没有规程、规范的,可由各级计量技术机构提出检定方法,报国家电网公司计量办公室审批后执行。

3)各级计量技术机构应建立相应的实验室,保证计量检定工作的质量。

计量器具检定、检测、校准的原始数据、证书、报告应按照计量器具寿命周期妥善保存,宜采用电子化档案方式存储并定期备份;必要时或用户要求时方可打印纸质文档。

在进行检定和校准前后,均需对被检样品和所使用的测量仪器设备进行状态检查,并作好相关记录。

(3)在开展检定时,检定人员必须依据检定规程,严格按照规程所述操作方法对被检样品进行检定。

(4)在开展校准时,应执行相应的校准规范,如有需要可编制必要的操作规程以指导校准。属非标方法的要注意非标方法的确认。

1)测试条件要求。温度、湿度符合规程要求,记录完整准确。

2)试验接线要求。一次导线选择符合要求,二次导线选择符合要求,工作电源接线符合要求。

3)检定项目要求。正确进行外观检查,误差测量正确,负荷点测试正确,试验项目完整正确。

4）测量数据处理。数据修约正确，检验结果判断正确，“原始记录”填写正确。

5）安全管控。现场安全措施正确完备，电流互感器二次不允许开路，电压互感器二次不允许短路或接地，安全防护用品合格、劳动保护用品正确使用。

（5）所有检定和校准工作，检定、校准人员均须严格执行技术依据和方法，认真做好检定、校准原始记录，出具准确、可靠的证书和报告。

（6）在相关检定和校准中，如果出现异常现象或突然受到外界干扰，应立即停止工作，采取合适的应急措施，并做好记录（可记在检定、校准原始记录上）。

（7）质量监督员按《监督工作程序》要求对上述检定和校准过程进行质量监督。

（8）出具的证书、报告应进行型式审查，符合要求的予以盖章，不符合要求的退回相关人员更正，直至符合要求为止。证书和报告盖专用章后，其正本发放给顾客，其副本及原始记录进行存档。

8.5 异 常 处 理

8.5.1 电压互感器二次压降影响因素

电压互感器的负荷电流通过二次回路导线时会产生电压降，这样加在负荷上的电压无论是大小及相位都不等于电压互感器二次线圈的端电压，给电能计量装置带来附加误差。这种误差往往很大，使得电能计量装置的综合误差加大，以致严重影响电能计量的正确性。

8.5.2 电压互感器二次压降现场检验注意事项

（1）必须严格按照《电业安全规程》进行。使用绝缘工具，必要时工作前停用有关保护装置，以避免发生人身伤害及可能造成电网及设备事故。

（2）电压互感器端子箱应有专用的引出端子，采用专用的接线端头，不得用鳄鱼夹连接电压。连接时应先接设备侧后接电压侧，严格防止电压短路及接地。

（3）测量设备尽可能靠近电压互感器，标准电压应引自电压互感器二次熔丝以前，接线应尽可能短，并保证足够的导线截面积。

（4）电能表至测量设备的连线应是保证足够容量的绝缘导线，且应全部放开，不得盘卷。使用屏蔽电缆时，空余导线不能短接。采用绞合（双绞线）的绝缘导线能有效地减少电磁和静电场的干扰影响，保证测量误差的满足要求。

（5）电能表至测量设备的连线应装设断路器，合断路器前应先进行核相，确认电压是同相和极性正确后，再送入校验仪进行测量。

（6）放线或收线时，应注意与高压带电体的安全距离，防止弹至高压带电体而造成事故。

8.5.3 减少二次压降方法

（1）减小二次电流。减少电能表的台数，使用低功耗的电能表。不得随意接入与计量无关的负荷与设备。有必要时可以从电压互感器二次端子单独引导线至电能表端子。

(2) 减小二次导线阻抗。不采用隔离开关辅助开关，按照规程装设二次回路熔断器，减小接触电阻。增大电压互感器二次导线截面，尽可能减小二次导线长度，有必要时采取就近装表方法。

(3) 减少二次电流的相位移。使用高功率因数的电压元件和负荷均匀的电能表，减少电压互感器二次压降的相角差。如用静止式多功能电能表替代有功、无功电能表联合接线。不得随意接入不同接线和负荷不均匀的仪表和设备，防止电压互感器二次负荷电流的相量叠加而产生的负荷电流相位移。

8.5.4 电压互感器二次压降超出允许范围补收电量

当电压互感器二次压降超出允许范围时，以允许压降为基准计算误差补收电量，计算公式为

$$\Delta\varepsilon_{PC}=\Delta\varepsilon'_{P}-\Delta\varepsilon_{P}$$

式中 $\Delta\varepsilon_{PC}$——电压互感器二次压降超出允许范围部分；

$\Delta\varepsilon'_{P}$——电压互感器二次压降实际值；

$\Delta\varepsilon_{P}$——电压互感器二次压降基准值。

电量更正公式为

$$\Delta A=A\left(\frac{1}{1+\Delta\varepsilon_{PC}}-1\right)$$

第9章　低压电能计量装置装拆及验收

电能计量装置安装模式根据安装现场条件选择，一般条件下，低压计量装置安装在计量箱、柜、屏上，经电流互感器接入的电能计量装置，如低压电流互感器、电能表（采集设备），一般都安装在同一柜（箱）内，直接接入式电能计量装置连接电源和出线隔离开关的距离较近，对装置连接导线的选择较为简单。

9.1　基　本　要　求

9.1.1　人员配置及要求

1. 人员配置

直接接入式电能计量装置装拆及验收工作所需人员类别、人员职责和数量如下：

(1) 工作负责人。作业人数1人，其职责如下：

1) 正确安全的组织工作。

2) 负责检查工作票所列安全措施是否正确完备、是否符合现场实际条件，必要时予以补充。

3) 工作前对班组成员进行危险点告知。

4) 严格执行工作票所列安全措施。

5) 督促、监护工作班成员遵守电力安全工作规程，正确使用劳动防护用品和执行现场安全措施。

(2) 专责监护人。作业人数根据作业内容与现场情况确定，其职责如下：

1) 明确被监护人员和监护范围。

2) 作业前对被监护人员交代安全措施，告知危险点和安全注意事项。

3) 监督被监护人遵守电力安全工作规程和现场安全措施，及时纠正不安全行为。

4) 负责所监护范围的工作质量。

(3) 工作班成员。作业人数根据作业内容与现场情况确定，其职责如下：

1) 熟悉工作内容、作业流程，掌握安全措施，明确工作中的危险点，并履行确认手续。

2) 严格遵守安全规章制度、技术规程和劳动纪律，对自己工作中的行为负责，互相关心工作安全，并监督电力安全工作规程的执行和现场安全措施的实施。

3) 正确使用安全工器具和劳动防护用品。

4) 完成工作负责人安排的作业任务并保障作业质量。

2. 人员要求

工作人员的身体、精神状态，工作人员的资格（包括作业技能、安全资质等）的具体要求如下：

（1）经医师鉴定，无妨碍工作的病症（体格检查每两年至少一次）；身体状态、精神状态应良好。

（2）具备必要的电气知识和业务技能，且按工作性质，熟悉《国家电网公司电力安全工作规程（变电部分）》的相关部分，并应经考试合格。

（3）具备必要的安全生产知识，学会紧急救护法，特别要学会触电急救。

（4）熟悉作业指导书和《装表接电一本通》，并经上岗培训、考试合格。

9.1.2 材料和设备

确定工作所需的材料与设备，见表9-1。

表9-1 低压电能计量装置装拆及验收材料和设备

序号	名称	型号及规格	单位	数量	备注
1	电能表、采集设备	根据客户类别配置	只	根据作业需求	
2	封印	《国家电网公司电能计量封印管理办法》	颗	根据作业需求	
3	绝缘导线	符合《电能计量装置技术管理规定》（DL/T 448—2016）规定	m	根据作业需求	
4	RS485通信线		m	根据作业需求	
5	外置开关控制线		m	根据作业需求	
6	绝缘胶带		卷	根据作业需求	
7	接地线		m	根据作业需求	
8	扎带		袋	根据作业需求	
9	接线标识标签		张	根据作业需求	
10	开关		个	根据作业需求	
11	号码管		个	根据作业需求	

根据作业项目，直接接入式电能表采用BV型绝缘铜芯导线，导线截面应根据正常的额定负荷电流按表9-2选择。

表9-2 绝缘铜芯导线截面表

负荷电流 I/A	铜芯绝缘导线截面/mm^2
$I<20$	4.0
$20\leqslant I<40$	6.0
$40\leqslant I<60$	10
$60\leqslant I<80$	16
$80\leqslant I<100$	25

注 根据《电能计量装置技术管理规程》（DL/T 448—2016）规定，负荷电流为50A以上时，宜采用经电流互感器接入式的接线方式。

9.1.3 工器具和仪器仪表

工器具与仪器仪表主要包括开展电能计量装拆用的工器具、安全防护用具等，见表 9-3。

表 9-3　　低压电能计量装置装拆及验收工器具和仪器仪表

序号	名称	型号及规格	单位	数量	安全要求
1	螺丝刀组合		套	1	（1）常用工具金属裸露部分应采取绝缘措施，并经检验合格。螺丝刀除刀口以外的金属裸露部分应用绝缘胶布包裹。 （2）仪器仪表安全工器具应检验合格，并在有效期内。 （3）其他根据现场需求配置
2	电工刀		把	1	
3	钢丝钳		把	1	
4	斜口钳		把	1	
5	尖嘴钳		把	1	
6	扳手		套	1	
7	电钻		把	1	
8	电源盘	有明显断开点，并具有漏电保护功能	只	1	
9	低压验电笔		只	1	
10	高压验电器	按不同电压等级配置	只	1	
11	钳形万用表		台	1	
12	相序表		台	1	
13	绝缘梯		架	1	
14	护目镜		副	1	
15	登高板		副	1	
16	双控背带式安全带		副	1	
17	安全帽		顶/人	1	
18	绝缘鞋		双/人	1	
19	绝缘手套		副/人	1	
20	棉纱防护手套		副/人	1	
21	纯棉长袖工作服		套/人	1	
22	绝缘垫		块	按需配置	
23	相机		台	1	
24	工具包		只	2	
25	抄表器		台	1	
26	剥线钳		只	1	
27	手电筒		只	1	

9.1.4 安装环境

安装地点周围环境应干净明亮，使表计不易受损、受震、不受磁力及烟灰影响，无腐蚀性气体、易蒸发液体的侵蚀；能保证表计运行安全可靠，抄表读数、校验、检查、轮换装拆方便。

低压三相供电的电能计量装置表位在室内进门后3m范围内；单相供电的用户，电能计量装置表位应设计在室外；凡城市规划指定的主要道路两侧，表计应装设在室内；基建工地和临时用电用户，电能计量装置的表位应设计在室外，装设在固定的建筑物上或变压器台架上。

在多雷地区，计量装置应装设防雷保护，如采用低压阀型避雷器。

电能表原则上装于室外走廊、过道、公共的楼梯间，高层住宅一户一表，宜集中安装于专用配电间内，装表地点的环境温度不应超过电能表技术标准规定的范围。电能表安装必须牢固垂直，每只表除挂表螺丝外，至少有一只定位螺丝，使表中心线朝各方向的倾斜不大于1°。

9.1.5 危险点分析及预防控制措施

低压电能计量装置装拆及验收的危险点与预防控制措施如下。

1. 人身伤害或触电

(1) 危险点一：误碰带电设备。预防控制措施如下：

1) 在电气设备上作业时，应将未经验电的设备视为带电设备。

2) 在高、低压设备上工作，应至少由两人进行，并完成保证安全的组织措施和技术措施。

3) 工作人员应正确使用合格的安全绝缘工器具和个人劳动防护用品。

4) 高、低压设备应根据工作票所列安全要求，落实安全措施。涉及停电作业的应实施停电、验电、挂接地线、悬挂标示牌后方可工作。工作负责人应会同工作票许可人确认停电范围、断开点、接地、标示牌正确无误。工作负责人在作业前应要求工作票许可人当面验电；必要时工作负责人还可使用自带验电器（笔）重复验电。

5) 工作票许可人应指明作业现场周围的带电部位，工作负责人确认无倒送电的可能。

6) 应在作业现场装设临时遮栏，将作业点与邻近带电间隔或带电部位隔离。作业中应保持与带电设备的安全距离。

7) 严禁工作人员未履行工作许可手续擅自开启电气设备柜门或操作电气设备。

8) 严禁在未采取任何监护措施和保护措施情况下现场作业。

(2) 危险点二：走错工作位置。预防控制措施如下：

1) 工作负责人对工作班成员应进行安全教育，作业前对工作班成员进行危险点告知，明确指明带电设备位置，交代工作地点、周围的带电部位及安全措施和技术措施，并履行确认手续。

2) 相邻处有带电间隔和带电部位，必须装设临时遮栏并设专人监护。

3) 核对装拆工作单与现场信息是否一致。

4) 在工作地点设置“在此工作”标示牌。

(3) 危险点三：作业方式不当触电。预防预控措施：带电作业须断开负荷侧开关，避免带负荷装拆。

(4) 危险点四：电弧灼伤。预防控制措施如下：

1) 低压带电作业中使用的工器具，其外裸的导电部位应采取绝缘措施，防止操作时相间或相对地短路。

2) 低压带电作业时，工作人员应穿绝缘鞋和全棉长袖工作服，并戴手套、安全帽和护目镜，站在干燥的绝缘物上进行。

3) 低压带电作业时禁止使用锉刀、金属尺和带有金属物的毛刷、毛掸等工具。做好防止相间短路产生弧光的措施。

(5) 危险点五：计量柜（箱）、电动工具漏电。预防预控措施如下：

1) 工作前应用验电笔（器）对金属计量柜（箱）进行验电，并检查计量柜（箱）接地是否可靠。

2) 电动工具外壳必须可靠接地，其所接电源必须装有漏电保护器。

(6) 危险点六：停电作业发生倒送电。预防控制措施如下：

1) 工作负责人应会同工作票许可人现场确认作业点已处于检修状态，并使用验电笔（器）确认无电压。

2) 确认作业点安全隔离措施，各方面电源、负载端必须有明显断开点。

3) 确认作业点电源、负载端均已装设接地线，接地点可靠。

4) 自备发电机只能作为试验电源或工作照明，严禁接入其他电气回路。

(7) 危险点七：使用临时电源不当。预防控制措施如下：

1) 接取临时电源时安排专人监护。

2) 检查接入电源的线缆有无破损，连接是否可靠。

3) 临时电源应具有漏电保护装置。

(8) 危险点八：接户线带电作业差错。预防控制措施如下：

1) 正确选择攀登线路；搭接导线时先接中性线，后接相线，拆除顺序相反，人体不得同时接触两根线头。

2) 应设专责监护人。

(9) 危险点九：雷电伤害。预防控制措施如下：室外工作应注意天气，雷雨天禁止作业。

(10) 危险点十：工作前未进行验电致使触电。预防控制措施如下：

1) 工作前应在带电设备上对验电笔（器）进行测试，确保良好。

2) 工作前应先验电。

2. 机械伤害

(1) 危险点一：戴手套使用转动的电动工具，可能引起机械伤害。预防控制措施：加强监督与检查，使用转动的电动工具不得使用手套。

(2) 危险点二：使用不合格工器具。预防控制措施：按规定对各类工器具进行定期试验和检查，确保使用合格的工器具。

(3) 危险点三：高空抛物。预防控制措施：高处作业上下传递物品，不得投掷，必须使用工具袋并通过绳索传递，防止从高空坠落发生事故。

3. 高空坠落

(1) 危险点一：使用不合格登高用安全工器具。预防控制措施：按规定对各类登高用工器具进行定期试验和检查，确保使用合格的工器具。

（2）危险点二：绝缘梯使用不当。预防控制措施如下：

1）使用前检查绝缘梯的外观，以及编号、检验合格标识，确认符合安全要求。

2）登高使用绝缘梯时应设置专人监护。

3）梯子应有防滑措施，使用单梯工作时，梯子与地面的斜角度为60°左右，梯子不得绑接使用，人字梯应有限制开度的措施，人在梯子上时，禁止移动梯子。

（3）危险点三：接户线登高作业操作不当。预防控制措施如下：

1）登高作业前应先检查，并对脚扣和登高板进行承力检验。

2）登高作业应使用双控背带式安全带，双控背带式安全带应系在牢固的固件上。

4. 设备损坏

（1）危险点一：计量柜（箱）内遗留工具，导致送电后短路，损坏设备。预防控制措施：工作结束后应打扫、整理现场。认真检查携带的工器具，确保无遗留。

（2）危险点二：仪器仪表损坏。预防控制措施：规范使用仪器仪表，选择合适的量程。

（3）危险点三：接线时压接不牢固或错误。预防控制措施：加强作业过程中的监护、检查工作，防止接线时因压接不牢固或错误损坏设备。

5. 计量差错

危险点：接线错误。预防控制措施：工作班成员接线完成后，应对接线进行检查，加强互查。

9.2 工 作 内 容

9.2.1 工作准备

1. 工作前准备

根据工作安排合理开展工作前准备，内容如下：

（1）根据工作计划接受工作任务。

（2）工作预约。

1）作业人员根据任务内容，提前与客户联系，预约现场作业时间。

2）必要时进行现场查勘，确认施工方案。

（3）根据工作安排打印工作任务单。

（4）填写并签发工作票。

1）工作票签发人或工作负责人填写工作票，由工作票签发人签发。对客户端工作，在公司签发人签发后还应取得客户签发人签发。

2）对于基建项目的新装作业，在不具备工作票开具条件的情况下，可填写施工作业任务单等。

（5）根据工作内容准备所需工器具，并检查是否符合实际要求。

2. 准备技术资料

技术资料主要包括现场使用所需的检定规程、图纸、使用说明书、试验记录等，见表9-4。

表 9-4 **技术资料**

序号	名称	备注
1	计量柜（箱）合格证等相关资料	
2	计量柜（箱）安装及使用相关资料	
3	电能表使用说明书	
4	施工方案	必要时
5	电能计量装置安装竣工图	
6	客户档案信息、技术资料	

9.2.2 工作流程

1. 工作流程图及接线图

根据作业全过程，以最佳的步骤和顺序，将任务接受到资料归档的全过程的流程用流程图形式表达，流程如图 9-1、图 9-2 所示。

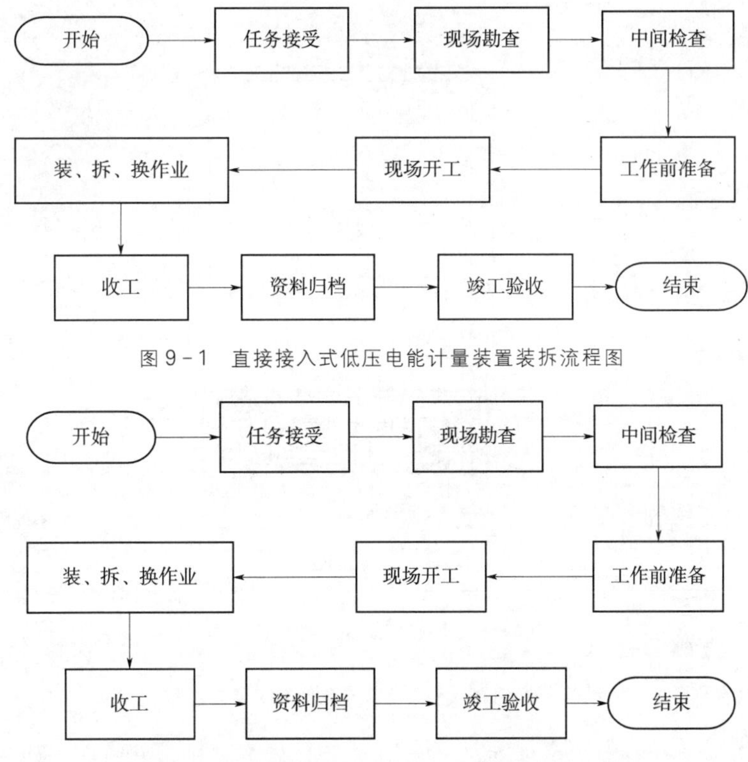

图 9-1 直接接入式低压电能计量装置装拆流程图

图 9-2 经互感器接入式低压电能计量装置装拆流程图

直接接入式电能计量装置接线图如图 9-3 所示。

经互感器接入式低压电能计量装置接线图如图 9-4 所示。

2. 工作步骤及注意事项

按照工作流程图，明确每一项的具体内容和要求。

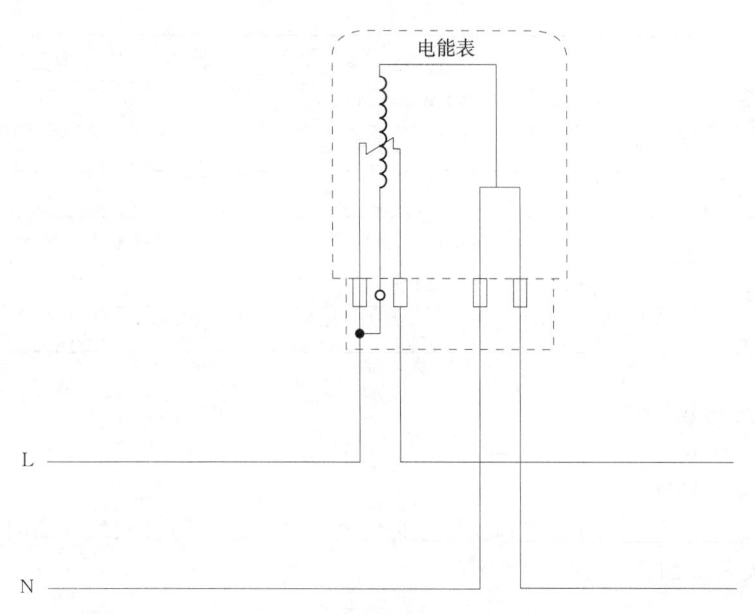

（a）单相直接接入式低压电能计量装置接线图

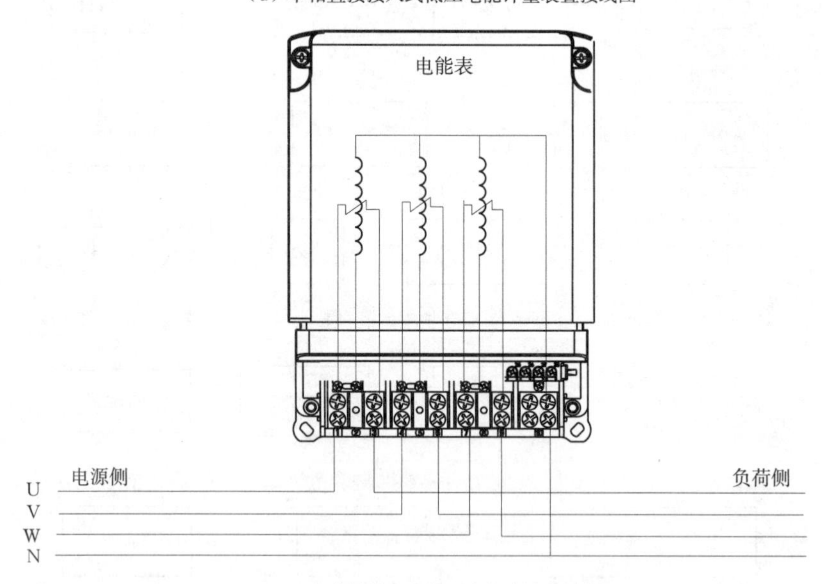

（b）三相直接接入式低压电能计量装置接线图

图 9-3　直接接入式低压电能计量装置接线图

(1) 接受任务。工作负责人根据工作计划，接受任务安排，并打印工作任务单。

(2) 现场勘查。

1) 工作预约。工作人员提前联系客户，约定现场勘查时间。

注意事项：提前沟通，避免客户投诉。

2) 现场勘查具体工作。工作人员配合相关专业进行现场勘查，查看计量点设置是否合理，计量方案是否符合设计要求，计量屏柜是否安装到位等。

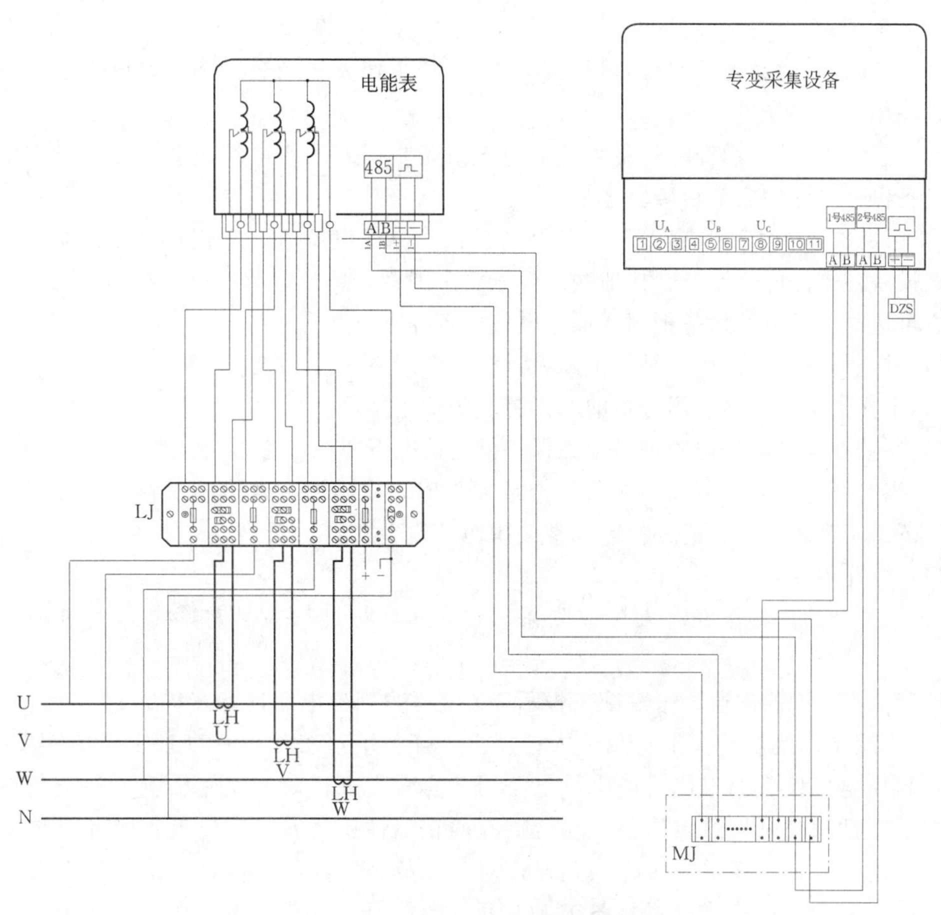

图 9－4　经互感器接入式低压电能计量装置接线图

LJ—联合接线盒

注意事项如下：

a. 勘查时必须核实设备运行状态，严禁工作人员未履行工作许可手续擅自开启电气设备柜门或操作电气设备。

b. 在带电设备上勘查时，不得开启电气设备柜门或操作电气设备，勘查过程中应始终与设备保持足够的安全距离。

c. 因勘查工作需要开启电气设备柜门或操作电气设备时，应执行工作票制度，将需要勘查设备范围停电、验电、挂地线、设置安全围栏并悬挂标示牌后，经履行工作许可手续，方可进行开启电气设备柜门或操作电气设备等工作。

d. 进入带电现场工作，至少由两人进行，应严格执行工作监护制度。

e. 工作人员应正确使用合格的个人劳动防护用品。

f. 严禁在未采取任何监护措施和保护措施情况下现场作业。

g. 当打开计量箱（柜）门进行检查或操作时，应采取有效措施对箱（柜）门进行固定，防范由于刮风或触碰造成柜门异常关闭而导致事故。

(3) 中间检查。工作人员配合相关专业进行中间检查。检查现场勘查环节存在问题的整改情况，直到整改合格。收集相关计量资料。

注意事项：

1）中间检查时必须核实设备运行状态，严禁工作人员未履行工作许可手续擅自开启电气设备柜门或操作电气设备。

2）在带电设备上勘查时，不得开启电气设备柜门或操作电气设备，查勘过程中应始终与设备保持足够的安全距离。

3）因勘查工作需要开启电气设备柜门或操作电气设备时，应执行工作票制度，将需要勘查设备范围停电、验电、挂地线、设置安全围栏并悬挂标示牌后，经履行工作许可手续，方可进行开启电气设备柜门或操作电气设备等工作。

4）进入带电现场工作，至少由两人进行，应严格执行工作监护制度。

5）工作人员应正确使用合格的个人劳动防护用品。

6）严禁在未采取任何监护措施和保护措施情况下现场作业。

7）当打开计量箱（柜）门进行检查或操作时，应采取有效措施对箱（柜）门进行固定，防范由于刮风或触碰造成柜门异常关闭而导致事故。

（4）工作前准备。

1）工作预约。工作负责人提前联系客户，核对电能表型式和参数，约定现场装拆时间。

注意事项：提前沟通、张贴施工告示，避免客户因停电而投诉。

2）办理工作票签发。工作负责人依据工作任务填写工作票；办理工作票签发手续。在客户高压电气设备上工作时应由供电公司与客户方进行双签发。供电方安全负责人对工作的必要性和安全性、工作票上安全措施的正确性、所安排工作负责人和工作人员是否合适等内容负责。客户方工作票签发人对工作的必要性和安全性、工作票上安全措施的正确性等内容审核确认；不具备工作票开具的情况，可填写施工作业任务单等（如基建项目等）。

注意事项：检查工作票所列安全措施是否正确完备，应符合现场实际条件。防止因安全措施不到位引起人身伤害和设备损坏。

3）领取材料。工作负责人凭电能计量装接单领取所需电能表、封印等，并核对所领取的材料是否符合装拆工作单要求。

注意事项：核对电能表、封印信息，避免因错领造成串户。

4）检查工器具。工作班成员选用合格的安全工器具，检查工器具是否完好、齐备。

注意事项：避免使用不合格工器具引起机械伤害。

（5）现场开工。

1）办理工作票许可。工作负责人办理工作票许可手续，在客户电气设备上工作时应由供电公司与客户方进行双许可，双方在工作票上签字确认，客户方由具备资质的电气工作人员许可，对工作票中安全措施的正确性、完备性和现场安全措施的完善性，以及现场停电设备有无突然来电的危险负责，并落实现场安全措施。

注意事项：防止因安全措施未落实引起人身伤害和设备损坏；同一张工作票，工作票签发人、工作负责人、工作许可人三者不得相互兼任。

2）检查并确认安全工作措施。高、低压设备应根据工作票所列安全要求，落实安全措施。涉及停电作业的应实施停电、验电、挂接地线或合上接地、悬挂标示牌后方可工作。工作负责人应会同工作票许可人确认停电范围、断开点、接地、标示牌正确无误。工作负责人在作业前应要求工作票许可人当面验电；必要时工作负责人还可使用自带验电器（笔）重复验电。应在作业现场装设临时遮栏，将作业点与邻近带电间隔或带电部位隔离。工作中应保持与带电设备的安全距离。

注意事项：

a. 在电气设备上作业时，应将未经验电的设备视为带电设备。

b. 在高、低压设备上工作，应至少由两人进行，并完成保证安全的组织措施和技术措施。

c. 工作人员应正确使用合格的安全绝缘工器具和个人劳动防护用品。

d. 工作票许可人应指明作业现场周围的带电部位，工作负责人确认无倒送电的可能。

e. 严禁工作人员未履行工作许可手续擅自开启电气设备柜门或操作电气设备。

f. 严禁在未采取任何监护措施和保护措施情况下现场作业。

3）班前会。工作负责人、专责监护人交代工作内容、人员分工、带电部位和现场安全措施，进行危险点告知，进行技术交底，并履行确认手续。

注意事项：防止危险点未告知和工作班成员状态欠佳，引起人身伤害和设备损坏。

9.3 现场作业安装、接线工艺要求

9.3.1 电能表、采集设备安装

1. 电能表安装

（1）电能表、采集设备与周围壳体结构件之间的距离不应小于 40mm，安装图如图 9－5所示。

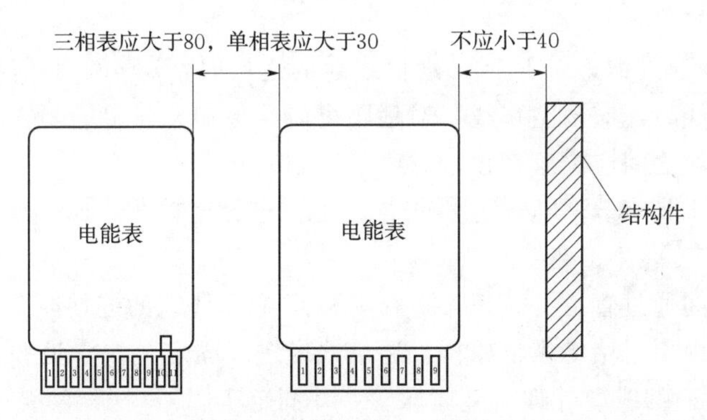

图 9－5 电能表安装图（单位：mm）

（2）电能表安装应垂直、牢固，电压回路为正相序，电流回路相位正确。

（3）每一回路的电能表、采集设备应垂直或水平排列，端子标志清晰正确。

（4）三相电能表间的最小距离应大于 80mm，单相电能表间的最小距离应大于 30mm。

(5) 电能表室内安装高度为800～1800mm（电能表水平中心线距地面距离）。

(6) 金属外壳的电能表、采集设备装在非金属板上，外壳必须接地。

(7) 电能表、采集设备中心线向各方向的倾斜不大于1°。

2. 采集设备安装

(1) 集中抄表终端安装。

1) Ⅱ型集中器应垂直安装，用螺钉三点牢靠固定在电能表箱或终端箱的底板上。金属类电能表箱、终端箱应可靠接地。

2) 外挂终端箱时，终端箱与电能表箱之间RS485通信线缆的连接宜采用端子排并配管敷设。RS485通信线缆与电源线不得同管敷设。

3) Ⅱ型集中器安装位置应避免影响其他设备的操作，无线公网信号强度应满足通信要求，必要时可使用外置天线。

4) Ⅱ型集中器接入工作电源需考虑安全，必要时采取停电措施。集中器电源与集中器之间应通过明显断开点的开关（不带跳闸功能）接入总电源。

5) 按接线图正确接入集中器电源线、RS485通信线缆。在电能表上进行RS485通信线缆的连接时应采取强弱电隔离措施后进行。

6) RS485通信线缆的选择、使用应满足有关规定的要求。架空、直埋走线宜采用截面不小于0.5mm^2的带铠装、屏蔽、分色双绞多股铜芯线缆，并考虑备用；表箱间的连接宜采用2×0.75mm^2的带屏蔽、分色双绞多股铜芯线缆；电能表间的连接宜采用2×0.4mm^2的分色双绞单股铜芯线缆。

7) 楼层间需要进行RS485通信线缆连接的，应在墙面配PVC管，配管固定前，应预先穿好电缆线。直角弯时应加弯头连接。将配管用管卡固定在墙上，管卡间的距离不宜超过30cm，配管固定牢固、美观。

8) 在配管有障碍或业主（物业）有其他要求的情况下，征得业主（物业）同意，现场还需穿孔或进行墙面、地面开槽，开挖深度应符合有关规定的要求，施工结束后应将墙面、地面恢复原状。

9) 电能表箱间通过钢索进RS485通信线缆的连接时，RS485通信线缆不应缠绕钢索走线，上、下钢索线时不应凌空飞线，对地距离应满足相关规定的要求，出钢索的电缆线在外墙面和电能表箱之间应配管敷设，并固定牢固。

10) 利用穿线工具将RS485通信线缆通过地沟进行连接时，RS485通信线缆在回拉过程中应无断点。

11) 电能表箱间通过管道井、桥架进行RS485通信线缆的连接时，布线完毕后，管道井、桥架的外盖及内部封堵应恢复原样，通信线应进行固定。如管道井到电能表箱间需配管的，应在RS485通信线缆外加套金属软管，并固定牢固。

12) RS485通信线缆采用穿管、线槽、钢索方式连接时，不得与强电线路合管、合槽敷设，与绝缘电力线路的距离应不小于0.1m，与其他弱电线路应有有效的分隔措施。

13) 用户集中区域电能表之间的RS485通信线缆宜以串接方式连接，RS485通信线缆中间不宜剪断；用户分散区域电能表之间的RS485通信线缆宜以放射和串接混合的方式连接。

14）电能表箱间RS485通信线缆的连接宜采用端子排过渡，便于检修。

15）末端表计与终端之间的电缆连线长度不宜超过100m。

16）RS485通信线缆的屏蔽层应单侧可靠接地。

17）RS485通信线缆应用扎带或不干胶线卡固定，绑扎完毕后要剪掉扎带多余的尾线，导线捆扎和线束固定应牢固和整齐。

18）RS485通信线缆两端应使用电缆标牌或标识套进行对应编号标识。

19）RS485通信线缆接线应正确、牢固，走线应合理、美观，不得有金属外露及压皮现象。

20）经工作负责人复查确认接线正确无误后，盖上电表、终端接线端钮盒盖。

21）通电检查终端指示灯显示情况，观察集中器是否正常工作。

22）检查无线类终端网络信号强度，必要时对天线进行调整，确保远程通信良好。

（2）专变采集设备安装。

1）专变采集设备宜安装在计量柜负控小室或其他可靠、防腐蚀、防雨，以及具备专用加封、加锁位置的地方。

2）专变采集设备安装时面板应正对计量柜负控室窗口，以方便专变采集设备数据的查询和专变采集设备按键的使用。

3）专变采集设备安装应垂直平稳，至少三点固定。

4）专变采集设备外壳金属部分必须可靠接地。

5）专变采集设备电源线宜采用$2\times2.5mm^2$铠装电缆，控制线、信号线均宜采用$2\times1.5mm^2$双绞屏蔽电缆。

6）选择专变采集设备电源点应稳定可靠，确保被控开关跳闸后终端能正常运行。多电源进线的客户宜采用控制电源自动切换回路供电。

7）布线要求横平竖直、整齐美观、连接可靠、接触良好。导线应连接牢固，螺栓拧紧，导线金属裸露部分应全部插入接线端钮内，不得有外露、压皮现象。

8）安装专变采集设备控制、遥信回路辅助端子排，用于被控开关常开或常闭接点接入，以便于用户在不停电的情况下进行终端维护工作。

9）分励脱扣：控制线一端应并接在被控开关的跳闸回路上，另一端应接终端常开接点上。

10）失压脱扣：控制线一端应串接在被控开关的跳闸回路上，另一端应接专变采集设备常闭接点上。

11）遥信回路接在被控开关空辅助接点。

12）控制回路、遥信回路两端应使用电缆标牌或标识套进行对应编号标识。

13）电能表与终端进行脉冲及RS485通信线缆连接。

14）RS485通信线缆宜使用分色双绞屏蔽电缆。

15）RS485通信线缆两端应使用电缆标牌或标识套进行对应编号标识，屏蔽层采用专变采集设备侧单端接地。

16）天线的安装施工应符合无线通信相关标准。

17）天线安装位置应在指向主中心站的方向无近距离阻挡，避开高、低压进出线和人行通道。

18）天线位置应方便于高频馈线布线和支架固定。

19）天线应装设防雷保护装置，馈线应装设避雷器。

20）馈线长度超过 50m 时，应使用损耗不大于 50dBmV/km 的低损耗同轴电缆。

21）馈线两端的电缆接头应用锡焊固，馈线全长中不准有接头。

22）馈线敷设应选择合理路径，进入房屋前应做好防水弯。

23）天线馈线两端的高频电缆头应严格按照工艺要求的制作，接头应作防水处理。

9.3.2 低压电流互感器安装、接线工艺要求

（1）检查产品的完整性，并核对型号（规格）与装接单、图纸的一致性。

（2）将互感器用 4 只螺栓固定在支架上，调整相间距离，螺栓均应配上平垫圈和弹簧垫圈，并紧固螺栓，如图 9－6 所示。

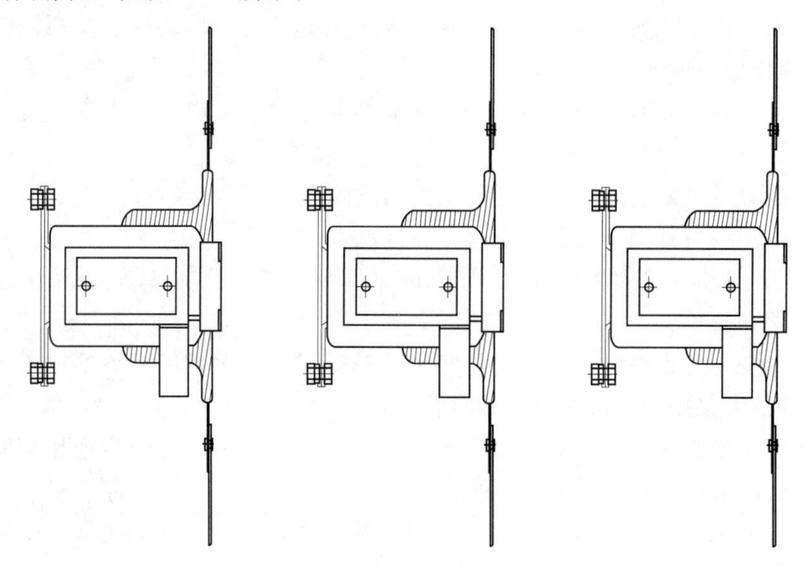

图 9－6 低压电流互感器安装、连接图

（3）同一组互感器的极性应一致，二次接线端子应具有防窃电功能。

（4）低压电流互感器在金属板接地电阻符合要求的条件下（不大于 4Ω），允许低压电流互感器底座不再另行接地。

9.3.3 导线扎束要求

（1）导线应采用塑料捆扎带扎成线束，扎带尾线应修剪平整。

（2）导线在扎束时必须把每根导线拉直，直线放外档，转弯处的导线放里档；导线转弯应均匀，转弯弧度不得小于线径的 2 倍，禁止导线绝缘出现破损现象。

（3）捆扎带之间的距离：直线为 100mm，转弯处为 50mm，如图 9－7 所示。

（4）导线的扎束必须做到垂直、均匀、整齐、牢固、美观。

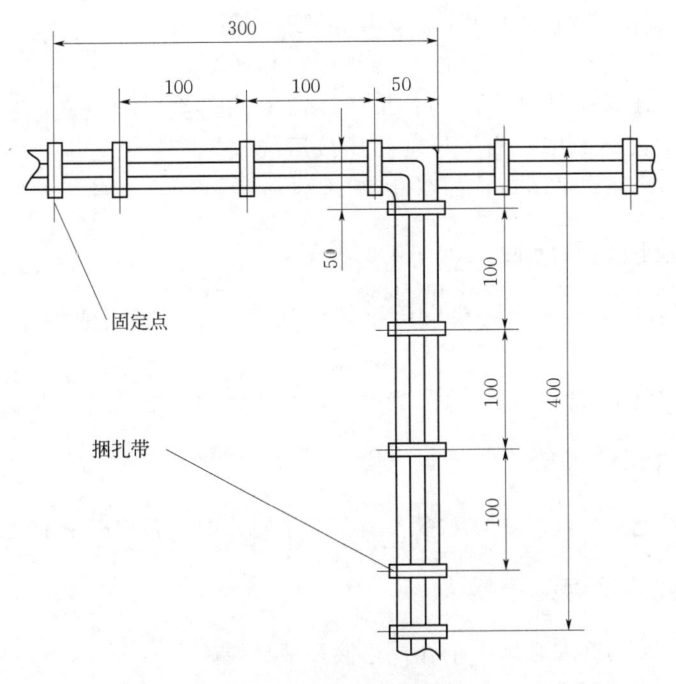

图9-7　导线的扎束与敷设

9.3.4　线束敷设要求

（1）线束的走向原则上按横向对称敷设，当受位置限制时，允许竖向对称走向。

（2）电压、电流回路导线排列顺序应正相序，黄（A）、绿（B）、红（C）色导线按自左向右或自上向下的顺序排列。

（3）线束在穿越金属板孔时，应在金属板孔上套置与孔径一致的橡胶保护圈。

（4）线束要用塑料线夹或塑料捆扎带固定：线束两固定点之间的距离横向不超过300mm，纵向不超过400mm，如图9-7所示。

（5）线束不允许有晃动现象。

（6）线束的敷设应做到横平竖直、均匀、整齐、牢固、美观。

9.3.5　连接件处理

导线与电气元件接线端子、母排连接时，应根据导线结构及搭接对象分别处理。

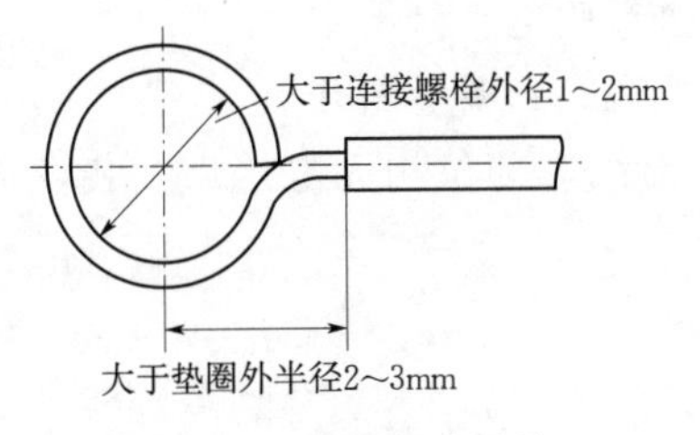

图9-8　压接圈的形状

（1）单股导线与电气元件接线端子、母排连接时，导线端剥去绝缘层弯成压接圈后进行连接；压接圈的形状如图9-8所示，其弯曲方向必须与螺栓拧紧方向一致，导线绝缘层不得压入垫圈内。

（2）单股导线与电气元件插入式接线端子连接时，当导线直径小于接线端子孔径较多时，应将导线端剥去绝缘层折叠成双股再插入接线端子；插入的导线不得有裸露现象，紧固件不得压在导线绝缘层上。

（3）多股导线与电气元件接线端子、母排连接时，导线端剥去绝缘层、压接与导线截面和连接螺栓相匹配的铜压接端头。压接工艺和要求为：按实际需要截取导线，导线端剥去绝缘层，线头长度为压接后线头外露端头 2～3mm，并修平断口，如图 9-9 所示。

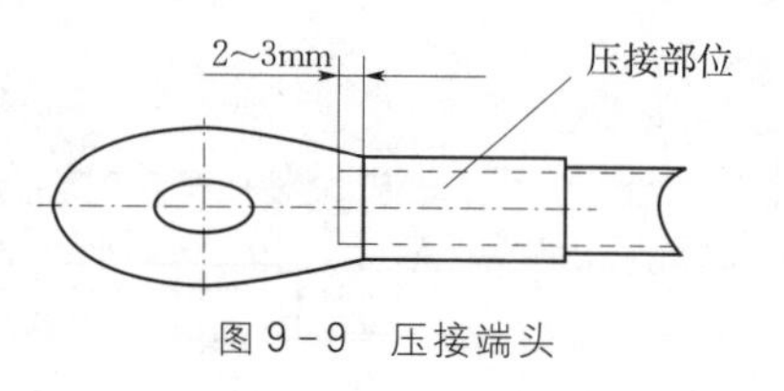

图 9-9 压接端头

9.3.6 铜压接端头压接

将已处理的线头放入铜压接端头压接部位到底，使用相应的冷压压接钳钳口挤压成形。

压接钳压接的范围为铜压接端头压接部位；禁止将导线绝缘层压入端头内。

9.3.7 电气元件连接

导线应尽量避免交叉，严禁导线穿入闭合测量回路中，影响测量的准确性。

9.3.8 导线与接点的连接

（1）电能表、采集终端必须一个孔位连接一根导线。

（2）当需要连接两根导线（如用圆形圈接线）时，两根线头间应放一只平垫圈，以保证接触良好。

（3）互感器二次回路每只接线端螺钉不能超过两根导线；与互感器连接的导线应留有余度；固定与互感器连接的母排时，连接处必须自然吻合，接触良好。

（4）接线盒进线端的导线应留有裕度。

（5）所有螺钉必须紧固，不接线的螺钉应拧紧。

9.4 低压电能计量装置装拆

9.4.1 直接接入式电能计量装置装拆

1. 新装作业

（1）断开电源并验电。

1）核对作业间隔。

2）使用验电笔（器）对计量柜（箱）金属裸露部分进行验电。

3）确认电源进、出线方向，断开进、出线开关，且能观察到明显断开点。

4）使用验电笔（器）再次进行验电，确认一次进、出线等部位均无电压后，装设接地线。

注意事项如下：

1）防止开关故障或用户倒送电造成人身触电。

2）断开开关后，在开关操作把手上均应悬挂“禁止合闸，有人工作！”的标示牌。

（2）核对信息。工作班成员根据电能计量装接单核对客户信息，电能表铭牌内容和有效检验合格标志。防止因信息错误造成计量差错。

注意事项：

1）核对电能计量设备铭牌信息，如需要登高作业，应使用合格的登高用安全工具。

2）绝缘梯使用前检查外观、编号，检验合格标识，确认符合安全要求。

3）使用绝缘梯时应设置专人监护。

4）梯子应有防滑措施，使用单梯工作时，梯子与地面的斜角度为60°左右，梯子不得绑接使用，人字梯应有限制开度的措施，人在梯子上时，禁止移动梯子。

（3）安装电能表及采集设备。

1）检查确认计量柜（箱）完好，符合规范要求。

2）根据计量柜（箱）接线图核对检查，确保接线正确、布线规范。导线的敷设及捆扎应符合规程要求。

3）安装电能表时，应把电能表牢固地固定在计量柜（箱）内，电能表显示屏应与观察窗对准。本地费控电能表电卡插座应与插卡孔对准。

4）按照“先出后进、先零后相、从右到左”的原则进行接线。接线顺序为先接负荷侧零线，后接负荷侧相线，再接电源侧零线，最后接电源侧相线。

5）所有布线要求横平竖直、整齐美观、连接可靠、接触良好。导线应连接牢固，螺栓拧紧，导线金属裸露部分应全部插入接线端钮内，不得有外露、压皮现象。

6）电能表采取多股绝缘导线，应按表计容量选择。遇若选择的导线过粗时，应采用断股后再接入电能表端钮盒的方式。

7）当导线小于端子孔径较多时，应在接入导线上加扎线后再接入。

8）计量柜（箱）内布线时，进、出线应尽量同方向靠近，尽量减小电磁场对电能表的影响。

9）计量柜（箱）内布线应尽量远离电能表，尽量减小电磁场对电能表产生影响。

注意事项如下：

1）安装电能表及采集设备时如需要登高作业，应使用合格的登高用安全工具。

2）绝缘梯使用前检查外观、编号，检验合格标识，确认符合安全要求。

3）使用绝缘梯时应设置专人监护。

4）梯子应有防滑措施，使用单梯工作时，梯子与地面的斜角度为60°左右，梯子不得绑接使用，人字梯应有限制开度的措施，人在梯子上时，禁止移动梯子。

5）在绝缘梯上工作时，传递工具和器材必须使用吊绳和圆桶袋，注意防止工具、物件掉落。

6）绝缘梯上高处作业应系上双控背带式安全带，防止高空坠落。

（4）安装检查。

1）对电能计量装置安装质量和接线进行检查，确保接线正确，工艺符合规范要求。

2）如现场暂时不具备通电检查条件，可先实施封印。

注意事项如下：

1）安装检查时如需要登高作业，应使用合格的登高用安全工具。

2）绝缘梯使用前检查外观、编号，检验合格标识，确认符合安全要求。

3）使用绝缘梯时应设置专人监护。

4）梯子应有防滑措施，使用单梯工作时，梯子与地面的斜角度为60°左右，梯子不得绑接使用，人字梯应有限制开度的措施，人在梯子上时，禁止移动梯子。

（5）现场通电及检查。

1）对新装计量装置进行通电，通电前应再次确认出线侧开关处于断开位置。

2）合上进线侧开关，确认电能表工作状态正常。

3）合上出线侧开关，确认电能表正常工作，客户可以正常用电。

4）用验电笔（器）测试电能表外壳、零线端子、接地端子应无电压。

注意事项如下：

1）通电作业应使用绝缘工器具，设专责监护人。

2）不断开负荷开关通电易引起设备损坏、人身伤害。

（6）实施封印。工作班成员确认安装无误后，正确记录电能表各项读数，对电能表、计量柜（箱）加封，记录封印编号，并拍照留证。

2. 拆除作业

（1）断开电源并验电。

1）核对作业间隔。

2）使用验电笔（器）对计量柜（箱）金属裸露部分进行验电。

3）确认电源进、出线方向，断开进、出线开关，且能观察到明显断开点。

4）使用验电笔（器）再次进行验电，确认一次进、出线等部位均无电压后，装设接地线。

注意事项如下：

1）防止开关故障或用户倒送电造成人身触电。

2）断开开关后，在开关操作把手上均应悬挂“禁止合闸，有人工作!”的标示牌。

（2）核对、记录信息。

1）检查电能计量装置封印是否完好，发现异常转异常处理程序；核对现场信息是否与电能计量装接单相符。

2）抄录电能表当前各项读数，并拍照留证。

注意事项如下：

1）核对计量设备铭牌信息，如需要登高作业，应使用合格的登高用安全工具。

2）绝缘梯使用前检查外观、编号，检验合格标识，确认符合安全要求。

3）使用绝缘梯时应设置专人监护。

4）梯子应有防滑措施，使用单梯工作时，梯子与地面的斜角度为60°左右，梯子不得绑接使用，人字梯应有限制开度的措施，人在梯子上时，禁止移动梯子。

（3）拆除电源进线。

1）使用验电笔（器）对计量柜（箱）金属裸露部分、开关进出线等部位进行验电。

2）确认电源进、出线方向，断开电能表进、出线开关，且能观察到电气的明显断开点。若现场无进线开关或进、出线无明显断开点的，应视为带电作业，做好带电作业安全措施。

3）拆除计量柜（箱）进线时，应确认该客户电源已从外部接入点切除。

注意事项如下：

1）拆除进线电源时如需要登高作业，应使用合格的登高用安全工具。

2）绝缘梯使用前检查外观、编号，检验合格标识，确认符合安全要求。

3）使用绝缘梯时应设置专人监护。

4）梯子应有防滑措施，使用单梯工作时，梯子与地面的斜角度为60°左右，梯子不得绑接使用，人字梯应有限制开度的措施，人在梯子上时，禁止移动梯子。

5）在绝缘梯上工作时，传递工具和器材必须使用吊绳和圆桶袋，注意防止工具、物件掉落。

6）绝缘梯上高处作业应系上双控背带式安全带，防止高空坠落。

7）防止电源未切除、拆除中及拆除后引起人身触电。

（4）拆除电能计量装置。

1）用验电笔（器）试验确认无电，拆除电能表及采集设备等电能计量装置。

2）拆除电能表前应抄录电能表当前各项读数，并拍照留证。

注意事项如下：

1）拆除电能计量装置（二次设备）时如需要登高作业，应使用合格的登高用安全工具。

2）绝缘梯使用前检查外观、编号，检验合格标识，确认符合安全要求。

3）使用绝缘梯时应设置专人监护。

4）梯子应有防滑措施，使用单梯工作时，梯子与地面的斜角度为60°左右，梯子不得绑接使用，人字梯应有限制开度的措施，人在梯子上时，禁止移动梯子。

5）在绝缘梯上工作时，传递工具和器材必须使用吊绳和圆桶袋，注意防止工具、物件掉落。

6）绝缘梯上高处作业应系上双控背带式安全带，防止高空坠落。

7）防止电源未切除、拆除中及拆除后引起人身触电。

3. 更换作业

（1）断开电源并验电。

1）核对作业间隔。

2）使用验电笔（器）对计量柜（箱）金属裸露部分进行验电。

3）确认电源进、出线方向，断开进、出线开关，且能观察到明显断开点。

4）使用验电笔（器）再次进行验电，确认一次进、出线等部位均无电压后，装设接地线。

注意事项如下：

1）防止开关故障或用户倒送电造成人身触电。

2）断开开关后，在开关操作把手上均应悬挂“禁止合闸，有人工作！”的标示牌。

（2）核对、记录信息。

1）根据电能计量装接单核对客户信息、电能表铭牌内容和有效检验合格标志，防止因信息错误造成计量差错。

2）检查电能计量装置封印是否完好，发现异常转异常处理程序；核对现场信息是否与电能计量装接单相符。

3）抄录电能表当前各项读数，并拍照留证。

注意事项如下：

1）核对计量设备铭牌信息，如需要登高作业，应使用合格的登高用安全工具。

2）绝缘梯使用前检查外观、编号，检验合格标识，确认符合安全要求。

3）使用绝缘梯时应设置专人监护。

4）梯子应有防滑措施，使用单梯工作时，梯子与地面的斜角度为60°左右，梯子不得绑接使用，人字梯应有限制开度的措施，人在梯子上时，禁止移动梯子。

（3）拆除需换电能表。

1）拆除电能表进、出线，拆除顺序为先拆除进线、后拆除出线，先相线、后零线，从左到右。

2）拆除电能表固定螺钉，取下电能表。

注意事项如下：

1）拆除需换电能表时如需要登高作业，应使用合格的登高用安全工具。

2）绝缘梯使用前检查外观、编号，检验合格标识，确认符合安全要求。

3）使用绝缘梯时应设置专人监护。

4）梯子应有防滑措施，使用单梯工作时，梯子与地面的斜角度为60°左右，梯子不得绑接使用，人字梯应有限制开度的措施，人在梯子上时，禁止移动梯子。

5）在绝缘梯上工作时，传递工具和器材必须使用吊绳和圆桶袋，注意防止工具、物件掉落。

6）绝缘梯上高处作业应系上双控背带式安全带，防止高空坠落。

7）装拆时电能表进出线做好绝缘措施，防止短路。

（4）安装电能表。

1）检查确认计量柜（箱）完好，符合规范要求。

2）根据计量柜（箱）接线图核对检查，确保接线正确、布线规范。导线的敷设及捆扎应符合规程要求。

3）安装电能表及采集设备时，应把电能表牢固地固定在计量柜（箱）内，电能表显示屏应与观察窗对准。本地费控电能表电卡插座应与插卡孔对准。

4）按照“先出后进、先零后相、从右到左”的原则进行接线。接线顺序为先接负荷侧零线，后接负荷侧相线，再接电源侧零线，最后接电源侧相线。

5）所有布线要求横平竖直、整齐美观、连接可靠、接触良好。导线应连接牢固，螺栓拧紧，导线金属裸露部分应全部插入接线端钮内，不得有外露、压皮现象。

6）电能表采取多股绝缘导线，应按表计容量选择。若遇选择的导线过粗时，应采用断股后再接入电能表端钮盒的方式。

7）当导线小于端子孔径较多时，应在接入导线上加扎线后再接入。

8）计量柜（箱）内布线时，进、出线应尽量同方向靠近，尽量减小电磁场对电能表的影响。

9）计量柜（箱）内布线应尽量远离电能表，尽量减小电磁场对电能表的影响。

注意事项如下：

1）安装电能表时如需要登高作业，应使用合格的登高用安全工具。

2）绝缘梯使用前检查外观、编号，检验合格标识，确认符合安全要求。

3）使用绝缘梯时应设置专人监护。

4）梯子应有防滑措施，使用单梯工作时，梯子与地面的斜角度为60°左右，梯子不得绑接使用，人字梯应有限制开度的措施，人在梯子上时，禁止移动梯子。

5）在绝缘梯上工作时，传递工具和器材必须使用吊绳和圆桶袋，注意防止工具、物件掉落。

6）绝缘梯上高处作业应系上双控背带式安全带，防止高空坠落。

7）装拆时电能表进出线做好绝缘措施，防止短路。

8）防止导线与接线端钮连接错误或接触不良，造成设备损坏或人身伤害。

（5）安装检查。工作负责人、工作班成员安装完毕后对电能计量装置安装质量和接线进行检查，确保接线正确，工艺符合规范要求。

注意事项如下：

1）安装检查时如需要登高作业，应使用合格的登高用安全工具。

2）绝缘梯使用前检查外观、编号，检验合格标识，确认符合安全要求。

3）使用绝缘梯时应设置专人监护。

4）梯子应有防滑措施，使用单梯工作时，梯子与地面的斜角度为60°左右，梯子不得绑接使用，人字梯应有限制开度的措施，人在梯子上时，禁止移动梯子。

（6）现场通电及检查。

1）对计量装置进行通电，通电前应再次确认出线侧开关处于断开位置。

2）合上进线侧开关，确认电能表工作状态正常。

3）合上出线侧开关，确认电能表正常工作，客户可以正常用电。

4）用验电笔（器）测试电能表外壳、零线端子、接地端子应无电压。

注意事项如下：

1）通电作业应使用绝缘工器具，设专责监护人。

2）不断开负荷开关通电易引起设备损坏、人身伤害。

（7）实施封印。工作班成员确认安装无误后，正确记录新装电能表各项读数，对电能表、计量柜（箱）加封，记录封印编号，并拍照留证。

9.4.2 经互感器接入式低压电能计量装置装拆

1. 新装作业

（1）断开电源并验电。

1）核对作业间隔。

2）使用验电笔（器）对计量柜（箱）金属裸露部分进行验电。

3）确认电源进、出线方向，断开进、出线开关，且能观察到明显断开点。

4）使用验电笔（器）再次进行验电，确认互感器一次进、出线等部位均无电压后，装设接地线。

注意事项如下：

1）防止开关故障或用户倒送电造成人身触电。

2）断开开关后，在开关操作把手上均应悬挂“禁止合闸，有人工作!”的标示牌。

(2）核对信息。工作班成员根据电能计量装接单核对客户信息，电能表、采集设备、互感器铭牌内容和有效检验合格标志，防止因信息错误造成计量差错。

注意事项如下：

1）核对计量设备铭牌信息，如需要登高作业，应使用合格的登高用安全工具。

2）绝缘梯使用前检查外观、编号，检验合格标识，确认符合安全要求。

3）使用绝缘梯时应设置专人监护。

4）梯子应有防滑措施，使用单梯工作时，梯子与地面的斜角度为60°左右，梯子不得绑接使用，人字梯应有限制开度的措施，人在梯子上时，禁止移动梯子。

(3）安装互感器。

1）电流互感器一次绕组与电源串联接入，并可靠固定。

2）同一组的电流互感器应采用制造厂、型号、额定变比、准确度等级、二次容量均相同的互感器。

3）电流互感器进线端极性符号应一致。

注意事项如下：

1）安装互感器时如需要登高作业，应使用合格的登高用安全工具。

2）绝缘梯使用前检查外观、编号，检验合格标识，确认符合安全要求。

3）使用绝缘梯时应设置专人监护。

4）梯子应有防滑措施，使用单梯工作时，梯子与地面的斜角度为60°左右，梯子不得绑接使用，人字梯应有限制开度的措施，人在梯子上时，禁止移动梯子。

5）在绝缘梯上工作时，传递工具和器材必须使用吊绳和圆桶袋，注意防止工具、物件掉落。

6）绝缘梯上高处作业应系上双控背带式安全带，防止高空坠落。

(4）连接互感器侧二次回路导线。

1）导线应采用铜质绝缘导线，电流二次回路截面不应小于4mm^2，电压回路截面不应小于2.5mm^2。

2）互感器至电能表的二次回路不得有接头或中间连接端钮（联合接线盒除外）。

3）二次导线在敷设前应检查绝缘层是否有破损。

4）校对互感器计量二次回路导线，并分别编码标识。

5）互感器的二次绕组与联合接线盒之间应采用六线连接。

注意事项如下：

1）连接互感器侧二次回路导线时如需要登高作业，应使用合格的登高用安全工具。

2）绝缘梯使用前检查外观、编号，检验合格标识，确认符合安全要求。

3）使用绝缘梯时应设置专人监护。

4）梯子应有防滑措施，使用单梯工作时，梯子与地面的斜角度为60°左右，梯子不得绑接使用，人字梯应有限制开度的措施，人在梯子上时，禁止移动梯子。

5）在绝缘梯上工作时，传递工具和器材必须使用吊绳和圆桶袋，注意防止工具、物件掉落。

6）绝缘梯上高处作业应系上双控背带式安全带，防止高空坠落。

7）测量绝缘电阻时防止发生触电事故。

8）防止接线造成电压互感器二次回路短路或接地和电流互感器二次回路开路。

（5）安装联合接线盒。

1）接线盒应水平放置，电压连接片开口向上，接线盒的端子标志要清晰正确。

2）接线盒与周围物体之间的距离不应小于80mm，电能表与接线盒之间距离不小于80mm，如图9－10所示。

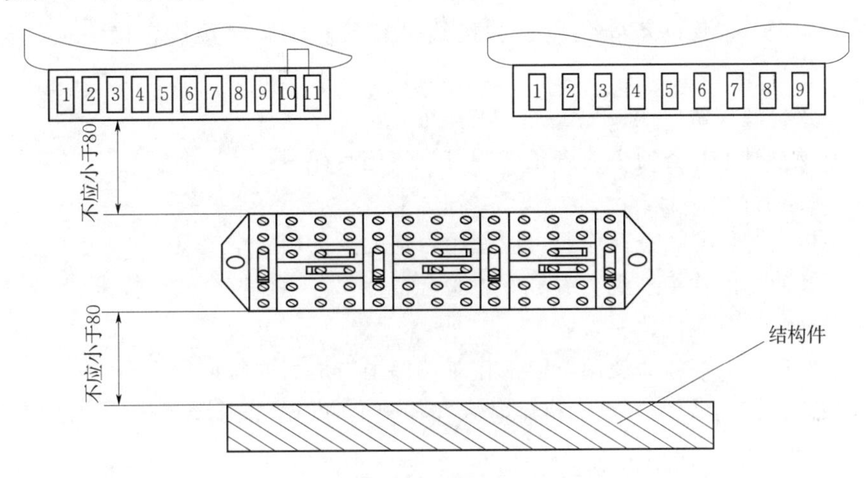

图9－10　接线盒安装

（6）安装电能表、采集设备和连接件连接及处理。

1）检查确认计量柜（箱）完好，符合规范要求。

2）根据计量柜（箱）接线图核对检查，确保接线正确、布线规范、联合接线盒安装。导线的敷设及捆扎应符合规程要求。

3）安装电能表、采集设备时，应把电能表、采集设备牢固地固定在计量柜（箱）内，电能表显示屏应与观察窗对准。本地费控电能表点卡插座应与插卡孔对准。

4）按照“先出后进、先零后相、从右到左”的原则进行接线。

5）将联合接线盒内的电流短路连接片接至正常位置，电压熔丝或连接片、电压中性线连接片接至连接位置。

6）所有布线要求横平竖直、整齐美观、连接可靠、接触良好。导线应连接牢固，螺栓拧紧，导线金属裸露部分应全部插入接线端钮内，不得有外露、压皮现象。

7）计量柜（箱）内布线时，进、出线应尽量同方向靠近，尽量减小电磁场对电能表的影响。

8）计量柜（箱）内布线应尽量远离电能表，尽量减小电磁场对电能表的影响。

注意事项如下：

1）安装电能表、采集设备时如需要登高作业，应使用合格的登高用安全工具。

2）绝缘梯使用前检查外观、编号，检验合格标识，确认符合安全要求。

3）使用绝缘梯时应设置专人监护。

4）梯子应有防滑措施，使用单梯工作时，梯子与地面的斜角度为60°左右，梯子不得绑接使用，人字梯应有限制开度的措施，人在梯子上时，禁止移动梯子。

5）在绝缘梯上工作时，传递工具和器材必须使用吊绳和圆桶袋，注意防止工具、物件掉落。

6）绝缘梯上高处作业应系上双控背带式安全带，防止高空坠落。

（7）安装检查。

1）检查互感器安装牢固，一次、二次侧连接的各处螺丝牢固，接触面紧密，二次回路接线正确。

2）对电能表、采集设备安装质量和接线进行检查，确保接线正确，工艺符合规范要求。

3）检查联合接线盒内连接片位置，确保正确。

4）如现场暂时不具备通电检查条件，可先实施封印。

注意事项如下：

1）安装检查时如需要登高作业，应使用合格的登高用安全工具。

2）绝缘梯使用前检查外观、编号，检验合格标识，确认符合安全要求。

3）使用绝缘梯时应设置专人监护。

4）梯子应有防滑措施，使用单梯工作时，梯子与地面的斜角度为60°左右，梯子不得绑接使用，人字梯应有限制开度的措施，人在梯子上时，禁止移动梯子。

（8）现场通电及检查。

1）拆除接地线。

2）对新装电能计量装置进行通电，通电前应再次确认出线侧开关处于断开位置。

3）合上进线侧开关，确认电能表工作状态正常。

4）合上出线侧开关，确认电能表正常工作，客户可以正常用电。使用相位伏安表等方式核对电能表和互感器接线方式，防止发生错接线。

5）用验电笔（器）测试电能表外壳、零线端子、接地端子应无电压。

注意事项如下：

1）通电作业应使用绝缘工器具，设专责监护人。

2）不断开负荷开关通电易引起设备损坏、人身伤害。

（9）实施封印。工作班成员确认安装无误后，正确记录电能表各项读数，对电能表、计量柜（箱）、联合接线盒等加封，记录封印编号，并拍照留证。

2. 拆除作业

（1）断开电源并验电。

1）核对作业间隔。

2）使用验电笔（器）对计量柜（箱）金属裸露部分进行验电。

3）确认电源进、出线方向，断开进、出线开关，且能观察到明显断开点。

4）使用验电笔（器）再次进行验电，确认一次进、出线等部位均无电压后，装设接地线。

注意事项如下：

1）防止开关故障或用户倒送电造成人身触电。

2）断开开关后，在开关操作把手上均应悬挂“禁止合闸，有人工作!”的标示牌。

（2）核对、记录信息。

1）检查电能计量装置封印是否完好，发现异常转异常处理程序；核对现场信息是否与电能计量装接单相符。

2）抄录电能表当前各项读数，并拍照留证。

注意事项如下：

1）核对和抄录计量设备时如需要登高作业，应使用合格的登高用安全工具。

2）绝缘梯使用前检查外观、编号，检验合格标识，确认符合安全要求。

3）使用绝缘梯时应设置专人监护。

4）梯子应有防滑措施，使用单梯工作时，梯子与地面的斜角度为60°左右，梯子不得绑接使用，人字梯应有限制开度的措施，人在梯子上时，禁止移动梯子。

（3）拆除进线电源（低压供电）。工作班成员在拆除计量柜（箱）进线时，应确认该客户电源已从外部接入点切除。

注意事项如下：

1）拆除进线电源时如需要登高作业，应使用合格的登高用安全工具。

2）绝缘梯使用前检查外观、编号，检验合格标识，确认符合安全要求。

3）使用绝缘梯时应设置专人监护。

4）梯子应有防滑措施，使用单梯工作时，梯子与地面的斜角度为60°左右，梯子不得绑接使用，人字梯应有限制开度的措施，人在梯子上时，禁止移动梯子。

5）在绝缘梯上工作时，传递工具和器材必须使用吊绳和圆桶袋，注意防止工具、物件掉落。

6）绝缘梯上高处作业应系上双控背带式安全带，防止高空坠落。

7）防止电源未切除、拆除中及拆除后引起人身触电。

（4）拆除电能计量装置。工作班成员用验电笔（器）试验确认无电，拆除电能表、互感器等电能计量装置，拆除接地线。

注意事项如下：

1）拆除电能计量装置（二次设备）时如需要登高作业，应使用合格的登高用安全工具。

2）绝缘梯使用前检查外观、编号，检验合格标识，确认符合安全要求。

3）使用绝缘梯时应设置专人监护。

4）梯子应有防滑措施，使用单梯工作时，梯子与地面的斜角度为60°左右，梯子不得绑接使用，人字梯应有限制开度的措施，人在梯子上时，禁止移动梯子。

5）在绝缘梯上工作时，传递工具和器材必须使用吊绳和圆桶袋，注意防止工具、物件掉落。

6）绝缘梯上高处作业应系上双控背带式安全带，防止高空坠落。

3. 更换电能表、采集设备作业

（1）核对、记录信息。

1）根据装拆工作单核对客户信息，电能表、互感器铭牌内容和有效检验合格标志。防止因信息错误造成计量差错。

2）检查电能计量装置封印是否完好，发现异常转异常处理程序；核对现场信息是否与装拆工作单相符。

3）抄录电能表当前各项读数，并拍照留证。

（2）接线检查。工作班成员应检查电能表和互感器是否有故障，使用相位伏安表等方式核对电能表和互感器接线方式，防止发生错接线。

（3）短接电流和断开电压熔丝或连接片。工作班成员把联合接线盒内的电流端子短接，断开电压熔丝或连接片、中性线连接片，顺序为先电流后电压。

注意事项如下：

严禁电流互感器二次回路开路，防止发生设备损坏和人身伤害。

（4）记录时间与功率。工作班成员记录换电能表采集设备开始时刻和瞬时功率。

（5）拆除需换电能表/采集设备。

1）用验电笔（器）确认电能表采集设备及接线无电。

2）拆除电能表采集设备进、出线，拆除顺序为先电压线、后电流线，先进线、后出线，先相线、后零线，从左到右。

3）拆除电能表采集设备固定螺钉，取下电能表。

注意事项如下：

1）拆除需换电能表采集设备时如需要登高作业，应使用合格的登高用安全工具。

2）绝缘梯使用前检查外观、编号，检验合格标识，确认符合安全要求。

3）使用绝缘梯时应设置专人监护。

4）梯子应有防滑措施，使用单梯工作时，梯子与地面的斜角度为60°左右，梯子不得绑接使用，人字梯应有限制开度的措施，人在梯子上时，禁止移动梯子。

5）在绝缘梯上工作时，传递工具和器材必须使用吊绳和圆桶袋，注意防止工具、物件掉落。

6）绝缘梯上高处作业应系上双控背带式安全带，防止高空坠落。

7）装拆时电能表采集设备进、出线做好绝缘措施，防止短路。

（6）安装电能表电能表/采集设备。

1）检查确认计量柜（箱）完好，符合规范要求。

2）根据计量柜（箱）接线图核对检查，确保接线正确、布线规范。导线的敷设及捆扎应符合规程要求。

3）安装电能表/采集设备时，应把电能表/采集设备牢固地固定在计量柜（箱）内，电能表显示屏应与观察窗对准。本地费控电能表电卡插座应与插卡孔对准。

4）按照“先出后进、先零后相、从右到左”的原则进行接线。

5）所有布线要求横平竖直、整齐美观、连接可靠、接触良好。导线应连接牢固，螺栓拧紧，导线金属裸露部分应全部插入接线端钮内，不得有外露、压皮现象。

6）当导线小于端子孔径较多时，应在接入导线上加扎线后再接入。

7）计量柜（箱）内布线时，进、出线应尽量同方向靠近，尽量减小电磁场对电能表的影响。

8）计量柜（箱）内布线应尽量远离电能表，尽量减小电磁场对电能表的影响。

注意事项如下：

1）安装电能表/采集设备时如需要登高作业，应使用合格的登高用安全工具。

2）绝缘梯使用前检查外观、编号，检验合格标识，确认符合安全要求。

3）使用绝缘梯时应设置专人监护。

4）梯子应有防滑措施，使用单梯工作时，梯子与地面的斜角度为60°左右，梯子不得绑接使用，人字梯应有限制开度的措施，人在梯子上时，禁止移动梯子。

5）在绝缘梯上工作时，传递工具和器材必须使用吊绳和圆桶袋，注意防止工具、物件掉落。

6）绝缘梯上高处作业应系上双控背带式安全带，防止高空坠落。

7）装拆时电能表/采集设备进、出线做好绝缘措施，防止短路。

（7）安装检查。工作负责人、工作班成员对电能表/采集设备安装质量和接线进行检查，确保接线正确，工艺符合规范要求。

注意事项如下：

1）安装检查如需要登高作业，应使用合格的登高用安全工具。

2）绝缘梯使用前检查外观、编号，检验合格标识，确认符合安全要求。

3）使用绝缘梯时应设置专人监护。

4）梯子应有防滑措施，使用单梯工作时，梯子与地面的斜角度为60°左右，梯子不得绑接使用，人字梯应有限制开度的措施，人在梯子上时，禁止移动梯子。

（8）恢复电压熔丝或连接片、中性线连接片，恢复电流连接片。工作班成员在工作完毕后，恢复联合接线盒内的电压熔丝或连接片、电压中性线连接片，恢复电流连接片，恢复顺序为先电压后电流。

注意事项如下：严禁电流互感器二次回路开路，防止发生设备损坏和人身伤害。

（9）记录时间。工作班成员停止计时，记录换电能表/采集设备结束时刻，把换表所用的时间、瞬时功率填写在电能计量装接单上并让客户确认。

（10）现场通电检查。

1）检查联合接线盒内连接片位置，确保正确。

2）检查电能表等相关电能计量装置，运行状态应正常。

3）用验电笔（器）测试电能表外壳、零线端子、接地端子应无电压。

注意事项如下：通电作业应使用绝缘工器具，设专责监护人。

（11）实施封印。工作班成员确认安装无误后，正确记录新装电能表各项读数，对电能表、计量柜（箱）、联合接线盒等加封，记录封印编号，并拍照留证。

4. 更换互感器作业

（1）断开电源并验电。

1）核对作业间隔。

2）使用验电笔（器）对计量柜（箱）金属裸露部分进行验电。

3）确认电源进、出线方向，断开进、出线开关，且能观察到明显断开点。

4）使用验电笔（器）再次进行验电，确认互感器一次进出线等部位均无电压后，装设接地线。

注意事项如下：

1）防止开关故障或用户倒送电造成人身触电。

2）断开开关后，在开关操作把手上均应悬挂“禁止合闸，有人工作!”的标示牌。

(2）核对、记录信息。

1）根据装拆工作单核对客户信息，电能表、互感器铭牌内容和有效检验合格标志，防止因信息错误造成计量差错。

2）检查电能计量装置封印是否完好，发现异常转异常处理程序；核对现场信息是否与装拆工作单相符。

3）抄录电能表当前各项读数，并拍照留证。

注意事项如下：

1）核对、记录信息时如需要登高作业，应使用合格的登高用安全工具。

2）绝缘梯使用前检查外观、编号，检验合格标识，确认符合安全要求。

3）使用绝缘梯时应设置专人监护。

4）梯子应有防滑措施，使用单梯工作时，梯子与地面的斜角度为60°左右，梯子不得绑接使用，人字梯应有限制开度的措施，人在梯子上时，禁止移动梯子。

5）在绝缘梯上工作时，传递工具和器材必须使用吊绳和圆桶袋，注意防止工具、物件掉落。

6）绝缘梯上高处作业应系上双控背带式安全带，防止高空坠落。

(3）接线检查。工作班成员检查电能表和互感器是否有故障，使用相位伏安表等方式核对电能表和互感器接线方式，防止发生错接线。

(4）拆除互感器。工作班成员拆除互感器二次接线，将互感器从固定架上拆下。

注意事项如下：

1）拆除互感器时如需要登高作业，应使用合格的登高用安全工具。

2）绝缘梯使用前检查外观、编号，检验合格标识，确认符合安全要求。

3）使用绝缘梯时应设置专人监护。

4）梯子应有防滑措施，使用单梯工作时，梯子与地面的斜角度为60°左右，梯子不得绑接使用，人字梯应有限制开度的措施，人在梯子上时，禁止移动梯子。

5）在绝缘梯上工作时，传递工具和器材必须使用吊绳和圆桶袋，注意防止工具、物件掉落。

6）绝缘梯上高处作业应系上双控背带式安全带，防止高空坠落。

7）相邻处有带电间隔和带电部位，必须在工作间隔的前后位置均装设临时遮栏，并设专人监护。加强移动监护，工作中保持与带电设备的安全距离。

(5）安装互感器。

1）电流互感器一次绕组与电源串联接入，并可靠固定。

2）同一组的电流互感器应采用制造厂、型号、额定变比、准确度等级、二次容量均相同的互感器。

3）电流互感器进线端极性符号应一致。

注意事项如下：

1）安装互感器时如需要登高作业，应使用合格的登高用安全工具。

2）绝缘梯使用前检查外观、编号，检验合格标识，确认符合安全要求。

3）使用绝缘梯时应设置专人监护。

4）梯子应有防滑措施，使用单梯工作时，梯子与地面的斜角度为60°左右，梯子不得绑接使用，人字梯应有限制开度的措施，人在梯子上时，禁止移动梯子。

5）在绝缘梯上工作时，传递工具和器材必须使用吊绳和圆桶袋，注意防止工具、物件掉落。

6）绝缘梯上高处作业应系上双控背带式安全带，防止高空坠落。

7）相邻处有带电间隔和带电部位，必须在工作间隔的前后位置均装设临时遮栏，并设专人监护。加强移动监护，工作中保持与带电设备的安全距离。

（6）连接互感器侧二次回路导线。

1）导线应采用铜质绝缘导线，电流二次回路截面不应小于4mm^2，电压回路截面不应小于2.5mm^2。

2）互感器至电能表的二次回路不得有接头或中间连接端钮（联合接线盒除外）。

3）二次导线在敷设前应检查绝缘层是否有破损。

4）校对互感器计量二次回路导线，并分别编码标识。

5）互感器的二次绕组与联合接线盒之间应采用六线连接。

注意事项如下：

1）连接互感器侧二次回路导线时如需要登高作业，应使用合格的登高用安全工具。

2）绝缘梯使用前检查外观、编号，检验合格标识，确认符合安全要求。

3）使用绝缘梯时应设置专人监护。

4）梯子应有防滑措施，使用单梯工作时，梯子与地面的斜角度为60°左右，梯子不得绑接使用，人字梯应有限制开度的措施，人在梯子上时，禁止移动梯子。

5）在绝缘梯上工作时，传递工具和器材必须使用吊绳和圆桶袋，注意防止工具、物件掉落。

6）绝缘梯上高处作业应系上双控背带式安全带，防止高空坠落。

7）防止测量绝缘电阻时发生触电事故，应先移开测量物再停止摇动。

8）严禁电流互感器二次回路开路。

（7）安装检查。

1）检查互感器安装牢固，一、二次侧连接的各处螺丝牢固，接触面紧密，二次回路接线正确。

2）检查联合接线盒内连接片位置，确保正确。

注意事项如下：

1）安装检查时如需要登高作业，应使用合格的登高用安全工具。

2）绝缘梯使用前检查外观、编号，检验合格标识，确认符合安全要求。

3）使用绝缘梯时应设置专人监护。

4）梯子应有防滑措施，使用单梯工作时，梯子与地面的斜角度为60°左右，梯子不得绑接使用，人字梯应有限制开度的措施，人在梯子上时，禁止移动梯子。

5）在绝缘梯上工作时，传递工具和器材必须使用吊绳和圆桶袋，注意防止工具、物件掉落。

6）绝缘梯上高处作业应系上双控背带式安全带，防止高空坠落。

（8）现场通电及检查。

1）拆除接地线。

2）对具备现场通电条件的互感器进行通电，通电前应再次确认负荷开关处于断开位置。

3）合上进线侧开关，确认电能表工作状态正常。

4）合上出线侧开关，确认电能表正常工作，客户可以正常用电。使用相位伏安表等方式核对电能表和互感器接线方式，防止发生错接线。

5）用验电笔（器）测试电能表外壳、零线端子、接地端子应无电压。

注意事项如下：

1）通电作业应使用绝缘工器具，设专责监护人。

2）不断开负荷开关通电易引起设备损坏、人身伤害。

（9）实施封印。工作班成员确认安装无误后，正确记录电能表各项读数，对计量柜（箱）、联合接线盒等加封，记录封印编号，并拍照留证。

9.4.3 收工

（1）清理现场。现场作业完毕，工作班成员应清点个人工器具并清理现场，做到工完料净场地清。

（2）现场完工。工作班成员在装、拆、换作业后应请客户现场签字确认。

（3）办理工作票终结。工作负责人、工作班成员应按职责完成以下工作：

1）办理工作票终结手续。

2）拆除现场安全措施。

9.4.4 资料归档

（1）信息录入。工作班成员将装拆、封印信息及时录入系统。

（2）实物退库。工作班成员完成信息录入后将实物及时退回表库，由表库管理人员及时将实物及电能计量装接单退至二级表库。

（3）资料归档。工作班成员在工作结束后，电能计量装接单等单据应备份由专人妥善存放，并及时归档。

9.4.5 竣工验收

工作人员应配合相关专业进行竣工验收。

1）电能计量装置资料应正确、完备。

2）检查计量器具技术参数应与计量检定证书和技术资料的内容相符。

3）检查安装工艺质量应符合有关标准要求。

4）检查电能表接线应和竣工图一致。

注意事项：

1）竣工验收时必须核实设备运行状态，严禁工作人员未履行工作许可手续擅自开启电气设备柜门或操作电气设备。

2）在带电设备上勘查时，不得开启电气设备柜门或操作电气设备，勘查过程中应始终与设备保持足够的安全距离。

3）因勘查工作需要开启电气设备柜门或操作电气设备时，应执行工作票制度，将需要勘查设备范围停电、验电、挂地线、设置安全围栏并悬挂标示牌后，经履行工作许可手续，方可进行开启电气设备柜门或操作电气设备等工作。

4）进入带电现场工作时至少由两人进行，应严格执行工作监护制度。

5）工作人员应正确使用合格的个人劳动防护用品。

6）严禁在未采取任何监护措施和保护措施情况下现场作业。

7）当打开计量箱（柜）门进行检查或操作时，应采取有效措施对箱（柜）门进行固定，防范由于刮风或触碰造成柜门异常关闭而导致事故。

9.5 质 量 管 控

计量装置施工质量关系到公司品牌形象和优质服务水平。当前，通过95598计量类投诉和明察暗访等工作，反映出公司系统计量装置施工质量问题仍较普遍，如电能表接线混乱、表计不固定、表计无封、计量箱无锁、计量串户等影响客户安全用电且易引发投诉的突出问题时有发生。

为确保电能计量、用电信息采集的准确性和可靠性，落实电能计量装置、采集系统建设质量管理要求，提升计量装置、用电信息采集设备及其附属设备的现场安装质量和工艺水平，必须制定低压现场施工作业进行质量管控方法。

1. 质量管控具体内容

（1）强化现场管控。在每个施工现场应展开智能电能表质量管控，发现问题及时下发整改通知，并组织复查。

（2）严格审查施工单位资质。应对施工单位资质进行严格审查，并进行存档，对不符合要求的不允许委托施工。

（3）建立施工单位质量评价考核管理办法。该管理办法应包含施工安全措施、施工安全监督管理、施工质量验收管理、预决算的及时性、工程投运后的故障比例、服务告知或告示张贴情况、电能表更换的底度记录、客户对工程施工投诉处理情况等内容。

1）施工安全措施。保证施工人员在现场工作中的人身、设备、电网安全，必须严格执行《国家电网公司电力安全工作规程（配电部分）（试行）》，国家电网公司、浙江省电力公司及本企业安全管理相关规定、规程和制度。

现场安全措施不符合上述规程的，视现场实际情况根据相关管理办法进行处罚，情节严重的上报相关部门进行处理。

2）施工安全监督管理。强化施工作业现场安全监督管理，落实到岗到位，开展现场违规检查，严肃查纠违章行为，防范因客户（施工单位）违规行为导致人身伤害。

每发现一处施工安全监督不到位，视实际情况对施工单位进行经济责任考核。

3）施工质量验收管理。每一项工程都应明确该项工程的责任人员，负责工程的安全、质量、进度等全过程监督和管理。严格执行验收制度，验收完毕后，验收人员根据工程质量及资料进行讨论，提出整改意见，评定工程质量是否合格，签署竣工验收结论报告。各项验收工作根据有关验收规范及有关设计文件作为工程验收依据。质量管理执行责任追溯制度。

每项工程验收过程中每发现一户不合格，对施工单位进行经济责任考核，若工程验收不通过，责成施工单位在规定时限内整改完成，并处以相应处罚。

4）工程投运后的故障比例。工程投运后的故障比例不得高于0.2%。每超过0.1%对施工单位进行经济责任考核，累加考核。

5）服务告知或告示张贴情况。加强与客户沟通，施工前三天在小区公示栏、楼道等明显位置张贴智能电能表施工安装的通知，力争做到人人知晓。

每发现一处未张贴通知，对施工单位进行经济责任考核，未及时张贴也进行相应的经济责任考核。

6）电能表更换的底度记录。更换表计前必须对表计底度进行现场拍照，同将底度记录在装接单上，客户确认后在装接单上签字。

每发现一户未拍照，对施工单位进行经济责任考核；每发现一户客户未签字确认，对施工单位进行经济责任考核。

7）客户对工程施工投诉处理。保证智能电能表施工安装工作零投诉，现场文明施工。

每发生一起属实投诉，对施工单位进行经济责任考核；因现场施工引起客户不满或产生纠纷，视实际情况对施工单位进行经济责任考核。

客户投诉后，施工单位应在规定时限内及时响应、及时处理，若未及时处理或处理不当引起重复投诉，加倍考核。

（4）加强施工人员培训。对施工人员进行培训，培训记录及考试情况要存档备查，施工人员经考试合格后方可进行现场工作。

（5）加强施工过程管理和监督。

1）应完善现场工程资料、现场施工安全监督管理记录、施工质量验收管理记录、预决算情况、工程投运后的故障比例、电能表更换的底度记录、客户对工程施工投诉处理情况等内容。

2）定期对施工现场开展监督检查，检查监督记录要存档备查。目前在全面推广智能表覆盖的背景下，特别强调防范电能表装接串户管控措施。

2. 防范电能表装接串户措施和要求

（1）报装客户的电能表新装。

1）加强装表前的户线核对工作，防止户线串户。新建小区由开发商负责进户线敷设的，供电方要与开发商签订户线核对承诺协议，明确双方责任；由供电方组织进户线敷设的，供电方要与施工单位签订户线核对承诺协议，明确双方责任。要求开发商或施工单位对每个用户的进户线均有核对记录，并在每条进户线两侧标有“房号标记”。

2）装表后应入户核对检查，防止户表串户。装表人员在装表完成后按照“每户必查、逐户核对”的原则进行入户核对检查。对新建小区，应要求开发商或物业提供入户条件，电能表安装完毕后，装表人员要应用一对一停电核查法、万用表电阻法、查线器对线法等方法进行电能表和户内线的核对检查，提高检查效率和质量，对个别无法入户检查的新装客户，要张贴“户表核对告知书”，告知客户在验房时认真核对自家的电能表号、表后开关、户名、进户线是否正确。

3）加强营销业务应用系统档案核查，防止档案串户。积极推进计量工单条码化管理和电能表双条码应用，减轻工作人员的劳动强度，降低营销档案信息错误概率。营业、计量专业要做好协同配合，确保客户档案、装表工单、电能表设备号与现场一一对应。具体要求为：各单位应做好营销应用系统和计量生产调度平台等信息系统技术改造工作，改进业务工单生成和识别的方式，系统生成工单时，工单上应打印有客户名、地址、户号、工单条码；在录入营销业务应用系统时，直接扫描工单条码和电能表条码，实现电能表与用户信息的绑定，避免人为差错造成的档案串户。

4）在第一次发行电费时提供短信提醒服务。通过发送短信告知客户核对自家的电能表表号、表后开关、户名、进户线是否正常，并告知常用的核对方法，如有不正确或疑似串户及时联系物业、小区开发商或供电公司，以便及时上门处理。

（2）用电客户的电能表轮换、故障更换。

1）换表前进行电能表与用户信息核对工作，防止拆错电能表。换表前施工应重点核对电能表号、用户地址、表箱地址等现场信息与营销业务应用系统信息是否一致。

2）拆装电能表时应采取“拆一装一”工作方式，防止装表串户。原则上不允许将电能表全部拆除后再统一安装，防范电能表信息记录错误导致计量串户现象发生。特殊情况下需要多表同时拆除时，必须在旧表拆除前，在旧表出线端对应导线上粘贴识别信息（户名、房号等），以便装表时逐一对应。

3）换表后要逐户送达或张贴“换表告知书”，提醒客户检查是否串户。“换表告知书”应告知客户新、旧电能表起止度，并提醒其核对自家的电能表号、表后开关、户名、进户线是否正确。换表工单正确填写新、旧电能表起止度，并请客户签字或请物业、社区（村委会）人员签字确认。

4）加强营销业务应用系统档案核查，防止档案串户。营业、计量专业要做好协同配合，确保客户档案、装表工单、电能表设备号与现场一一对应。积极推进计量工单条码化应用。

5）在换表后第一次发行电费时提供短信提醒服务。通过发送短信告知客户核对自家的电能表表号、表后开关、户名、进户线是否正常，并告知常用的核对方法，如有不正确或疑似串户及时联系物业、小区开发商或供电公司，以便及时上门处理。

6）对换表后用户的用电情况进行1～2个抄表周期的监控。对日、月电量突变用户及时现场核查。

（3）加强电能表装接施工队伍管理。

1）各单位应补充完善施工合同有关施工质量保证条款，对工器具配置，安全管理、接线质量检查等提出要求。加大错接线、计量串户等计量服务质量事件处罚力度；建立并实行施工单位黑名单制度，开展对施工单位的业绩评价，将其纳入招标工作中，并体现到绩效考核方面。

2）实行施工质量责任倒查追究机制。所有施工单位对施工质量负责、验收人员对验收结果负责。凡发生错接线、计量串户等服务差错，从严追究。

3）加大对装接施工人员的培训力度，重点突出电能表串户防范措施等内容，对所有外包施工队伍的施工人员进行培训、考核，提升施工工艺和质量水平。对考核不合格者取消现场作业资格。

（4）强化现场技术监督管理。建立完善的电能表装接现场技术监督机制，整合管控资源，加大现场管理力度。对所有装接施工现场要有主业人员参与现场监督检查，重点检查安全、户表关系准确性等方面，检查结果应及时通报；工程竣工后要严格依据标准进行验收，一旦发现串户行为应责成施工单位进行全面整改，未通过验收不允许投运。

9.6 异常处理

（1）装接人员现场发现电能计量装置故障、计量差错、计量器具丢失等情况时，应保护好现场，第一时间通知用电检查部门，不得私自改动异常的电能计量装置。

（2）用电检查部门在收到电能计量异常通知后，立即安排工作人员到现场检查处理。

（3）计量装置的更换按产权归属原则划分。属于用户产权的由用户自行购买计量装置，属于供电公司产权的计量装置按轮换处理。

（4）用电检查人员到达现场后，装接人员应协同用电检查人员对异常计量装置进行拍照取证（客户在场），对异常原因进行分析，以便采取相关防范措施。查明原因后告知装接人员对其进行更换，用户应在相关工作单上签字确认，装接人员也需签字。现场处理结束后装接人员方可离开现场。

第10章　高压电能计量装置装拆及验收

户外计量装置在10kV配电网得到广泛运用，其表计与组合互感器距离相对较近。变电站型式在多年的运用中也有较快的发展，常见的有箱式变电站、室内变电站等，其电能计量装置组合安装在进线柜后侧的专用计量柜中。计量柜有多种型式，如手车式、中置柜式、常规式（一次母线经计量电流互感器穿越计量柜，电压互感器在柜中经熔断器并接到三相母线上，柜前上方为电能表、二次端子安装柜）等，还有互感器在户外、计量表计安装在室内的方式，如互感器在一次设备场地，而电能表在主控制电能表屏、柜中。

10.1　基　本　要　求

10.1.1　人员配置及要求

1. 人员配置

高压电能计量装置装拆及验收工作所需人员类别、人员职责和数量如下。

(1) 工作负责人。作业人数1人，职责如下：

1) 正确安全的组织工作。

2) 负责检查工作票所列安全措施是否正确完备、是否符合现场实际条件，必要时予以补充。

3) 工作前对工作班成员进行危险点告知，交代安全措施和技术措施，并确认每一个工作班成员都已知晓。

4) 严格执行工作票所列安全措施。

5) 督促、监护工作班成员遵守本规程，正确使用劳动防护用品和执行现场安全措施。

6) 确认工作班成员精神状态是否良好，变动是否合适。

7) 交代作业任务及作业范围，掌控作业进度，完成作业任务。

8) 监督工作过程，保障作业质量。

(2) 专责监护人。人数根据作业内容与现场情况确定是否设置，职责如下：

1) 明确被监护人员和监护范围。

2) 作业前对被监护人员交代安全措施，告知危险点和安全注意事项。

3) 监督被监护人遵守电力安全工作规程和现场安全措施，及时纠正不安全行为。

4) 负责所监护范围的工作质量，及时制止工作班成员违章作业行为。

(3) 工作班成员。人数根据作业内容与现场情况确定，其职责如下：

1) 熟悉工作内容、作业流程，掌握安全措施，明确工作中的危险点，并履行确认手续。

2）严格遵守安全规章制度、技术规程和劳动纪律，对自己工作中的行为负责，互相关心工作安全，并监督电力安全工作规程的执行和现场安全措施的实施。

3）正确使用安全工器具和劳动防护用品。

4）完成工作负责人安排的作业任务并保障作业质量。

2. 人员要求

工作人员的身体、精神状态，工作人员的资格（包括作业技能、安全资质等）。具体要求如下：

（1）经医师鉴定，无妨碍工作的病症（体格检查每两年至少一次）；身体状态、精神状态应良好。

（2）具备必要的电气知识和业务技能，且按工作性质，熟悉电力安全工作规程的相关部分，并应经考试合格。

（3）具备必要的安全生产知识，学会紧急救护法，特别要学会触电急救。

（4）熟悉作业指导书和《装表接电一本通》，并经上岗培训、考试合格。

10.1.2 材料和设备

根据作业项目，确定所需的材料和备品、备件，见表10-1。

表10-1　　高压电能计量装置装拆及验收材料和备品、备件

序号	名称	型号及规格	单位	数量	备注
1	电能表、采集设备	根据客户类别配置	只	根据作业需求	
2	倍率标签		张	根据作业需求	
3	接线标识标签		张	根据作业需求	
4	封印		颗	根据作业需求	
5	电流互感器		只	根据作业需求	
6	电压互感器		只	根据作业需求	
7	绝缘导线		m	根据作业需求	
8	绝缘胶带		卷	根据作业需求	
9	联合接线盒		个	根据作业需求	
10	扎带		袋	根据作业需求	
11	RS485通信线		m	根据作业需求	
12	号码管		个	根据作业需求	
13	水晶头		个	根据作业需求	

10.1.3 工器具和仪器仪表

确定工作所需的工器具和仪器仪表，见表10-2。

表 10-2　　　　　高压电压计量装置装拆及验收工器具和仪器仪表

序号	名　　称	型号及规格	单位	数量	安全要求
1	螺丝刀组合		套	1	(1) 常用工具金属裸露部分应采取绝缘措施，并经检验合格。螺丝刀除刀口以外的金属裸露部分应用绝缘胶布包裹。 (2) 仪器仪表安全工器具应检验合格，并在有效期内。 (3) 其他根据现场需求配置
2	电工刀		把	1	
3	钢丝钳		把	1	
4	斜口钳		把	1	
5	尖嘴钳		把	1	
6	扳手		套	1	
7	电钻		把	1	
8	电源盘	有明显断开点，具有带漏电保护功能	只	1	
9	低压验电笔		只	1	
10	高压验电器	按不同电压等级配置	只	1	
11	钳形万用表		台	1	
12	绝缘电阻表		台	1	
13	便携式钳形相位伏安表		台	1	
14	绝缘梯		架	1	
15	警示带		套	1	
16	吊绳		根	1	
17	接地线		根	按需配置	
18	双控背带式安全带		副	1	
19	安全帽		顶/人	1	
20	绝缘鞋		双/人	1	
21	绝缘手套		副/人	1	
22	棉纱防护手套		副/人	1	
23	纯棉长袖工作服		套/人	1	
24	绝缘垫		块	按需配置	
25	相机		台	1	
26	工具包		只	1	
27	抄表器		台	1	
28	对讲机		对	1	
29	剥线钳		只	1	
30	网线钳		把	1	
31	手电筒		只	1	

10.1.4 安装环境

安装地点周围环境应干净明亮，使表计不易受损、受震、不受磁力及烟灰影响，无腐蚀性气体、易蒸发液体的侵蚀；在多雷地区，计量装置应装设防雷保护；能保证表计运行安全可靠，抄表读数、校验、检查、轮换装拆方便。电能表对计量屏的安装高度应使电能表水平中心线距地面0.6～1.8m；电能表安装必须牢固垂直，每只表除挂表螺丝外，至少有一只定位螺丝，使表中心线朝各方向的倾斜不大于10。

10.1.5 危险点分析及预防预控措施

高压电能计量装置装拆及验收的危险点与预防控制措施如下。

1. 人身伤害或触电

(1) 危险点：误碰带电设备。预防控制措施如下：

1) 在电气设备上作业时，应将未经验电的设备视为带电设备。

2) 在高、低压设备上工作，应至少由两人进行，并完成保证安全的组织措施和技术措施。

3) 工作人员应正确使用合格的安全绝缘工器具和个人劳动防护用品。

4) 高、低压设备应根据工作票所列安全要求，落实安全措施。涉及停电作业的应实施停电、验电、挂接地线、悬挂标示牌后方可工作。工作负责人应会同工作票许可人确认停电范围、断开点、接地、标示牌正确无误。工作负责人在作业前应要求工作票许可人当面验电；必要时工作负责人还可使用自带验电器（笔）重复验电。

5) 工作票许可人应指明作业现场周围的带电部位，工作负责人确认无倒送电的可能。

6) 应在作业现场装设临时遮栏，将作业点与邻近带电间隔或带电部位隔离。作业中应保持与带电设备的安全距离。

7) 严禁工作人员未履行工作许可手续擅自开启电气设备柜门或操作电气设备。

8) 严禁在未采取任何监护措施和保护措施情况下现场作业。

(2) 危险点：走错工作位置。预防控制措施如下：

1) 工作负责人对工作班成员应进行安全教育，作业前对工作班成员进行危险点告知，明确带电设备位置，交代安全措施和技术措施，并履行确认手续。

2) 核对工作任务单与现场信息是否一致。

3) 核对设备双重名称，在工作地点设置“在此工作”标示牌。

4) 作业现场应装设遮栏或围栏，遮栏或围栏与被试设备高压部分应有足够的安全距离，向外悬挂“止步，高压危险!”的标示牌。

(3) 危险点：人员与高压设备安全距离不足致使人身伤害。预防控制措施如下：

1) 工作负责人对工作班成员应进行安全教育，作业前对工作班成员进行危险点告知，交代工作地点及周围的带电部位及安全措施和技术措施。

2) 工作班成员应精力集中，随时警戒异常现象发生，工作时应设专人监护，与带电设备保持足够安全距离。

(4) 危险点：停电作业发生倒送电。预防控制措施如下：

1）工作负责人应会同工作票许可人现场确认作业点已处于检修状态，并使用验电器（笔）确认无电压。

2）确认作业点安全隔离措施，各方面电源、负载端必须有明显断开点。

3）确认作业点电源、负载端均已装设接地线，接地点可靠。

4）自备发电机只能作为试验电源或工作照明，严禁接入其他电气回路。

（5）危险点：工作前未进行验电致使触电。预防控制措施如下：

1）工作前应在带电设备上对验电笔（器）进行测试，确保良好。

2）工作前应先验电。

（6）危险点：二次回路带电作业未采取措施接触两相。预防控制措施如下：

1）二次回路带电作业中使用的工具，其外裸的导电部位应采取绝缘措施，防止操作时相间或相对地短路。

2）二次回路带电作业时，作业人员应穿绝缘鞋和全棉长袖工作服，并戴手套、安全帽和护目镜，站在干燥的绝缘物上进行。

3）二次回路带电作业时禁止使用锉刀、金属尺和带有金属物的毛刷、毛掸等工具，做好防止相间短路的措施。

（7）危险点：二次回路带电作业无绝缘防护措施。预防控制措施如下：

1）二次回路带电作业应使用有绝缘柄的工具，其外裸的导电部位应采取绝缘措施，防止操作时相间或相对地短路。

2）工作时，应穿绝缘鞋，并戴手套，站在干燥的绝缘物上进行。

3）二次回路带电作业时应设专人监护；配置、穿用合格的个人绝缘防护用品；杜绝无个人绝缘防护或绝缘防护失效仍冒险作业的现象。

4）二次回路带电作业人员作业时，人体不得同时接触两根线头。

（8）危险点：计量柜（箱）、电动工具漏电。预防控制措施如下：

1）工作前应用验电笔（器）对金属计量柜（箱）进行验电，并检查计量柜（箱）接地是否可靠。

2）电动工具外壳必须可靠接地，其所接电源必须装有漏电保护器。

（9）危险点：短路或接地。预防控制措施如下：

1）工作中使用的工具，其外裸的导电部位应采取绝缘措施，防止操作时相间或相对地短路。

2）带电装拆电能表时，带电的导线部分应做好绝缘措施。

（10）危险点：使用临时电源不当。预防控制措施如下：

1）接取临时电源时安排专人监护。

2）检查接入电源的线缆有无破损，连接是否可靠。

3）临时电源应具有漏电保护装置。

（11）危险点：电流互感器二次回路开路、电压互感器二次回路短路。预防控制措施如下：

1）电能表接线回路采用统一标准的联合接线盒。

2）不得将回路的永久接地点断开。

3）进行电能表装拆工作时，应先在联合接线盒内短接电流连接片，脱开电压连接片。

4）工作时设专人监护，使用绝缘工具，站在干燥的绝缘物上进行。

（12）危险点：雷电伤害。预防控制措施：室外高空天线处工作应注意天气，雷雨天禁止作业。

2. 机械伤害

（1）危险点：戴手套使用电动转动工具，可能引起机械伤害。预防控制措施：加强监督与检查，使用电动转动工具不得使用手套。

（2）危险点：使用不合格工器具。预防控制措施：按规定对各类工器具进行定期试验和检查，确保使用合格的工器具。

（3）危险点：高空抛物。预防控制措施：高处作业上下传递物品，不得投掷，必须使用工具袋并通过绳索传递，防止从高空坠落发生事故。

3. 高空坠落

（1）危险点：使用不合格登高用安全工器具。预防控制措施：按规定对各类登高用工器具进行定期试验和检查，确保使用合格的工器具。

（2）危险点：绝缘梯使用不当。预防控制措施如下：

1）使用前检查绝缘梯的外观、编号，检验合格标识，确认符合安全要求。

2）使用绝缘梯时应设置专人监护。

3）梯子应有防滑措施，使用单梯工作时，梯子与地面的斜角度为60°左右，梯子不得绑接使用，人字梯应有限制开度的措施，人在梯子上时，禁止移动梯子。

4. 设备损坏

（1）危险点：装拆互感器意外跌落。预防控制措施：在固定架上进行互感器装拆应对其加以绑扎，以免互感器从固定架上坠落。

（2）危险点：计量柜（箱）内遗留工具，导致送电后短路，损坏设备。预防控制措施：工作结束后应打扫、整理现场。认真检查携带的工器具，确保无遗留。

（3）危险点：仪器仪表损坏。预防控制措施：规范使用仪器仪表，选择合适的量程。

（4）危险点：接线时压接不牢固或错误。预防控制措施：加强作业过程中的监护、检查工作，防止接线时因压接不牢固或错误损坏设备。

5. 计量差错

危险点：接线错误。预防控制措施：工作班成员接线完成后，应对接线进行检查，加强互查。

10.2 工作内容

10.2.1 工作准备

1. 工作前准备安排

根据工作安排合理开展工作前准备，步骤如下：

（1）根据工作计划接受工作任务。

（2）据工作内容提前和客户进行预约。

（3）打印装拆工作单，同时核对计量设备技术参数与相关资料。

（4）填写并签发工作票

1）工作票签发人或工作负责人填写并打印工作票，由工作票签发人签发。对客户端工作，在公司签发人签发后还应取得客户签发人签发。

2）对于基建项目的新装作业，在不具备工作票开具条件的情况下，可填写施工作业任务单等。

（5）根据工作内容准备所需工器具，并检查是否符合实际要求。

2. 准备技术资料

技术资料主要包括装拆作业需使用的使用说明书、安装竣工图等，见表 10－3。

表 10－3　　技　术　资　料

序号	名　　称	备　　注
1	计量柜（箱）使用说明书、出厂试验报告等相关资料	
2	计量设备等相关出厂试验报告资料	
3	电能表、采集设备使用说明书	
4	互感器使用说明书	
5	施工方案	必要时
6	电能计量装置安装竣工图	
7	客户档案信息、技术资料	

10.2.2　工作流程

1. 工作流程图及接线图

装拆工作流程图如图 10－1 所示。

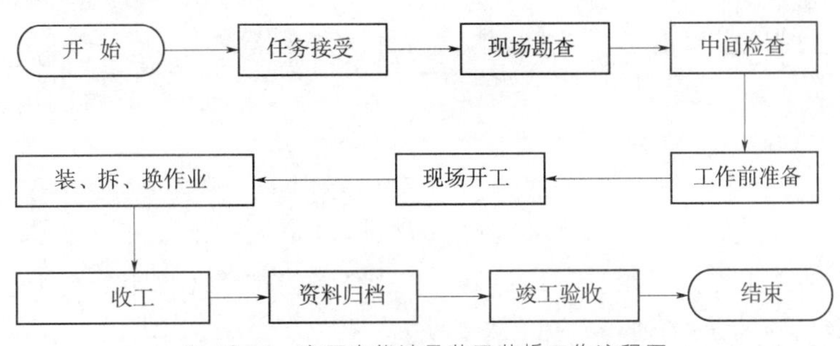

图 10－1　高压电能计量装置装拆工作流程图

高压电能计量装置接线图如图 10－2 所示。

2. 工作步骤及注意事项

按照工作流程图，明确每一项工作的具体内容和要求如下：

（1）任务接受。工作负责人根据工作计划，接受任务安排，并打印工作任务单。

（2）现场勘查。

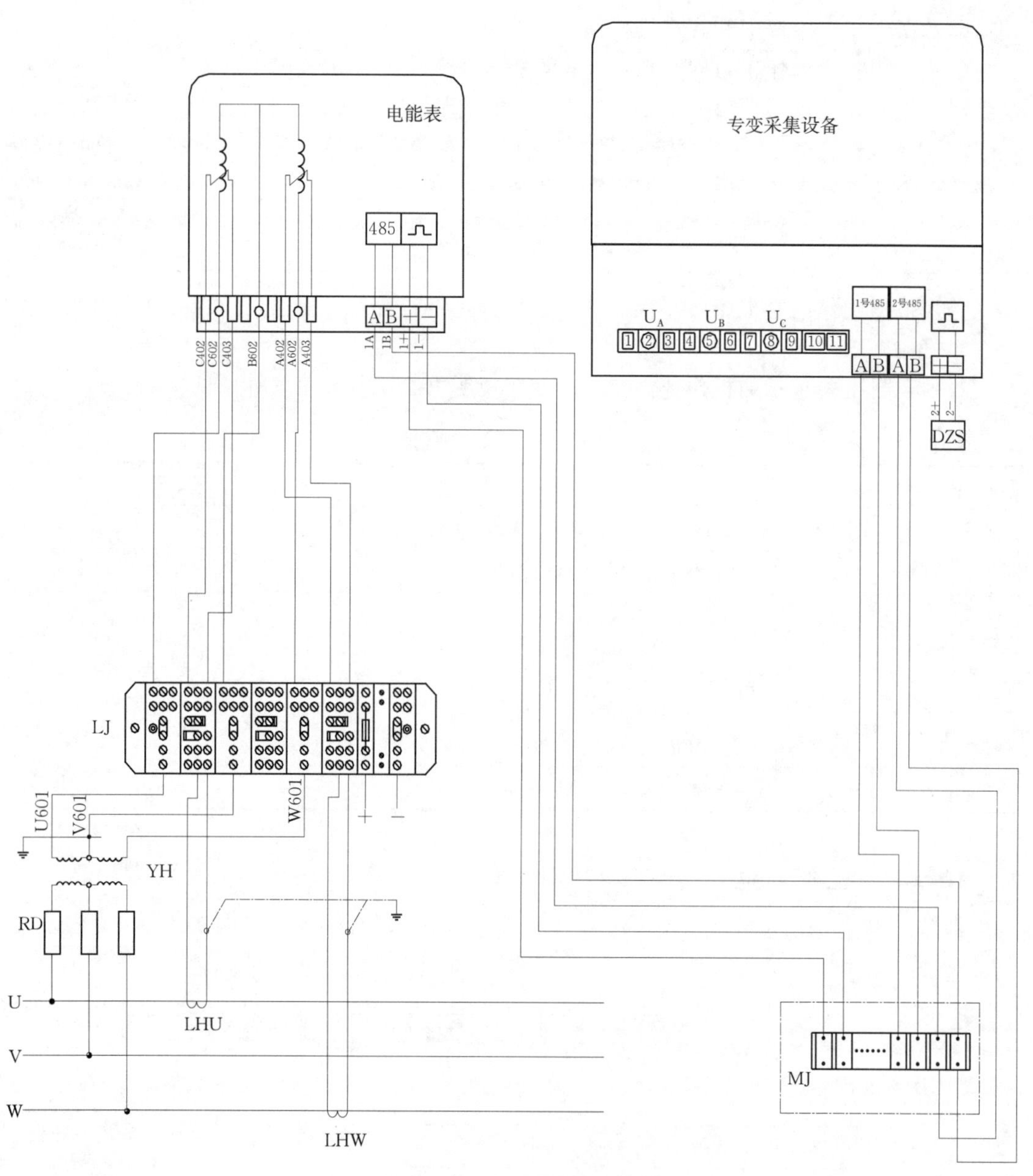

图 10-2 高压电能计量装置接线图

1）工作预约。工作人员根据工作计划，接受任务安排，并打印工作任务单。

注意事项如下：提前沟通，避免客户投诉。

2）现场勘查现场工作。工作人员配合相关专业进行现场勘查，查看计量点设置是否合理，计量方案是否符合设计要求，计量屏柜是否安装到位等。

注意事项如下：

a. 勘查时必须核实设备运行状态，严禁工作人员未履行工作许可手续擅自开启电气设备柜门或操作电气设备。

b. 在带电设备上勘查时，不得开启电气设备柜门或操作电气设备，勘查过程中应始终与设备保持足够的安全距离。

c. 因勘查工作需要开启电气设备柜门或操作电气设备时，应执行工作票制度，将需要勘查设备范围停电、验电、挂地线、设置安全围栏并悬挂标示牌后，经履行工作许可手续，方可进行开启电气设备柜门或操作电气设备等工作。

d. 进入带电现场工作，至少由两人进行，应严格执工作监护制度。

e. 工作人员应正确使用合格的个人劳动防护用品。

f. 严禁在未采取任何监护措施和保护措施情况下现场作业。

g. 当打开计量箱（柜）门进行检查或操作时，应采取有效措施对箱（柜）门进行固定，防范由于刮风或触碰造成柜门异常关闭而导致事故。

（3）中间检查。

1）工作预约。工作人员提前联系客户，约定中间检查时间。

2）中间检查现场工作。工作人员配合相关专业进行中间检查。检查现场勘查环节存在问题的整改情况，直到整改合格。收集相关计量资料。

注意事项如下：

a. 中间检查时必须核实设备运行状态，严禁工作人员未履行工作许可手续擅自开启电气设备柜门或操作电气设备。

b. 在带电设备上勘查时，不得开启电气设备柜门或操作电气设备，勘查过程中应始终与设备保持足够的安全距离。

c. 因勘查工作需要开启电气设备柜门或操作电气设备时，应执行工作票制度，将需要勘查设备范围停电、验电、挂地线、设置安全围栏并悬挂标示牌后，经履行工作许可手续，方可进行开启电气设备柜门或操作电气设备等工作。

d. 进入带电现场工作，至少由两人进行，应严格执行工作监护制度。

e. 工作人员应正确使用合格的个人劳动防护用品。

f. 严禁在未采取任何监护措施和保护措施情况下现场作业。

g. 当打开计量箱（柜）门进行检查或操作时，应采取有效措施对箱（柜）门进行固定，防范由于刮风或触碰造成柜门异常关闭而导致事故。

（4）工作前准备。

1）工作预约。工作负责人提前联系客户，核对电能表、采集设备、互感器型式和参数，约定现场装拆时间。

注意事项如下：提前沟通、张贴施工告示，避免客户因停电引起投诉。

2）办理工作票签发。工作负责人应依据工作任务填写工作票；办理工作票签发手续，在客户高压电气设备上工作时应由供电公司与客户方进行双签发，供电方安全负责人对工作的必要性和安全性、工作票上安全措施的正确性、所安排工作负责人和工作人员是否合适等内容负责，客户方工作票签发人对工作的必要性和安全性、工作票上安全措施的正确性等内容审核确认。

注意事项如下：检查工作票所列安全措施是否正确完备，应符合现场实际条件。防止因安全措施不到位引起人身伤害和设备损坏。

3）领取材料。工作负责人凭电能计量装接单领取所需电能表、采集设备、互感器、封印等，并核对所领取的材料是否符合装拆工作单要求。

注意事项如下：核对电能表、采集设备、互感器、封印信息，避免错领。

4）检查工器具。工作班成员选用合格的安全工器具，检查工器具是否完好、齐备。

注意事项如下：避免使用不合格工器具引起机械伤害。

（5）现场开工。

1）办理工作票许可。

工作负责人应告知用户或有关人员，说明工作内容；办理工作票许可手续，在客户电气设备上工作时应由供电公司与客户方进行双许可，双方在工作票上签字确认，客户方由具备资质的电气工作人员许可，对工作票中安全措施的正确性、完备性和现场安全措施的完善性，以及现场停电设备有无突然来电的危险负责；会同工作许可人检查现场的安全措施是否到位，检查危险点控制措施是否落实。

注意事项如下：防止因安全措施未落实引起人身伤害和设备损坏；同一张工作票，工作票签发人、工作负责人、工作许可人三者不得相互兼任。

2）检查并确认安全工作措施。高、低压设备应根据工作票所列安全要求，落实安全措施。涉及停电作业的应实施停电、验电、挂接地线或合上接地刀闸、悬挂标示牌后方可工作。工作负责人还可使用自带验电器（笔）重复验电。应在作业现场装设临时遮栏，将作业点与邻近带电间隔或带电部位隔离。工作中应保持与带电设备的安全距离。

注意事项如下：

a. 在电气设备上作业时，应将未经验电的设备视为带电设备。

b. 在高、低压设备上工作，应至少由两人进行，并完成保证安全的组织措施和技术措施。

c. 工作人员应正确使用合格的安全绝缘工器具和个人劳动防护用品。

d. 工作票许可人应指明作业现场周围的带电部位，工作负责人确认无倒送电的可能。

e. 严禁工作人员未履行工作许可手续擅自开启电气设备柜门或操作电气设备。

f. 严禁在未采取任何监护措施和保护措施情况下进行现场作业。

3）班前会。工作负责人、专责监护人交代工作内容、人员分工、带电部位和现场安全措施，进行危险点告知，进行技术交流，并履行确认手续。

注意事项如下：防止危险点未告知和工作班成员状态欠佳，引起人身伤害和设备损坏。

10.3 现场作业安装、接线工艺要求

10.3.1 电能表、专变采集设备安装

1. 电能表安装

（1）电能表与周围壳体结构件之间的距离不应小于 40mm。

（2）电能表安装应垂直、牢固，电压回路为正相序，电流回路相位正确。

（3）每一回路的电能表应垂直或水平排列，端子标志清晰正确。

（4）三相电能表间的最小距离应大于80mm。

（5）电能表、采集设备室内安装高度为800～1800mm（电能表水平中心线距地面距离）。

（6）金属外壳的电能表、采集设备装在非金属板上，外壳必须接地。

（7）采集专变采集设备安装应按图施工，采集设备与电能表间的485接口的连接必须一一对应，外接天线应固定在信号灵敏的位置。

（8）电能表、采集专变采集设备中心线向各方向的倾斜不大于1°。

2. 专变采集设备安装

（1）专变采集设备宜安装在计量柜负控小室或其他可靠、防腐蚀、防雨，以及具备专用加封、加锁位置的地方。

（2）专变采集设备宜安装时面板应正对计量柜负控室窗口，以方便终端数据的查询和终端按键的使用。

（3）专变采集设备安装应垂直平稳，至少三点固定。

（4）专变采集设备外壳金属部分必须可靠接地。

（5）专变采集设备电源线宜采用$2\times2.5mm^2$铠装电缆、控制线、信号线均宜采用$2\times1.5mm^2$双绞屏蔽电缆。

（6）选择专变采集设备电源点应稳定可靠，确保被控开关跳闸后终端能正常运行。多电源进线的客户宜采用控制电源自动切换回路供电。

（7）布线要求横平竖直、整齐美观、连接可靠、接触良好。导线应连接牢固，螺栓拧紧，导线金属裸露部分应全部插入接线端钮内，不得有外露、压皮现象。

（8）安装专变采集设备控制、遥信回路辅助端子排，用于被控开关常开或常闭接点接入，以便于用户在不停电的情况下进行终端维护工作。

（9）分励脱扣：控制线一端应并接在被控开关的跳闸回路上，另一端应接终端常开接点上。

（10）失压脱扣：控制线一端应串接在被控开关的跳闸回路上，另一端应接终端常闭接点上。

（11）遥信回路接在被控开关空辅助接点。

（12）控制回路、遥信回路两端应使用电缆标牌或标识套进行对应编号标识。

（13）电能表与终端进行脉冲及RS485通信线缆连接。

（14）RS485通信线缆宜使用分色双绞屏蔽电缆。

（15）RS485通信线缆两端应使用电缆标牌或标识套进行对应编号标识，屏蔽层采用专变采集设备侧单端接地。

（16）天线的安装施工应符合无线通信相关标准。

（17）天线安装位置应在指向主中心站的方向无近距离阻挡，避开高、低压进出线和人行通道。

（18）天线位置应方便于高频馈线布线和支架固定。

（19）天线应装设防雷保护装置，馈线应装设避雷器。

（20）馈线长度超过50m时，应使用损耗不大于50dBmV/km的低损耗同轴电缆。

（21）馈线两端的电缆接头应用锡焊固，馈线全长中不准有接头。

（22）馈线敷设应选择合理路径，进入房屋前应做好防水弯。

（23）天线馈线两端的高频电缆头应严格按照工艺要求的制作，接头应作防水处理。

10.3.2 互感器安装、接线工艺要求

（1）互感器二次回路每只接线端螺钉不能超过两根导线。

（2）与互感器连接的导线应留有余度（图 10-3）。

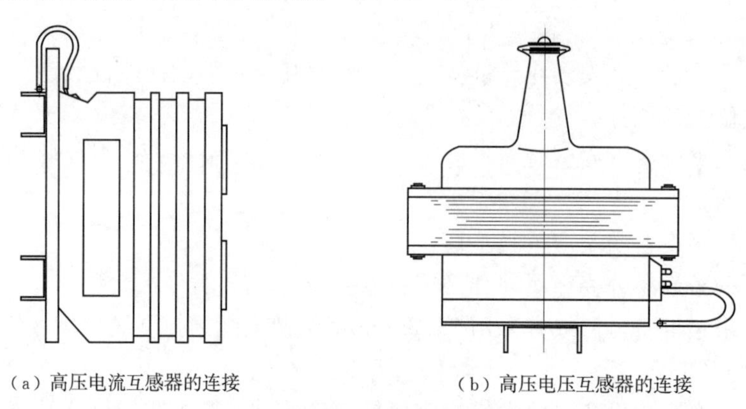

（a）高压电流互感器的连接　　（b）高压电压互感器的连接

图 10-3 互感器的连接

（3）固定与互感器连接的母排时，连接处必须自然吻合，接触良好。

（4）高压互感器二次回路均应只有一处可靠接地。高压电流互感器将互感器二次端与外壳直接接地，星形接线电压互感器应在中心点处接地，V-V 接线电压互感器在 V 相接地。

10.3.3 导线扎束要求

（1）导线应采用塑料捆扎带扎成线束，扎带尾线应修剪平整。

（2）导线在扎束时必须把每根导线拉直，直线放外档，转弯处的导线放里档，导线转弯应均匀，转弯弧度不得小于线径的 2 倍，禁止导线绝缘出现破损现象。

（3）捆扎带之间的距离：直线为 100mm，转弯处为 50mm，如图 9-7 所示。

（4）导线的扎束必须做到垂直、均匀、整齐、牢固、美观。

10.3.4 线束敷设要求

（1）线束的走向原则上按横向对称敷设，当受位置限制时，允许竖向对称走向。

（2）电压、电流回路导线排列顺序应正相序，黄（A）、绿（B）、红（C）色导线按自左向右或自上向下的顺序排列。

（3）线束在穿越金属板孔时，应在金属板孔上套置与孔径一致的橡胶保护圈。

（4）线束要用塑料线夹或塑料捆扎带固定：线束两固定点之间的距离横向不超过 300mm，纵向不超过 400mm。

（5）线束不允许有晃动现象。

（6）线束的敷设应做到横平竖直、均匀、整齐、牢固、美观。

10.3.5 连接件处理

导线与电气元件接线端子、母排连接时，应根据导线结构及搭接对象分别处理。

（1）单股导线与电气元件接线端子、母排连接时，导线端剥去绝缘层弯成压接圈后进行连接；压接圈的形状如图9-8所示，其弯曲方向必须与螺栓拧紧方向一致，导线绝缘层不得压入垫圈内。

（2）单股导线与电气元件插入式接线端子连接时，当导线直径小于接线端子孔径较多时，应将导线端剥去绝缘层折叠成双股再插入接线端子；插入的导线不得有裸露现象，紧固件不得压在导线绝缘层上。

（3）多股导线与电气元件接线端子、母排连接时，导线端剥去绝缘层、压接与导线截面和连接螺栓相匹配的铜压接端头。压接工艺和要求为：按实际需要截取导线，导线端剥去绝缘层，线头长度为压接后线头外露端头2～3mm，并修平断口，如图9-9所示。

10.3.6 铜压接端头压接

将已处理的线头放入铜压接端头压接部位到底，使用相应的冷压压接钳钳口挤压成形。

压接钳压接的范围为铜压接端头压接部位；禁止将导线绝缘层压入端头内。

10.3.7 电气元件连接

导线应尽量避免交叉，严禁导线穿入闭合测量回路中，影响测量的准确性。

10.3.8 导线与接点的连接

（1）电能表、采集终端必须一个孔位连接一根导线。

（2）当需要连接两根导线（如用圆形圈接线）时，两根线头间应放一只平垫圈，以保证接触良好。

（3）互感器二次回路每只接线端螺钉不能超过两根导线；与互感器连接的导线应留有余度；固定与互感器连接的母排时，连接处必须自然吻合，接触良好。

（4）接线盒进线端的导线应留有裕度。

（5）所有螺钉必须紧固，不接线的螺钉应拧紧。

10.4 高压电能计量装置装拆

10.4.1 新装作业

（1）断开电源并验电。

1）核对作业间隔。

2）使用验电笔（器）对计量柜（箱）、端子箱金属裸露部分进行验电。

3）确认电源进、出线方向，断开进、出线开关，且能观察到明显断开点。

4）确认互感器一次进、出线两侧均已装设接地线。

注意事项如下：

1）防止开关故障或用户倒送电造成人身触电。

2）断开开关后，在开关操作把手上均应悬挂“禁止合闸，有人工作!”的标示牌。

（2）核对信息。工作班成员根据电能计量装接单核对客户信息，电能表、采集设备、互感器铭牌内容和有效检验合格标志，防止因信息错误造成计量差错。

注意事项如下：

1）核对电能计量设备铭牌信息，如需要登高作业，应使用合格的登高用安全工具。

2）绝缘梯使用前检查外观、编号，检验合格标识，确认符合安全要求。

3）使用绝缘梯时应设置专人监护。

4）梯子应有防滑措施，使用单梯工作时，梯子与地面的斜角度为60°左右，梯子不得绑接使用，人字梯应有限制开度的措施，人在梯子上时，禁止移动梯子。

（3）安装互感器。

1）电流互感器一次绕组与电源串联接入；电压互感器一次绕组与电源并联接入。

2）同一组的电流、电压互感器应采用制造厂、型号、额定变比、准确度等级、二次容量均相同的互感器。

3）电流互感器进线端极性符号应一致。

注意事项如下：

1）安装互感器如需要登高作业，应使用合格的登高用安全工具。

2）绝缘梯使用前检查外观、编号，检验合格标识，确认符合安全要求。

3）使用绝缘梯时应设置专人监护。

4）梯子应有防滑措施，使用单梯工作时，梯子与地面的斜角度为60°左右，梯子不得绑接使用，人字梯应有限制开度的措施，人在梯子上时，禁止移动梯子。

5）在绝缘梯上工作时，传递工具和器材必须使用吊绳和圆桶袋，注意防止工具、物件掉落。

6）梯上高处作业应系上双控背带式安全带，防止高空坠落。

（4）连接互感器侧二次回路导线。

1）导线应采用铜质绝缘导线，电流二次回路截面不应小于4mm^2，电压二次回路截面不应小于2.5mm^2。

2）二次导线在敷设前应检查绝缘层是否有破损连。

3）校对电压和电流互感器计量二次回路导线，并分别编码标识。

4）多绕组的电流互感器应将剩余的组别可靠短路，多抽头的电流互感器严禁将剩余的端钮短路或接地。

5）三相三线接线方式电流互感器的二次绕组与联合接线盒之间应采用四线连接；三相四线接线方式电流互感器的二次绕组与联合接线盒之间应采用六线连接。

注意事项如下：

1）连接互感器侧二次回路导线时如需要登高作业，应使用合格的登高用安全工具。

2）绝缘梯使用前检查外观、编号，检验合格标识，确认符合安全要求。

3）使用绝缘梯时应设置专人监护。

4）梯子应有防滑措施，使用单梯工作时，梯子与地面的斜角度为60°左右，梯子不得绑接使用，人字梯应有限制开度的措施，人在梯子上时，禁止移动梯子。

5）在绝缘梯上工作时，传递工具和器材必须使用吊绳和圆桶袋，注意防止工具、物件掉落。

6）梯上高处作业应系上双控背带式安全带，防止高空坠落。

7）测量绝缘电阻时防止发生触电事故。

8）接线造成电压互感器二次回路短路或接地和电流互感器二次回路开路。

（5）安装联合接线盒。

1）接线盒应水平放置，电压连接片开口向上，接线盒的端子标志要清晰正确。

2）接线盒与周围物体之间的距离不应小于80mm，电能表与接线盒之间距离不小于80mm。

（6）安装电能表、采集设备。

1）检查确认计量柜（箱）完好，符合规范要求。

2）根据计量柜（箱）接线图核对检查，确保接线正确、布线规范。联合接线盒的安装、导线的敷设及捆扎应符合规程要求。

3）安装电能表、采集设备时，应把电能表、采集设备牢固地固定在计量柜（箱）内，电能表显示屏应与观察窗对准。

4）将联合接线盒内的电流短路连接片接至正常位置，电压、中性线连接片接至连接位置。

5）所有布线要求横平竖直、整齐美观、连接可靠、接触良好。导线应连接牢固，螺栓拧紧，导线金属裸露部分应全部插入接线端钮内，不得有外露、压皮现象。

6）计量柜（箱）内布线时，进、出线应尽量同方向靠近，尽量减小电磁场对电能表的影响。

7）计量柜（箱）内布线应尽量远离电能表，尽量减小电磁场对电能表的影响。

注意事项如下：

1）安装电能表、采集设备时，如需要登高作业，应使用合格的登高用安全工具。

2）绝缘梯使用前检查外观、编号，检验合格标识，确认符合安全要求。

3）使用绝缘梯时应设置专人监护。

4）梯子应有防滑措施，使用单梯工作时，梯子与地面的斜角度为60°左右，梯子不得绑接使用，人字梯应有限制开度的措施，人在梯子上时，禁止移动梯子。

5）在绝缘梯上工作时，传递工具和器材必须使用吊绳和圆桶袋，注意防止工具、物件掉落。

6）绝缘梯上高处作业应系上双控背带式安全带，防止高空坠落。

（7）安装检查。

1）检查互感器安装牢固，一、二次侧连接的各处螺丝是否牢固，接触面应紧密，二次回路接线正确。

2）对电能表安装质量和接线进行检查，确保接线正确，工艺符合规范要求。

3）检查联合接线盒内连接片位置，确保正确。

4）如现场暂时不具备通电检查条件，可先实施封印。

注意事项如下：

1）安装检查时如需要登高作业，应使用合格的登高用安全工具。

2）绝缘梯使用前检查外观、编号，检验合格标识，确认符合安全要求。

3）使用绝缘梯时应设置专人监护。

4）梯子应有防滑措施，使用单梯工作时，梯子与地面的斜角度为60°左右，梯子不得绑接使用，人字梯应有限制开度的措施，人在梯子上时，禁止移动梯子。

（8）实施封印。工作班成员确认安装无误后，正确记录新装电能表各项读数，对电能表、计量柜（箱）、联合接线盒等进行加封，记录封印编号，并拍照留证。

10.4.2 拆除作业

（1）断开电源并验电。

1）核对作业间隔。

2）使用验电笔（器）对计量柜（箱）、端子箱金属裸露部分进行验电。

3）确认电源进、出线方向，断开进、出线开关，且能观察到明显断开点。

4）确认互感器一次进、出线两侧均已装设接地线。

注意事项如下：

1）防止开关故障或用户倒送电造成人身触电。

2）断开开关后，在开关操作把手上均应悬挂“禁止合闸，有人工作!”的标示牌。

（2）核对和抄录计量设备信息。

1）核对计量设备封印是否完好，计量装置信息是否与装电能计量装接单相符。发现异常转异常处理程序。

2）抄录电能表当前各项读数，并拍照留证。

注意事项如下：

1）核对和抄录计量设备时如需要登高作业，应使用合格的登高用安全工具。

2）绝缘梯使用前检查外观、编号，检验合格标识，确认符合安全要求。

3）使用绝缘梯时应设置专人监护。

4）梯子应有防滑措施，使用单梯工作时，梯子与地面的斜角度为60°左右，梯子不得绑接使用，人字梯应有限制开度的措施，人在梯子上时，禁止移动梯子。

（3）短接和断开连接片。工作班成员短接联合接线盒内的电流连接片、断开联合接线盒内的电压连接片。先电流后电压。

注意事项如下：严禁电流互感器二次回路开路和电压互感器二次回路短路或接地，防止发生设备损坏和人身伤害。

（4）拆除电能计量装置（二次设备）。

1）检查确认现场互感器已拆除。

2）用验电笔（器）试验确认无电，拆除电能表等电能计量装置。

3）拆除接地线。

注意事项如下：

1）拆除电能计量装置（二次设备）时如需要登高作业，应使用合格的登高用安全工具。

2）绝缘梯使用前检查外观、编号，检验合格标识，确认符合安全要求。

3）使用绝缘梯时应设置专人监护。

4）梯子应有防滑措施，使用单梯工作时，梯子与地面的斜角度为60°左右，梯子不得绑接使用，人字梯应有限制开度的措施，人在梯子上时，禁止移动梯子。

5）在绝缘梯上工作时，传递工具和器材必须使用吊绳和圆桶袋，注意防止工具、物件掉落。

6）绝缘梯上高处作业应系上双控背带式安全带，防止高空坠落。

7）防止电源未切除，拆除中及拆除后引起人身触电。

10.4.3 更换电能表/采集设备作业

（1）核对、记录信息。

1）根据装拆工作单核对用户信息，电能表、采集设备、互感器铭牌内容和有效检验合格标志，防止因信息错误造成计量差错。

2）检查计量设备封印是否完好，发现异常转异常处理程序，并核对现场信息是否与电能计量装接单相符。

3）抄录电能表当前各项读数，并拍照留证。

（2）接线检查。工作班成员检查电能表/采集设备和互感器是否有故障，使用相位伏安表等方式核对电能表和互感器接线方式，防止发生错接线。

（3）短接和断开连接片。工作班成员短接联合接线盒内的电流连接片、断开联合接线盒内的电压连接片。顺序为先电流后电压。

注意事项如下：严禁电流互感器二次回路开路和电压互感器二次回路短路或接地，防止发生设备损坏和人身伤害。

（4）记录时刻与功率。工作班成员记录换电能表/采集设备开始时刻和瞬时功率。

（5）拆除需换电能表。工作班成员先验电确认电能表/采集设备及接线无电。

1）拆除电能表/采集设备进、出线，拆除顺序为先电压线、后电流线，先进线、后出线，先相线、后零线，从左到右。

2）拆除电能表/采集设备固定螺钉，取下电能表。

注意事项如下：

1）拆除需换电能表/采集设备时如需要登高作业，应使用合格的登高用安全工具。

2）绝缘梯使用前检查外观、编号，检验合格标识，确认符合安全要求。

3）使用绝缘梯时应设置专人监护。

4）梯子应有防滑措施，使用单梯工作时，梯子与地面的斜角度为60°左右，梯子不得绑接使用，人字梯应有限制开度的措施，人在梯子上时，禁止移动梯子。

5）在绝缘梯上工作时，传递工具和器材必须使用吊绳和圆桶袋，注意防止工具、物件掉落。

6）绝缘梯上高处作业应系上双控背带式安全带，防止高空坠落。

7）装拆时电能表/采集终端进、出线做好绝缘措施，防止短路。

（6）安装电能表/采集设备。

1）检查确认计量柜（箱）完好，符合规范要求。

2）根据计量柜（箱）接线图核对检查，确保接线正确、布线规范。导线的敷设及捆扎应符合规程要求。

3）安装电能表采集设备时，应把电能表采集设备牢固地固定在计量柜（箱）内，电能表显示屏应与观察窗对准。

4）按照“先出后进、先零后相、从右到左”的原则进行接线。

5）所有布线要求横平竖直、整齐美观、连接可靠、接触良好。导线应连接牢固，螺栓拧紧，导线金属裸露部分应全部插入接线端钮内，不得有外露、压皮现象。

6）当导线小于端子孔径较多时，应在接入导线上加扎线后再接入。

7）计量柜（箱）内布线进线出线应尽量同方向靠近，尽量减小电磁场对电能表产生影响。

8）计量柜（箱）内布线应尽量远离电能表，尽量减小电磁场对电能表的影响。

注意事项如下：

1）安装电能表/采集设备时如需要登高作业，应使用合格的登高用安全工具。

2）绝缘梯使用前检查外观、编号，检验合格标识，确认符合安全要求。

3）使用绝缘梯时应设置专人监护。

4）梯子应有防滑措施，使用单梯工作时，梯子与地面的斜角度为60°左右，梯子不得绑接使用，人字梯应有限制开度的措施，人在梯子上时，禁止移动梯子。

5）在绝缘梯上工作时，传递工具和器材必须使用吊绳和圆桶袋，注意防止工具、物件掉落。

6）绝缘梯上高处作业应系上双控背带式安全带，防止高空坠落。

7）装拆时电能表/采集设备进、出线做好绝缘措施，防止短路。

（7）安装检查。工作负责人、工作班成员对电能表/采集设备安装质量和接线进行检查，确保接线正确，工艺符合规范要求。

注意事项如下：

1）安装检查如需要登高作业，应使用合格的登高用安全工具。

2）绝缘梯使用前检查外观、编号，检验合格标识，确认符合安全要求。

3）使用绝缘梯时应设置专人监护。

4）梯子应有防滑措施，使用单梯工作时，梯子与地面的斜角度为60°左右，梯子不得绑接使用，人字梯应有限制开度的措施，人在梯子上时，禁止移动梯子。

（8）恢复连接片。工作班成员工作完毕后，恢复联合接线盒内的电压连接片，恢复电流连接片。恢复顺序为先电压后电流。

注意事项如下：严禁电压互感器二次回路短路、电流互感器二次回路开路，防止发生设备损坏和人身伤害。

（9）记录时刻。工作班成员停止计时，记录换电能表/采集设备结束时刻，把更换所用的时间、瞬时功率填写在电能计量装接单并让客户确认。

(10) 现场通电检查。

1) 检查联合接线盒内连接片位置，确保正确。

2) 检查电能表等相关电能计量装置，运行状态应正常。

3) 用验电笔（器）测试电能表外壳、零线端子、接地端子应无电压。

注意事项如下：通电作业应使用绝缘工器具，设专责监护人。

(11) 实施封印。工作班成员确认安装无误后，正确记录新装电能表各项读数，对电能表、计量柜（箱）加封，记录封印编号，并拍照留证。

10.4.4 更换互感器作业

(1) 断开电源并验电。

1) 核对作业间隔。

2) 使用验电笔（器）对计量柜（箱）、端子箱金属裸露部分进行验电。

3) 确认电源进、出线方向，断开进、出线开关，且能观察到明显断开点。

4) 确认互感器一次进、出线两侧均已装设接地线。

注意事项如下：

1) 防止开关故障或用户倒送电造成人身触电。

2) 断开开关后，在开关操作把手上均应悬挂“禁止合闸，有人工作!”的标示牌。

(2) 核对、记录信息

1) 根据电能计量装接单核对用户信息，电能表、采集设备、互感器铭牌内容和有效检验合格标志，防止因信息错误造成计量差错。

2) 检查计量设备封印是否完好，发现异常转异常处理程序，并核对现场信息是否与电能计量装接单相符。

3) 抄录电能表当前各项读数，并拍照留证。

注意事项如下：

1) 核对、记录信息时如需要登高作业，应使用合格的登高用安全工具。

2) 绝缘梯使用前检查外观、编号，检验合格标识，确认符合安全要求。

3) 使用绝缘梯时应设置专人监护。

4) 梯子应有防滑措施，使用单梯工作时，梯子与地面的斜角度为60°左右，梯子不得绑接使用，人字梯应有限制开度的措施，人在梯子上时，禁止移动梯子。

5) 在绝缘梯上工作时，传递工具和器材必须使用吊绳和圆桶袋，注意防止工具、物件掉落。

6) 绝缘梯上高处作业应系上双控背带式安全带，防止高空坠落。

(3) 接线检查。工作班成员检查电能表和互感器是否有故障，使用相位伏安表等方式核对电能表和互感器接线方式，防止发生错接线。

(4) 拆除互感器。工作班成员拆除互感器二次接线，将互感器从固定架上拆下。

注意事项如下：

1) 拆除互感器时如需要登高作业，应使用合格的登高用安全工具。

2）绝缘梯使用前检查外观、编号，检验合格标识，确认符合安全要求。

3）使用绝缘梯时应设置专人监护。

4）梯子应有防滑措施，使用单梯工作时，梯子与地面的斜角度为60°左右，梯子不得绑接使用，人字梯应有限制开度的措施，人在梯子上时，禁止移动梯子。

5）在绝缘梯上工作时，传递工具和器材必须使用吊绳和圆桶袋，注意防止工具、物件掉落。

6）绝缘梯上高处作业应系上双控背带式安全带，防止高空坠落。

7）相邻处有带电间隔和带电部位，必须在工作间隔的前后位置均装设临时遮拦，并设专人监护。加强移动监护，工作中保持与带电设备的安全距离。

（5）安装互感器。

1）电流互感器一次绕组与电源串联接入；电压互感器一次绕组与电源并联接入。

2）同一组的电流、电压互感器应采用制造厂、型号、额定变比、准确度等级、二次容量均相同的互感器。

3）电流互感器进线端极性符号应一致。

注意事项如下：

1）安装互感器时如需要登高作业，应使用合格的登高用安全工具。

2）绝缘梯使用前检查外观、编号，检验合格标识，确认符合安全要求。

3）使用绝缘梯时应设置专人监护。

4）梯子应有防滑措施，使用单梯工作时，梯子与地面的斜角度为60°左右，梯子不得绑接使用，人字梯应有限制开度的措施，人在梯子上时，禁止移动梯子。

5）在绝缘梯上工作时，传递工具和器材必须使用吊绳和圆桶袋，注意防止工具、物件掉落。

6）绝缘梯上高处作业应系上双控背带式安全带，防止高空坠落。

7）相邻处有带电间隔和带电部位，必须在工作间隔的前后位置均装设临时遮拦，并设专人监护。加强移动监护，工作中保持与带电设备的安全距离。

（6）连接互感器侧二次回路导线。

1）导线应采用铜质绝缘导线，电流二次回路截面不应小于$4mm^2$，电压二次回路截面不应小于$2.5mm^2$。

2）连接前应检查绝缘层是否有破损连。

3）校对电压和电流互感器计量二次回路导线，并分别编码标识。

4）多绕组的电流互感器应将剩余的组别可靠短路，多抽头的电流互感器严禁将剩余的端钮短路或接地。

5）三相三线接线方式电流互感器的二次绕组与联合接线盒之间应采用四线连接；三相四线接线方式电流互感器的二次绕组与联合接线盒之间应采用六线连接。

注意事项如下：

1）连接互感器侧二次回路导线时如需要登高作业，应使用合格的登高用安全工具。

2）绝缘梯使用前检查外观、编号，检验合格标识，确认符合安全要求。

3）使用绝缘梯时应设置专人监护。

4）梯子应有防滑措施，使用单梯工作时，梯子与地面的斜角度为60°左右，梯子不得绑接使用，人字梯应有限制开度的措施，人在梯子上时，禁止移动梯子。

5）在绝缘梯上工作时，传递工具和器材必须使用吊绳和圆桶袋，注意防止工具、物件掉落。

6）绝缘梯上高处作业应系上双控背带式安全带，防止高空坠落。

7）防止测量绝缘电阻时发生触电事故，应先移开测量物再停止摇动。

8）严禁电流互感器二次回路开路。

（7）安装检查。

1）检查互感器安装牢固，一、二次侧连接的各处螺丝是否牢固，接触面应紧密，二次回路接线正确。

2）对电能表安装质量和接线进行检查，确保接线正确，工艺符合规范要求。

3）检查联合接线盒内连接片位置，确保正确。

注意事项如下：

1）安装检查时如需要登高作业，应使用合格的登高用安全工具。

2）绝缘梯使用前检查外观、编号，检验合格标识，确认符合安全要求。

3）使用绝缘梯时应设置专人监护。

4）梯子应有防滑措施，使用单梯工作时，梯子与地面的斜角度为60°左右，梯子不得绑接使用，人字梯应有限制开度的措施，人在梯子上时，禁止移动梯子。

5）在绝缘梯上工作时，传递工具和器材必须使用吊绳和圆桶袋，注意防止工具、物件掉落。

6）绝缘梯上高处作业应系上双控背带式安全带，防止高空坠落。

（8）实施封印。

工作班成员确认安装无误后，正确记录新装电能表各项读数，计量柜（箱）、联合接线盒等进行加封，记录封印编号，并拍照留证。

10.4.5 收工

（1）清理现场。工作班成员现场作业完毕，工作班成员应清点个人工器具并清理现场，做到工完料净场地清。

（2）现场完工。工作班成员装、拆、换作业后应请客户现场签字确认。

（3）办理工作票终结。工作负责人、工作班成员应完成以下工作：

1）办理工作票终结手续。

2）请运行单位人员拆除现场安全措施。

10.4.6 资料归档

（1）信息录入。工作班成员将装拆、封印信息及时录入系统。

（2）实物退库。工作班成员完成信息录入后将实物及时退回表库，由表库管理人员及时将实物及电能计量装接单退至二级表库。

（3）资料归档。工作班成员在工作结束后，电能计量装接单等单据应备份由专人妥善存放，并及时归档。

10.4.7 竣工验收

工作人员配合相关专业进行竣工验收。

1）电能计量装置资料应正确、完备。

2）检查计量器具技术参数应与计量检定证书和技术资料的内容相符。

3）检查安装工艺质量应符合有关标准要求。

4）检查电能表、采集设备、互感器及其二次回路接线情况应和竣工图一致。

注意事项如下：

1）竣工验收时必须核实设备运行状态，严禁工作人员未履行工作许可手续擅自开启电气设备柜门或操作电气设备。

2）在带电设备上勘查时，不得开启电气设备柜门或操作电气设备，勘查过程中应始终与设备保持足够的安全距离。

3）因勘查工作需要开启电气设备柜门或操作电气设备时，应执行工作票制度，将需要勘查设备范围停电、验电、挂地线、设置安全围栏并悬挂标示牌后，经履行工作许可手续，方可进行开启电气设备柜门或操作电气设备等工作。

4）进入带电现场工作时至少由两人进行，应严格执行工作监护制度。

5）工作人员应正确使用合格的个人劳动防护用品。

6）严禁在未采取任何监护措施和保护措施情况下现场作业。

7）当打开计量箱（柜）门进行检查或操作时，应采取有效措施对箱（柜）门进行固定，防范由于刮风或触碰造成柜门异常关闭而导致事故。

10.5 质 量 管 控

计量装置施工质量关系到公司品牌形象和优质服务水平。当前，通过95598计量类投诉和明察暗访等工作，反映出公司系统计量装置施工质量问题仍较普遍，如电能表接线混乱、表计不固定、表计无封、计量柜（箱）无封印、计量串户等影响客户安全用电且易引发投诉的突出问题时有发生。

为解决此类问题，应做到以下几条：

(1) 强化新装和改造计量装置验收管理。各单位要依据《电能计量装置技术管理规范》，严把工程验收质量关，禁止施工工艺不规范、施工质量不达标的工程项目投运，从源头上杜绝新增施工质量问题发生。

(2) 加强计量现场施工人员培训和考评。要加强对现场施工人员培训，通过理论考试、实操交流、技术比武等方式，不断提高现场施工人员作业技能；要实施全员考核上岗，对所有现场作业人员掌握《电能计量装置技术管理规程》(DL/T 448—2016) 情况进行考核评价，考评不合格不允许上岗。

为确保电能计量、用电信息采集的准确性和可靠性，落实电能计量装置、采集系统建设质量管理要求，提升计量装置、用电信息采集设备及其附属设备的现场安装质量和工艺水平，必须制定高压现场施工作业进行质量管控方法。

质量管控的具体内容如下：

（1）强化现场管控。在每个施工现场应展开智能电能表质量管控，发现问题及时下发整改通知，并组织复查。

（2）建立施工质量评价考核管理办法。该管理办法应包含施工安全措施、施工安全监督管理、施工质量验收管理、工程投运后的故障比例、服务告知、电能表更换的底度记录、客户对工程施工投诉处理情况等内容。

1）施工安全措施。保证施工人员在现场工作中的人身、设备、电网安全，必须严格执行《国家电网公司电力安全工作规程（配电部分）（试行）》，国家电网公司、浙江省电力公司及本企业安全管理相关规定、规程和制度。

现场安全措施不符合上述规程的，视现场实际情况根据相关管理办法进行处罚，情节严重的上报相关部门进行处理。

2）施工安全监督管理。强化施工作业现场安全监督管理，落实到岗到位，开展现场违规检查，严肃查纠违章行为，防范因客户（施工单位）违规行为导致人身伤害。

每发现一处施工安全监督不到位，视实际情况对施工单位进行经济责任考核。

3）施工质量验收管理。每一项工程都应明确该项工程的责任人员，负责工程的安全、质量、进度等全过程监督和管理。严格执行验收制度，验收完毕后，验收人员根据工程质量及资料进行讨论，提出整改意见，评定工程质量是否合格，签署竣工验收结论报告。各项验收工作根据有关验收规范及有关设计文件作为工程验收依据。质量管理执行责任追溯制度。

每项工程验收过程中每发现一户不合格，对施工单位进行经济责任考核，若工程验收不通过，责成施工单位在规定时限内整改完成，并处以相应处罚。

4）工程投运后的故障比例。工程投运后的故障比例不得高于0.2%。每超过0.1%对施工单位进行经济责任考核，累加考核。

5）服务告知。加强与客户沟通，提前通知客户智能电能表施工安装，力争做到人人知晓。未通知客户对施工单位进行经济责任考核。

6）电能表更换的底度记录。更换表计前必须对表计底度进行现场拍照，同将底度记录在装接单上，客户确认后在装接单上签字。

每发现一户未拍照，对施工单位进行经济责任考核，每发现一户客户未签字确认，对施工单位进行经济责任考核。

7）客户对工程施工投诉处理。保证智能电能表施工安装工作零投诉，现场文明施工。

每发生一起属实投诉，对施工单位进行经济责任考核；因现场施工引起客户不满或产生纠纷，视实际情况对施工单位进行经济责任考核。

客户投诉后，施工单位应在规定时限内及时响应、及时处理，若未及时处理或处理不当引起重复投诉，加倍考核。

（3）加强施工人员培训。对施工人员进行培训，培训记录及考试情况要存档备查，施工人员经考试合格后方可进行现场工作。

（4）加强施工过程管理和监督。

1）应完善现场工程资料、现场施工安全监督管理记录、施工质量验收管理记录、工程投运后的故障比例、电能表更换的底度记录、客户对工程施工投诉处理情况等内容。

2）定期对施工现场开展监督检查，检查监督记录要存档备查。

10.6 异 常 处 理

（1）装接人员现场发现电能计量装置故障、计量差错、计量器具丢失等情况时，应保护好现场，第一时间通知用电检查部门，不得私自改动异常的电能计量装置。

（2）用电检查部门在收到电能计量异常通知后，立即安排工作人员到现场检查处理。

（3）计量装置的更换按产权归属原则划分。属于用户产权的由用户自行购买计量装置，属于供电公司产权的计量装置按轮换处理。

（4）用电检查人员到达现场后，装接人员应协同用电检查人员对异常计量装置进行拍照取证（客户在场），对异常原因进行分析，以便采取相关防范措施查明原因后告知装接人员对其进行更换，用户应在相关工作单上签字确认，装接人员也需签字。现场处理结束后装接人员方可离开现场。

第11章　电能计量装置故障处理

11.1 基 本 要 求

11.1.1　人员配置及要求

1. 人员配置

电能计量装置故障处理所需人员类别、人员职责和数量如下。

(1) 工作负责人。作业人数1人，职责如下：

1) 正确安全的组织工作。

2) 负责检查工作票所列安全措施是否正确完备、是否符合现场实际条件，必要时予以补充。

3) 工作前对工作班成员进行危险点告知，交代安全措施和技术措施，并确认每一个工作班成员都已知晓。

4) 严格执行工作票所列安全措施。

5) 督促、监护工作班成员遵守本规程，正确使用劳动防护用品和执行现场安全措施。

6) 确认工作班成员精神状态是否良好，变动是否合适。

7) 交代作业任务及作业范围，掌控作业进度，完成作业任务。

8) 监督工作过程，保障作业质量。

(2) 专责监护人。人数根据作业内容与现场情况确定是否设置，职责如下：

1) 明确被监护人员和监护范围。

2) 作业前对被监护人员交代安全措施，告知危险点和安全注意事项。

3) 监督被监护人遵守电力安全工作规程和现场安全措施，及时纠正不安全行为。

4) 负责所监护范围的工作质量，及时制止工作班成员违章作业行为。

(3) 工作班成员。人数根据作业内容与现场情况确定，其职责如下：

1) 熟悉工作内容、作业流程，掌握安全措施，明确工作中的危险点，并履行确认手续。

2) 严格遵守安全规章制度、技术规程和劳动纪律，对自己工作中的行为负责，互相关心工作安全，并监督电力安全工作规程的执行和现场安全措施的实施。

3) 正确使用安全工器具和劳动防护用品。

4) 完成工作负责人安排的作业任务并保障作业质量。

2. 人员要求

工作人员的身体、精神状态，工作人员的资格（包括作业技能、安全资质等）。具体要求如下：

（1）经医师鉴定，无妨碍工作的病症（体格检查每两年至少一次）；身体状态、精神状态应良好。

（2）具备必要的电气知识和业务技能，且按工作性质，熟悉电力安全工作规程的相关部分，并应经考试合格。

（3）具备必要的安全生产知识，学会紧急救护法，特别要学会触电急救。

（4）熟悉作业指导书和《装表接电一本通》，并经上岗培训、考试合格。

11.1.2 材料和设备

根据作业项目，确定所需的材料和备品、备件，见表11-1。

表11-1 电能计量装置故障处理材料和备品、备件

序号	名称	型号及规格	单位	数量	备注
1	电能表、采集设备	根据客户类别配置	只	根据作业需求	
2	倍率标签		张	根据作业需求	
3	接线标识标签		张	根据作业需求	
4	封印		颗	根据作业需求	
5	电流互感器		只	根据作业需求	
6	电压互感器		只	根据作业需求	
7	绝缘导线		m	根据作业需求	
8	绝缘胶带		卷	根据作业需求	
9	联合接线盒		个	根据作业需求	
10	扎带		袋	根据作业需求	
11	RS485通信线		m	根据作业需求	
12	号码管		个	根据作业需求	
13	水晶头		个	根据作业需求	

11.1.3 工器具和仪器仪表

确定工作所需的工器具和仪器仪表，见表11-2。

表11-2 电能计量装置故障处理工器具和仪器仪表

序号	名　称	型号及规格	单位	数量	安全要求
1	螺丝刀组合		套	1	（1）常用工具金属裸露部分应采取绝缘措施，并经检验合格螺丝刀除刀口以外的金属裸露部分应用绝缘胶布包裹。 （2）仪器仪表安全工器具应检验合格，并在有效期内。 （3）其他根据现场需求配置
2	电工刀		把	1	
3	钢丝钳		把	1	
4	斜口钳		把	1	
5	尖嘴钳		把	1	

续表

序号	名　　称	型号及规格	单位	数量	安全要求
6	扳手		套	1	(1) 常用工具金属裸露部分应采取绝缘措施，并经检验合格螺丝刀除刀口以外的金属裸露部分应用绝缘胶布包裹。 (2) 仪器仪表安全工器具应检验合格，并在有效期内。 (3) 其他根据现场需求配置
7	电钻		把	1	
8	电源盘	有明显断开点，具有带漏电保护功能	只	1	
9	低压验电笔		只	1	
10	高压验电器	按不同电压等级配置	只	1	
11	钳形万用表		台	1	
12	绝缘电阻表		台	1	
13	便携式钳形相位伏安表		台	1	
14	绝缘梯		架	1	
15	警示带		套	1	
16	吊绳		根	1	
17	接地线		根	按需配置	
18	双控背带式安全带		副	1	
19	安全帽		顶/人	1	
20	绝缘鞋		双/人	1	
21	绝缘手套		副/人	1	
22	棉纱防护手套		副/人	1	
23	纯棉长袖工作服		套/人	1	
24	绝缘垫		块	按需配置	
25	相机		台	1	
26	工具包		只	1	
27	抄表器		台	1	
28	对讲机		对	1	
29	剥线钳		只	1	
30	网线钳		把	1	
31	手电筒		只	1	

11.1.4 安装环境

安装地点周围环境应干净明亮，使表计不易受损、受震、不受磁力及烟灰影响，无腐蚀性气体、易蒸发液体的侵蚀；能保证表计运行安全可靠，抄表读数、校验、检查、轮换装拆方便。电能表原则上装于室外走廊、过道、公共的楼梯间。高层住宅一户一表，宜集中安装于专用配电间内，装表地点的环境温度不应超过电能表技术标准规定的范围。电能表安装必须牢固垂直，每只表除挂表螺丝外，至少有一只定位螺丝，使表中心线朝各方向的倾斜不大于1。

低压三相供电的计量装置表位在室内进门后3m范围内；单相供电的用户，计量表位应设计在室外；凡城市规划指定的主要道路两侧，表计应装设在室内；基建工地和临时用电用户电能计量装置的表位应设计在室外，装设在固定的建筑物上或变压器台架上。

在多雷地区，计量装置应装设防雷保护，如采用低压阀型避雷器。

11.1.5 危险点分析及预防预控措施

电能计量装置故障处理的危险点与预防控制措施如下。

1. 人身伤害或触电

(1) 危险点：误碰带电设备。预防控制措施如下：

1) 在电气设备上作业时，应将未经验电的设备视为带电设备。

2) 在高、低压设备上工作，应至少由两人进行，并完成保证安全的组织措施和技术措施。

3) 工作人员应正确使用合格的安全绝缘工器具和个人劳动防护用品。

4) 高、低压设备应根据工作票所列安全要求，落实安全措施。涉及停电作业的应实施停电、验电、挂接地线、悬挂标示牌后方可工作。工作负责人应会同工作票许可人确认停电范围、断开点、接地、标示牌正确无误。工作负责人在作业前应要求工作票许可人当面验电；必要时工作负责人还可使用自带验电器（笔）重复验电。

5) 工作票许可人应指明作业现场周围的带电部位，工作负责人确认无倒送电的可能。

6) 应在作业现场装设临时遮栏，将作业点与邻近带电间隔或带电部位隔离。作业中应保持与带电设备的安全距离。

7) 严禁工作人员未履行工作许可手续擅自开启电气设备柜门或操作电气设备。

8) 严禁在未采取任何监护措施和保护措施情况下现场作业。

(2) 危险点：走错工作位置。预防控制措施如下：

1) 工作负责人对工作班成员应进行安全教育，作业前对工作班成员进行危险点告知，明确带电设备位置，交代工作地点及周围的带电部位及安全措施和技术措施，并履行确认手续。

2) 相邻处有带电间隔和带电部位，必须装设临时遮栏并设专人监护。

3) 核对装拆工作单与现场信息是否一致。

4) 在工作地点设置“在此工作”标示牌。

(3) 危险点：作业方式不当触电。预防控制措施：带电作业须断开负荷侧开关，避免带负荷装拆。

(4) 危险点：电弧灼伤。预防控制措施如下：

1) 低压带电作业中使用的工具，其外裸的导电部位应采取绝缘措施，防止操作时相间或相对地短路。

2) 低压带电作业时，工作人员应穿绝缘鞋和全棉长袖工作服，并戴手套、安全帽和护目镜，站在干燥的绝缘物上进行。

3）低压带电作业时禁止使用锉刀、金属尺和带有金属物的毛刷、毛掸等工具。做好防止相间短路产生弧光的措施。

（5）危险点：计量柜（箱）、电动工具漏电，预防控制措施如下：

1）工作前应用验电笔（器）对金属计量柜（箱）进行验电，并检查计量柜（箱）接地是否可靠。

2）电动工具外壳必须可靠接地，其所接电源必须装有漏电保护器。

（6）危险点：停电作业发生倒送电。预防控制措施如下：

1）工作负责人应会同工作票许可人现场确认作业点已处于检修状态，并使用验电器（笔）确认无电压。

2）确认作业点安全隔离措施，各方面电源、负载端必须有明显断开点。

3）确认作业点电源、负载端均已装设接地线，接地点可靠。

4）自备发电机只能作为试验电源或工作照明，严禁接入其他电气回路。

（7）危险点：使用临时电源不当。预防控制措施如下：

1）接取临时电源时安排专人监护。

2）检查接入电源的线缆有无破损，连接是否可靠。

3）临时电源应具有漏电保护装置。

（8）危险点：接户线带电作业差错。预防控制措施如下：

1）正确选择攀登线路；搭接导线时先接中性线，后接相线，拆除顺序相反，人体不得同时接触两根线头。

2）应设专责监护人。

（9）危险点：雷电伤害。预防控制措施如下：室外工作应注意天气，雷雨天禁止作业。

（10）危险点：工作前未进行验电致使触电。预防控制措施如下：

1）工作前应在带电设备上对验电笔（器）进行测试，确保良好。

2）工作前应先验电。

2. 机械伤害

（1）危险点：戴手套使用转动的电动工具，可能引起机械伤害。预防控制措施：加强监督与检查，使用转动的电动工具不得使用手套。

（2）危险点：使用不合格工器具。预防控制措施：按规定对各类工器具进行定期试验和检查，确保使用合格的工器具。

（3）危险点：高空抛物。预防控制措施：高处作业上下传递物品，不得投掷，必须使用工具袋并通过绳索传递，防止从高空坠落发生事故。

3. 高空坠落

（1）危险点：使用不合格登高用安全工器具。预防控制措施：按规定对各类登高用工器具进行定期试验和检查，确保使用合格的工器具。

（2）危险点：绝缘梯使用不当。预防控制措施如下：

1）使用前检查绝缘梯的外观、编号，检验合格标识，确认符合安全要求。

2）使用绝缘梯时应设置专人监护。

3）梯子应有防滑措施，使用单梯工作时，梯子与地面的斜角度为60°左右，梯子不得绑接使用，人字梯应有限制开度的措施，人在梯子上时，禁止移动梯子。

（3）危险点：接户线登高作业操作不当。预防控制措施如下：

1）登高作业前应先检查杆根，并对脚扣和登高板进行承力检验。

2）登高作业应使用双控背带式安全带，双控背带式安全带应系在牢固的固件上。

4. 设备损坏

（1）危险点：计量柜（箱）内遗留工具，导致送电后短路，损坏设备。预防控制措施：工作结束后应打扫、整理现场。认真检查携带的工器具，确保无遗留。

（2）危险点：仪器仪表损坏。预防控制措施：规范使用仪器仪表，选择合适的量程。

（3）危险点：接线时压接不牢固或错误。预防控制措施：加强作业过程中的监护、检查工作，防止接线时因压接不牢固或错误损坏设备。

5. 计量差错

危险点：接线错误。预防控制措施：工作班成员接线完成后，应对接线进行检查，加强互查。

11.2 工 作 内 容

11.2.1 工作准备

根据工作安排合理开展工作前准备，步骤如下：

（1）根据工作计划接受工作任务。

（2）据工作内容提前和客户进行预约。

（3）打印装拆工作单，同时核对计量设备技术参数与相关资料。

（4）填写并签发工作票

1）依据工作任务填写工作票。

2）办理工作票签发手续。在客户电气设备上工作时应由供电公司与客户方进行双签发。供电方安全负责人对工作的必要性和安全性、工作票上安全措施的正确性、所安排工作负责人和工作人员是否合适等内容负责。客户方工作票签发人对工作的必要性和安全性、工作票上安全措施的正确性等内容审核确认。

（5）根据工作内容准备所需工器具，并检查是否符合实际要求。

11.2.2 工作流程

1. 工作流程

电能计量装置故障处理流程图如图11-1所示。

2. 工作步骤及注意事项

（1）任务接受。

工作负责人根据工作计划，接受任务安排，并打印工作任务单。

（2）工作前准备。

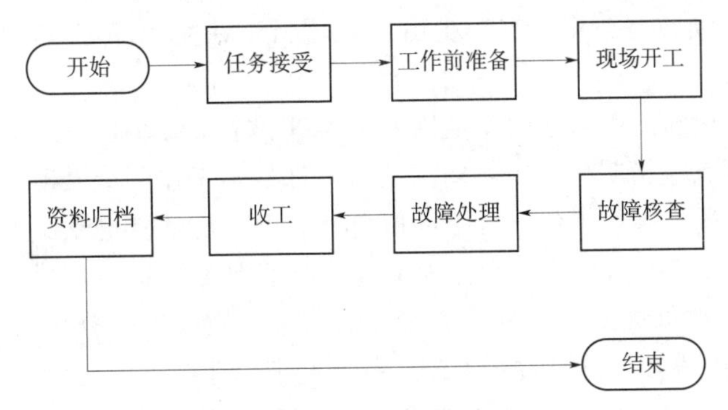

图 11-1　电能计量装置故障处理流程图

1）工作预约。工作负责人提前联系客户，核对电能表、采集设备、互感器型式和参数，约定现场装拆时间。

注意事项如下：提前沟通、张贴施工告示，避免客户因停电引起投诉。

2）办理工作票签发。工作负责人应做到：

依据工作任务填写工作票；办理工作票签发手续，在客户高压电气设备上工作时应由供电公司与客户方进行双签发，供电方安全负责人对工作的必要性和安全性、工作票上安全措施的正确性、所安排工作负责人和工作人员是否合适等内容负责，客户方工作票签发人对工作的必要性和安全性、工作票上安全措施的正确性等内容审核确认。

注意事项如下：检查工作票所列安全措施是否正确完备，应符合现场实际条件。防止因安全措施不到位引起人身伤害和设备损坏。

3）领取材料。工作负责人凭电能计量装接单领取所需电能表、采集设备、互感器、封印等，并核对所领取的材料是否符合装拆工作单要求。

注意事项如下：核对电能表、采集设备、互感器、封印信息，避免错领。

4）检查工器具。工作班成员选用合格的安全工器具，检查工器具是否完好、齐备。

注意事项如下：避免使用不合格工器具引起机械伤害。

（3）现场开工。

1）办理工作票许可。工作负责人应告知用户或有关人员，说明工作内容；办理工作票许可手续，在客户电气设备上工作时应由供电公司与客户方进行双许可，双方在工作票上签字确认，客户方由具备资质的电气工作人员许可，对工作票中安全措施的正确性、完备性和现场安全措施的完善性，以及现场停电设备有无突然来电的危险负责；会同工作许可人检查现场的安全措施是否到位，检查危险点预控措施是否落实。

注意事项如下：防止因安全措施未落实引起人身伤害和设备损坏；同一张工作票，工作票签发人、工作负责人、工作许可人三者不得相互兼任。

2）检查并确认安全工作措施。高、低压设备应根据工作票所列安全要求，落实安全措施。涉及停电作业的应实施停电、验电、挂接地线或合上接地刀闸、悬挂标示牌后方可工作。工作负责人还可使用自带验电器（笔）重复验电。应在作业现场装设临时遮栏，将作业点与邻近带电间隔或带电部位隔离。工作中应保持与带电设备的安全距离。

注意事项如下：

a. 在电气设备上作业时，应将未经验电的设备视为带电设备。

b. 在高、低压设备上工作，应至少由两人进行，并完成保证安全的组织措施和技术措施。

c. 工作人员应正确使用合格的安全绝缘工器具和个人劳动防护用品。

d. 工作票许可人应指明作业现场周围的带电部位，工作负责人确认无倒送电的可能。

e. 严禁工作人员未履行工作许可手续擅自开启电气设备柜门或操作电气设备。

f. 严禁在未采取任何监护措施和保护措施情况下现场作业。

3）班前会。工作负责人、专责监护人交代工作内容、人员分工、带电部位和现场安全措施，进行危险点告知，进行技术交流，并履行确认手续。

注意事项如下：防止危险点未告知和工作班成员状态欠佳，引起人身伤害和设备损坏。

（4）故障核查。

1）计量柜（箱）验电、核查。

a. 使用验电笔（器）对计量柜（箱）、采集器箱金属裸露部分进行验电，并检查计量柜（箱）接地是否可靠。

b. 核查计量柜（箱）外观是否正常，封印是否完好，有异常现象拍照取证后转异常处理流程。

注意事项如下：

a. 核查前使用验电笔（器）验明计量柜（箱）、电能表等带电情况，防止人员触电。

b. 在客户设备上作业时，必须将客户设备视为带电设备。

c. 严禁工作人员未经验电开启客户设备柜门或操作客户设备，严禁在未采取任何监护措施和保护措施情况下登高检查作业。

d. 应将不牢固的上翻式计量柜（箱）门拆卸，检验后恢复装回，防止计量柜（箱）门跌落伤害工作人员。

e. 当打开计量箱（柜）门进行检查或操作时，应采取有效措施对箱（柜）门进行固定，防范由于刮风或触碰造成柜门异常关闭而导致事故。

2）核对信息。根据故障处理工作单核对客户信息、电能表铭牌参数等内容，确认故障计量装置位置。

注意事项如下：

a. 核对计量装置信息时如需要登高作业，应使用合格的登高用安全工具。

b. 绝缘梯使用前检查外观、编号，检验合格标识，确认符合安全要求。

c. 使用绝缘梯时应设置专人监护。

d. 梯子应有防滑措施，使用单梯工作时，梯子与地面的斜角度为60°左右，梯子不得绑接使用，人字梯应有限制开度的措施，人在梯子上时，禁止移动梯子。

3）计量柜（箱）核查。核查计量柜（箱）外观是否正常，封印是否完好，有异常现象拍照取证后转异常处理流程。

注意事项如下：

a. 核查前使用验电笔（器）验明计量柜（箱）、电能表等带电情况，防止人员触电。

b. 在客户设备上作业时，必须将客户设备视为带电设备。

c. 严禁工作人员未经验电开启客户设备柜门或操作客户设备，严禁在未采取任何监护措施和保护措施情况下登高检查作业。

d. 应将不牢固的上翻式表箱门拆卸，检验后恢复装回，防止表箱门跌落伤害工作人员。

4）电能表核查。

a. 核查电能表进出线是否有破损、烧毁痕迹。

b. 核查电能表外观是否有破损、烧毁痕迹，封印是否完好，有异常现象拍照取证后转异常处理流程。

c. 核查电能表显示屏显示是否完整，有无黑屏等故障。

d. 按键核查电能表时钟、时段、电压、电流、相序、功率、功率因数等信息是否正常。本地费控电能表应核查表内剩余金额。

e. 拆除电能表封印并做好记录，用钳形万用表测量电能表电压、电流后，具备条件的，用现场校验仪核查电能表接线，并进行误差校验，确认电能表误差是否在合格范围内。

f. 确定故障类型，拍照取证后，直接进入故障处理流程。

注意事项如下：

a. 核查前使用验电笔（器）验明计量柜（箱）、电能表等带电情况，防止人员触电。

b. 电能表误差校验前，应检查电能表现场校验仪的电压线、电流线绝缘良好，无破损，根据电能表接线方式正确接入电能表现场校验仪。

c. 做好安全措施，防止相间或相对地短路。

5）电流二次回路核查。

a. 核查电流二次线是否有破损、烧毁痕迹。

b. 确定故障类型，拍照取证后，直接进入故障处理流程。

注意事项如下：

a. 核查电流二次回路时如需要登高作业，应使用合格的登高用安全工具。

b. 绝缘梯使用前检查外观、编号，检验合格标识，确认符合安全要求。

c. 使用绝缘梯时应设置专人监护。

d. 梯子应有防滑措施，使用单梯工作时，梯子与地面的斜角度为60°左右，梯子不得绑接使用，人字梯应有限制开度的措施，人在梯子上时，禁止移动梯子。

e. 在绝缘梯上工作时，传递工具和器材必须使用吊绳和圆桶袋，注意防止工具、物件掉落。

f. 绝缘梯上高处作业应系上双控背带式安全带，防止高空坠落。

g. 核查电流二次回路前，使用验电笔（器）验明计量柜（箱）、电能表等带电情况，防止人员触电。

h. 核查电流二次回路时，防止误碰带电设备。

i. 螺丝刀除刀口以外的金属裸露部分应用绝缘胶布包裹。

6）电流互感器核查。

a. 判断为电流互感器的故障后，与客户协商停电时间，待停电后，再核查电流互感器。

b. 停电前记录一、二次电流值，测算电流互感器实际变比与电流互感器铭牌、营销业务应用系统中记录的变比是否相符。

c. 停电后，核查电流互感器外壳有无破损、二次接线端头有无烧毁情况。

d. 确定故障类型，拍照取证后，直接进入故障处理流程。

注意事项如下：

a. 核查电流互感器时如需要登高作业，应使用合格的登高用安全工具。

b. 绝缘梯使用前检查外观、编号，检验合格标识，确认符合安全要求。

c. 使用绝缘梯时应设置专人监护。

d. 梯子应有防滑措施，使用单梯工作时，梯子与地面的斜角度为60°左右，梯子不得绑接使用，人字梯应有限制开度的措施，人在梯子上时，禁止移动梯子。

e. 在绝缘梯上工作时，传递工具和器材必须使用吊绳和圆桶袋，注意防止工具、物件掉落。

f. 绝缘梯上高处作业应系上双控背带式安全带，防止高空坠落。

g. 核查前，应严格按照电力安全工作规程进行停电、验电、挂接地线。

h. 电流互感器与电源侧应有明显断开点。

7）电压互感器核查。

a. 判断为电压互感器的故障后，与客户协商停电时间，待停电后，再核查电压互感器。

b. 停电后，核查电压互感器外壳有无破损、烧毁等情况。

c. 使用万用表核查高压熔断器是否损坏。

d. 确定故障类型，拍照取证后直接进入故障处理流程。

注意事项如下：

a. 核查电压互感器时如需要登高作业，应使用合格的登高用安全工具。

b. 绝缘梯使用前检查外观、编号，检验合格标识，确认符合安全要求。

c. 使用绝缘梯时应设置专人监护。

d. 梯子应有防滑措施，使用单梯工作时，梯子与地面的斜角度为60°左右，梯子不得绑接使用，人字梯应有限制开度的措施，人在梯子上时，禁止移动梯子。

e. 在绝缘梯上工作时，传递工具和器材必须使用吊绳和圆桶袋，注意防止工具、物件掉落。

f. 绝缘梯上高处作业应系上双控背带式安全带，防止高空坠落。

g. 核查前，应严格按照电力安全工作规程进行停电、验电、挂接地线。

h. 电压互感器与电源侧应有明显断开点。

11.3 现场作业安装、接线工艺要求

电能计量装置故障处理现场作业安装、接线工艺要求见第9～10章。

11.4　电能计量装置故障处理

11.4.1　直接接入式电能计量装置故障处理

（1）断开电源并验电。

1）核对作业间隔。

2）使用验电笔（器）对计量柜（箱）金属裸露部分进行验电。

3）确认电源进、出线方向，断开进、出线开关，且能观察到明显断开点。

4）使用验电笔（器）再次进行验电，确认一次进、出线等部位均无电压后，装设接地线。

注意事项如下：

1）防止开关故障或用户倒送电造成人身触电。

2）断开开关后，在开关操作把手上均应悬挂“禁止合闸，有人工作!”的标示牌。

（2）接线故障处理。

1）故障处理前，应告知客户故障原因，并抄录电能表当前各项读数，请客户认可。

2）更正接线时，具备停电条件的，应停电更正。不具备停电条件的，应断开负荷侧开关。

注意事项如下：

1）更正接线过程中，金属裸露部分应采取绝缘措施，防止意外短路造成人员伤害。

2）更正接线后，金属裸露部分不得有碰壳和外露现象。

3）需要停电处理时，应严格按照电力安全工作规程进行停电、验电、挂接地线。

4）停电后，表前、表后开关有明显可见断开点，否则应按照带电作业做好安全措施。

（3）电能表故障处理。

1）故障处理前，应告知客户故障原因，并抄录电能表当前各项读数，请客户认可。

2）电能表故障，按照《直接接入式电能计量装置装、拆作业指导书》装拆电能表。

注意事项如下：

1）工作时，应设专人监护，使用绝缘工具，并站在干燥的绝缘物上。

2）装拆电能表时，拆开的相线金属裸露部分应采取绝缘措施，防止短路造成人员伤害。

（4）带电检查。

1）现场通电检查前，应会同客户一起记录故障处理后的电能表各项读数，并核对。

2）带电后，用验电笔（器）测试电能表外壳、零线桩头、接地端子、计量柜（箱）应无电压。

3）检查电能计量装置是否已恢复正常运行状态。具备误差校验条件的，应用电能表现场校验仪进行误差校验。

（5）实施封印。工作班成员完成故障处理后，应对电能表、计量柜（箱）加封，并在故障处理工作单上记录封印编号。

11.4.2 经互感器接入式低压电能计量装置故障处理

(1) 断开电源并验电。

1) 核对作业间隔。

2) 使用验电笔(器)对计量柜(箱)金属裸露部分进行验电。

3) 确认电源进、出线方向,断开进、出线开关,且能观察到明显断开点。

4) 使用验电笔(器)再次进行验电,确认互感器一次进出线等部位均无电压后,装设接地线。

注意事项如下:

1) 防止开关故障或用户倒送电造成人身触电。

2) 断开开关后,在开关操作把手上均应悬挂"禁止合闸,有人工作!"的标示牌。

(2) 电能表故障处理。

1) 故障处理前,应告知客户故障原因,并抄录电能表当前各项读数,请客户认可。

2) 电能表故障,按照《经互感器接入式低压电能计量装置装、拆作业指导书》装拆电能表。

注意事项如下:

1) 工作时,应设专人监护,使用绝缘工具,并站在干燥的绝缘物上。

2) 装拆电能表时,拆开的二次电压、电流线金属裸露部分应采取绝缘措施,防止短路造成人员伤害。

3) 短接电流二次回路时,应检查螺丝是否紧固,防止电流二次回路开路。

(3) 电流二次回路故障处理。

1) 故障处理前,应告知客户故障原因,并抄录电能表当前各项读数,请客户认可。

2) 根据电流二次回路接线故障情况,采取相应的安全措施后,进行处理。

注意事项如下:

1) 工作时,应设专人监护,使用绝缘工具,并站在干燥的绝缘物上。

2) 需要停电处理时,应严格按照电力安全工作规程进行停电、验电、挂接地线。

3) 处理过程中,应仔细检查,防止再次接线错误。

(4) 电流互感器故障处理。

1) 故障处理前,应告知客户故障原因,并抄录电能表当前各项读数,请客户认可。

2) 电流互感器故障,按照《经互感器接入式低压电能计量装置装、拆作业指导书》装拆电能表。

注意事项如下:

1) 工作时,应设专人监护,使用绝缘工具,并站在干燥的绝缘物上。

2) 应严格按照电力安全工作规程进行停电、验电、挂接地线。

3) 处理过程中,应仔细检查,防止再次接线错误。

(5) 带电检查。

1) 现场通电检查前,应会同客户一起记录故障处理后的电能表各项读数,并核对。

2) 带电后,用验电笔(器)测试电能表外壳、零线桩头、接地端子、计量柜(箱)

应无电压。

3）检查电能计量装置是否已恢复正常运行状态。具备误差校验条件的，应用电能表现场校验仪进行误差校验。

（6）实施封印。工作班成员完成故障处理后，应对电能表、计量柜（箱）加封，并在故障处理工作单上记录封印编号。

11.4.3 高压电能计量装置故障处理

（1）断开电源并验电。

1）核对作业间隔。

2）使用验电笔（器）对计量柜（箱）金属裸露部分进行验电。

3）确认电源进、出线方向，断开进、出线开关，且能观察到明显断开点。

4）使用验电笔（器）再次进行验电，确认互感器一次进、出线等部位均无电压后，装设接地线。

注意事项如下：

1）防止开关故障或用户倒送电造成人身触电。

2）断开开关后，在开关操作把手上均应悬挂“禁止合闸，有人工作!”的标示牌。

（2）电能表故障处理。

1）故障处理前，应告知客户故障原因，并抄录电能表当前各项读数，请客户认可。

2）电能表故障，按照《高压电能计量装置装、拆作业指导书》装拆电能表。

注意事项如下：

1）工作时，应设专人监护，使用绝缘工具，并站在干燥的绝缘物上。

2）装拆电能表时，拆开的二次电压、电流线金属裸露部分应采取绝缘措施，防止短路造成人员伤害。

3）短接电流二次回路时，应检查螺丝是否紧固，防止电流二次回路开路。

（3）二次回路故障处理。

1）故障处理前，应告知客户故障原因，并抄录电能表当前各项读数，请客户认可。

2）根据二次回路接线故障情况，采取相应的安全措施后，进行处理。

注意事项如下：

1）处理二次回路故障时如需要登高作业，应使用合格的登高用安全工具。

2）绝缘梯使用前检查外观、编号，检验合格标识，确认符合安全要求。

3）使用绝缘梯时应设置专人监护。

4）梯子应有防滑措施，使用单梯工作时，梯子与地面的斜角度为60°左右，梯子不得绑接使用，人字梯应有限制开度的措施，人在梯子上时，禁止移动梯子。

5）在绝缘梯上工作时，传递工具和器材必须使用吊绳和圆桶袋，注意防止工具、物件掉落。

6）绝缘梯上高处作业应系上双控背带式安全带，防止高空坠落。

7）工作时，应设专人监护，使用绝缘工具，并站在干燥的绝缘物上。

8）需要停电处理时，应严格按照电力安全工作规程进行停电、验电、挂接地线。

9）处理过程中，应仔细检查，防止再次接线错误。

（4）电压互感器故障处理。

1）电压互感器（高压熔断器）故障，应通知相关方限期进行更换，并要求更换时通知工作人员到现场。

2）更换电压互感器（高压熔断器）前，应告知相关方故障原因，并抄录电能表当前各项读数，请相关方认可。

注意事项如下：相关方应按照电力安全工作规程要求做好安全技术措施。

（5）电流互感器故障处理。

1）电流互感器故障，应通知相关方限期进行更换，并要求更换时通知工作人员到现场。

2）更换电流互感器前，应告知相关方故障原因，并抄录电能表当前各项读数，记录电流互感器变比，请相关方认可。

注意事项如下：相关方应按照电力安全工作规程要求做好安全技术措施。

（6）带电检查。

1）现场通电检查前，应会同客户一起记录故障处理后的电能表各项读数，并核对。

2）带电后，用验电笔（器）测试电能表外壳、零线桩头、接地端子、计量柜（箱）应无电压。

3）检查电能计量装置是否已恢复正常运行状态。具备误差校验条件的，应用电能表现场校验仪进行误差校验。

（7）实施封印。工作班成员完成故障处理后，应对电能表、互感器、联合接线盒、计量柜（箱）加封，互感器加封应在带电检查前，并在故障处理工作单上记录封印编号。

11.4.4 收工

（1）清理现场。工作班成员现场作业完毕，工作班成员应清点个人工器具并清理现场，做到工完料净场地清。

（2）现场完工。工作负责人记录好电能计量装置故障现象，履行客户签字认可手续，作为退补电量依据。

（3）办理工作票终结。工作负责人、工作班成员应完成以下工作：

1）办理工作票终结手续。

2）请运行单位人员拆除现场安全措施。

（4）编制电能计量装置故障、差错调查报告。

11.4.5 资料归档

（1）信息录入。工作班成员将故障处理信息及时录入营销业务应用系统。

（2）实物退库。工作班成员完成信息录入后将实物及时退回表库，由表库管理人员及时将实物及电能计量装接单退至二级表库，根据现场情况确定电能计量装置是否送实验室进行故障检定。

（3）资料归档。工作班成员在工作结束后，电能计量装接单等单据应备份由专人妥善存放，并及时归档。

11.5 质量管控

由于电能计量装置运行数量多、运行时间长短不一、产品质量差异及用户使用不当等原因，电能计量装置故障时有发生，如何正确处理电能计量故障事关电费能否正确收取，是否影响电力企业提供优质服务的社会形象。

处理计量装置故障应按以下要求处理：

（1）供电所人员或用电检查人员接到发生电能计量装置故障时，应及时通知计量管理部门（班组）尽快赶到现场检查电能表、互感器及二次回路，查明故障原因。计量故障处理计量人员处理不超过 2 天。

（2）抄表员如发现电能表烧坏、停走、封印不全、月抄见电量发生异常，应及时向计量管理相关部门报告。处理时认真查找原因，落实责任，详细计算影响电量，将处理情况书面报告上级部门审核，经用户签字认可后，根据需要更换电能表或互感器；若属用户责任引起电能表、互感器损坏时，应由具体人员提出赔偿意见，报相关管理部门审核后，根据相关赔款收据、记录卡及实物配发新表。由相关人员根据条例结算电费。

（3）凡发生电子故障及接线错误，追补电量处理时，计量人员提出处理意见，由用电检查人员报相关部门人员审核批准并取得客户签字认可后追补电量，所有电能计量装置故障均应记录在册，以备查询。故障电能表或互感器换回后，应按相关规定进行试验，分析故障原因并出具检定证书或检定结果通知书，相关人员以此结合现场实际情况作为电量追补依据。

（4）针对电能计量装置日常运行管理措施单一的状况，电力企业结合实际建立可操作性强、实用性强和高效的管控措施，整合营销环节工作，实行营销工作相关环节联动和互动，加强各环节间的监督、相互提醒及工作考核；应用营销用电采集系统的远程实时监测功能，加强计量装置的运行和监测，同时加强对供电服务人员的业务和技能的培训，不断提高服务人员的业务技能，增强工作责任感，及时发现和处理计量失压问题，确保计量装置正常运行，防止电量流失。具体措施如下：

1）争取用户计量运行反馈。用电计量装置基本安装在用户处，必须相信和赢得用户支持。安装在用户处的计量装置，由用户负责保护封印完好、装置本身不受损坏或丢失。当发现电能计量装置故障时，用户应及时通知电能计量技术机构进行处理。

2）加强电费现场核抄工作。对抄表工作严格要求到位到户，对于远程抄表也要每月进行核实，发现计量运行异常或故障，抄表人员应及时发起计量装置故障流程传递到相关部门进行现场核查处理，恢复计量正常运行。

3）加强定期用电检查工作。对高压用户定期用电检查工作的管理严格要求到位到户，检查发现计量运行异常或故障，用电检查人员应及时出具检查结果通知书告知客户，并会同计量部门处理故障，恢复计量正常运行。

4）按期开展计量现场校验。认真落实电能计量装置技术管理规程规定，将现场计量校验工作落实到位，检查发现的计量异常或故障应及时反馈到相关部门处理，尽快恢复计量正常运行，同时加强对计量现场校验的考核。

5）按期开展计量定期轮换。

6）加强用户用电分析工作。利用SG186营销业务系统开展用户用电分析。

7）开展用电采集系统监测。利用安装在用户端的电力负荷管理系统和用电信息采集系统实行实时远程监测。

8）完善用电计量方案管理。用电业扩工作中，在用户供电方案中的计量方案明确采用专用计量柜和专用计量互感器，安装智能表和用电信息采集终端。

11.6 异常处理

(1) 需要打开接线盒或电能表接线才能发现的故障：

1）电能表接线盒电压挂钩打开或接触不良，导致电能表不走字，或时走时停。

2）电能表接线盒或表内有电流短接线。短接部分起分流作用，可导致电量表少计。

处理方法如下：

1）闭合电能表接线盒电压挂钩或紧固螺丝使接触良好。

2）更换新电能表

(2) 联合接线盒质量问题

1）螺丝松动，电流回路连片接触不良，导致电量少计。

2）接线盒内部击穿，形成回路起分流作用，导致电量少计。

处理方法如下：

1）打开接线盒，紧固松动螺丝。

2）更换接线盒。

第 12 章　用电信息采集系统常见采集故障处理

12.1　基　本　知　识

12.1.1　主站结构简介

国家电网公司（以下简称“国网公司”）各网省公司都有自己的采集系统主站，且都遵照国网公司统一规范进行设计开发，多数实现了省级统一部属、统一运维。采集系统简要示意图如图 12－1 所示。

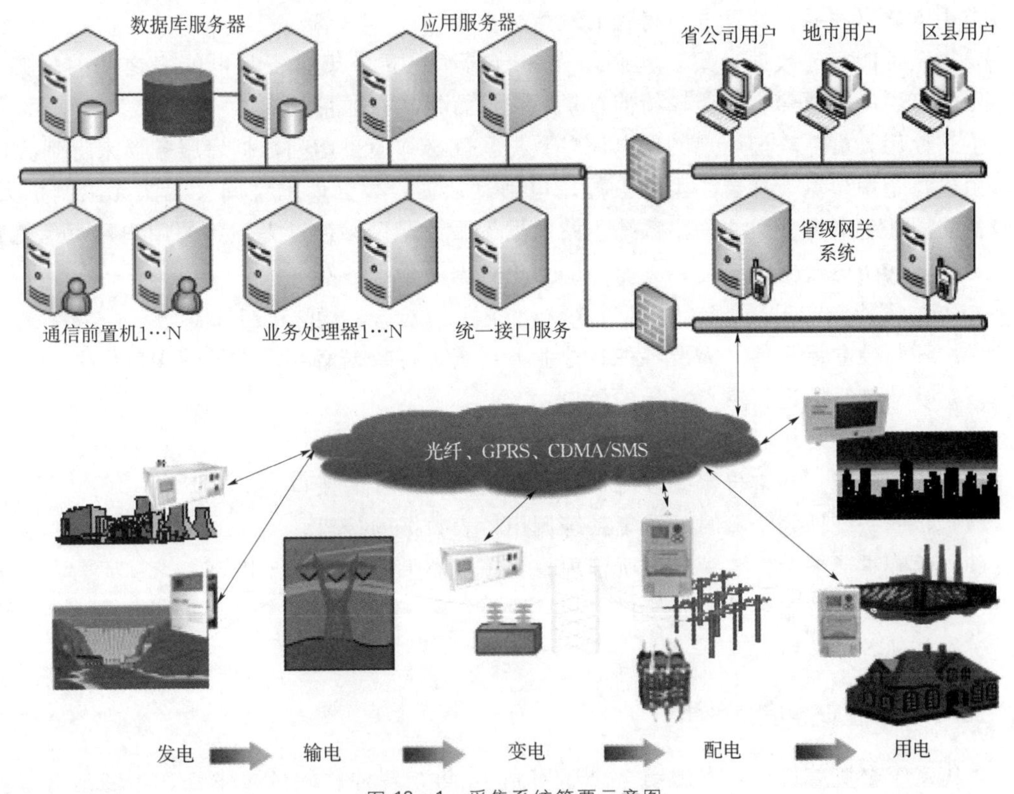

图 12－1　采集系统简要示意图

采集系统主站主要由以下几部分组成。

1. 通信服务部分

主站与现场大量终端进行通信，必须有相应的通信服务，本部分功能如下：

(1) 负责侦听终端与前置机的通信报文，提供报文转发及缓存功能。

（2）负责通信调度和流量监控等业务。

（3）负责对通信报文进行封装、解析。

2. 业务功能应用

主站至少要实现如下功能：

（1）运行管理。

（2）终端管理。

（3）用电异常。

（4）有序用电。

（5）综合查询。

（6）分析统计。

（7）报表辅助。

（8）系统管理。

3. 数据库服务器

主站的数据库非常庞大，存储着全部电力用户和采集设备的档案信息、每天采集得到的各类用电数据和通过计算分析得到的次生数据等。

采集设备能实现数据采集，就必须先在数据库建立采集设备与电能表之间的采集关系，然后将正确的通信参数传输给前置机，由前置机执行通信功能。

主站使用人员要查询用户的用电信息数据，就必须通过访问数据库服务器来得到。

由于每个用户每天都会产生并上传用电信息数据，数据库的空间又无法无限制扩大，所以目前浙江省电力公司的采集系统主站数据库服务器只保存过去一年的用户用电信息数据。再往前的历史数据，会转存到专门的历史数据备份服务器。

4. 接口服务

主站不是独立运行的，需要各种其他业务系统进行数据交互，常见的接口如下：

（1）从营销系统进行单点登录的接口。

（2）终端自动装接时从营销系统获取信息的接口。

（3）终端故障、异常告警处理流程触发营销系统流程的接口。

（4）营销系统抄表结算时从采集系统调用抄表数据的接口。

（5）营配贯通平台、乡镇供电所管理平台等各类平台数据交互接口。

（6）多表合一数据对外发布接口。

（7）其他各种接口。

12.1.2 主站功能介绍

采集系统全覆盖目标工程启动至今还不到10年，各种软硬件技术都在不断地升级换代中。随着全覆盖目标逐步接近实现，来自供电公司各专业的应用需求不断拓宽和深化，各种功能也在不断丰富。

1. 数据采集

如果主站、终端之间已经完成了上述装接过程，那么终端每天都会定时自动从电能表中采集相应的数据，然后按时自动向主站上报任务数据。主站获得这些数据后，会存储在主站的数据库服务器，供电费计算、负荷监测、线损分析、计量异常监测等各种应用所需。

2. 数据查询

已经进入采集系统主站的数据，系统用户只要获得一定的访问权限，就可以自有的查询获得，比如可以查询某个用户近半年每天的零点抄表数据、查询某高压用户上个月整月的实时功率变化、查询某台区每天的线损率等。

3. 用电情况统计

对于高压用户，数据采集的频度是每15min一次，所以完全可以描绘出这些高压用户一天的负荷曲线，获得高压用户每天的负荷峰值和谷值、平均负荷和负载率等数据。同时，每次数据中都包含了三相用电的数据，所以也可以获得用户是否存在违约用电、计量是否存在异常的信息。

4. 台区线损统计

由于每个低压台区的关口和台区下全部的用户电表都已经实现了采集的全覆盖和每日数据采集，所以可以每天对台区进行一次线损统计，及时发现线损存在问题的台区，向运行人员发出预警。

5. 预付费远程控制

浙江省已经基本实现了智能电表的全覆盖，而绝大部分智能电表都具有费控功能，当智能电表得到采集系统主站下发的跳合闸命令后，电表能对表内外的继电器实施操作，实现对用户的停送电。

目前，该功能已广泛应用于“批量装表、逐户送电”业务和欠费停电的业务中，其可靠性和便利性越来越得到认可。

6. 防窃电应用

电能表中存在停复电、开盖等事件记录，专变终端中也存在计量回路开路、短路等事件记录，主站还能统计台区线损、三相电压电流平衡度等数据，这一系列功能综合应用以后，可以使采集系统主站获得多层次多方位的窃电行为发现能力。

7. 四表合一应用

随着国网公司开展电、水、气、热多种计量数据采集业务以来，采集系统主站也开发了相应功能。浙江省电力公司的采集系统主站在这方面已经具备了水气用户建档、水表表计通信调试、水气表数据采集与展示、水气数据外部获取接口等多种功能。

12.1.3 通信模式分类

全省各地电力用户所处的综合环境差异大，城市和农村、平原和山区、集中装表和分散装表的电力用户之间，实现用电信息采集的成本差距就很大，在实现全采集覆盖的目标下，未了实现成本与收益平衡，就需要采用不同的采集技术模式。比如，山区分散的用户就适宜用电力线载波或者微功率无线采集作为本地通信模式，而城镇小区集中的用户就适宜用485总线作为本地通信模式。

下面介绍省内在用或在试点的几种主要采集模式。

1. 光纤＋RS485采集模式

这种模式比较适合新建的小区，因为新小区敷设光缆的成本更小。优点是通信实时性、可靠性都非常高，缺点是敷设光缆的成本往往很大。

2. GPRS+RS485 采集模式

这种模式比较适合集中装表的区域，优点是通信链路短，全链路的通信可靠性和实时性高，缺点是不太适合分散装表的区域，分散装表时需要敷设的 RS485 电缆长度过长，会显著增加建设成本和被雷击损坏设备的风险。目前，全省低压用户用电信息采集的主模式就是这种模式。

3. GPRS+窄带载波+RS485 采集模式

这种模式比较适合分散装表的区域，比如城郊和农村，其优点是安装方便，不用额外敷设本地通信线缆，缺点是可靠性和实时性较差，难以承载远程费控这样需要高实时性、高可靠性的业务。

4. GPRS+微功率无线+RS485 采集模式

这种模式比较适合分散装表且建筑篇稀疏的区域，比如城郊和农村，拥有与电力线窄带载波采集模式相近的优点，且不会受制于电网本身的阻抗特性和谐波干扰影响，可靠性和实时性高于载波模式，缺点是仍然不能达到本地有线通信模式的高可靠性，但基本上已经能够承载远程费控这样的业务应用。

5. GPRS+宽带载波+RS485 采集模式

这种模式与窄带载波采集模式进行比较，它的优点与窄带载波采集模式相近，优点是通信速率高，可靠性和实时性相对有明显提高，缺点是仍然受电网阻抗特性和谐波干扰影响，难以达到本地有线通信模式的高可靠性，但也基本上能承载远程费控这样的业务应用。

12.1.4 常用终端分类

1. 专变采集终端

专变采集终端，主要高压用户的用电信息采集，按照接线方式可以分为三相三线和三相四线两种。浙江省常用的是国网 III 型终端，外形如图 12－2 所示。专变终端自身也带有交流采用功能，除了可以通过 RS485 线采集电能表中的数据，还可以对用户开关实时控制，实现远程跳闸。

2. 智能配变终端

公变采集终端是公用配电变压器综合监测终端，实现公变侧电能信息采集，包括电能量数据采集，配电变压器和开关运行状态监测，无功补偿控制、供电电能质量监测，并对采集的数据实现管理和远程传输。同时还可以集成计量、台区电压考核等功能。

3. 集中器

集中器的主要功能就是将附近电表中的用电数据进行采集汇总，然后统一发送给采集系统主站。浙江省大部分集中器的远程通信模块采用 GPRS 模块，本地通信模块采用 485 端口和窄带载波模块。随着采集技术的发展，多样化的信道选择，使得远程通信模块也开始有光纤模块、CDMA 模块、FDD/TDD－4G 模块等，本地通信模块也开始有微功率无线模块、宽带载波模块等。

集中器按照形式可以分为Ⅰ型和Ⅱ型两种，前者外形尺寸较大，与Ⅲ型专变终端和三

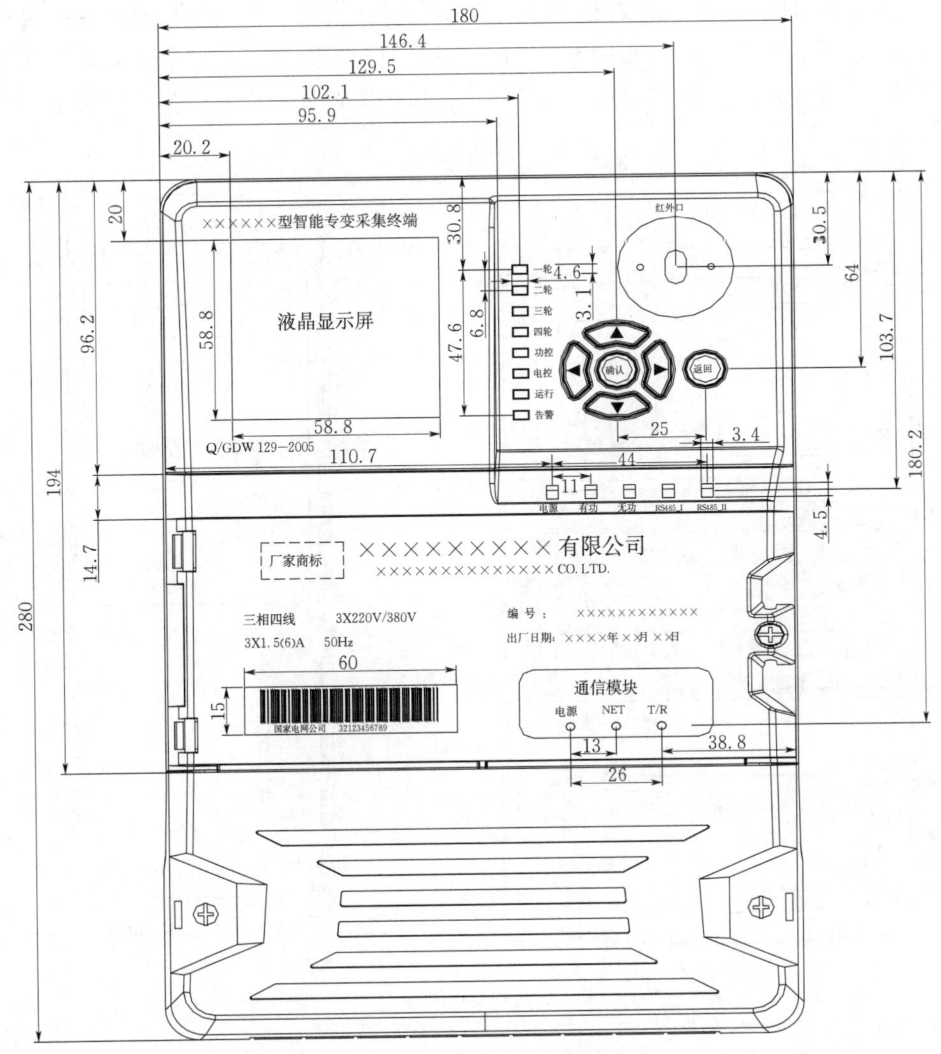

图 12-2 Ⅲ型专变采集终端外形图（单位：mm）

相智能电表相近，后者外形尺寸较小，与单相智能电表相近。

4. 采集器

采用集中器+采集器的模式时，现场不仅安装有集中器，还需要在电表端安装采集器。浙江省使用最多的采集器是窄带载波采集器，虽然采集器生产厂商较多，但是其通信芯片基本比较集中，主要由青岛鼎信通讯股份有限公司、青岛东软载波科技股份有限公司、北京晓程科技股份有限公司、杭州讯能科技有限公司、弥亚微电子（上海）有限公司等厂商供应。同芯片的采集器可以实现同台区下互换混装。

浙江省常用的采集器只有Ⅱ型采集器，其外形尺寸如图 12-4 所示。

12.1.5 装接模式分类

不同的本地采集模式，本地通信网络与电网之间的关系是不同的。GPRS+RS485 采集模式，本地通信网络一般都可以依附于电网上电网的拓扑结构，可以用电网信息进行自上而下的组网。而GPRS+载波/微功率+RS485采集模式，本地通信网络在一定程度上可以脱离电网拓扑的束缚，因此再按照电网信息进行自上而下进行组网会导致通信效率下降的问题，这时采用自下而上的自组网模式更加合适。因此，浙江省采集系统采用了三种装接模式。

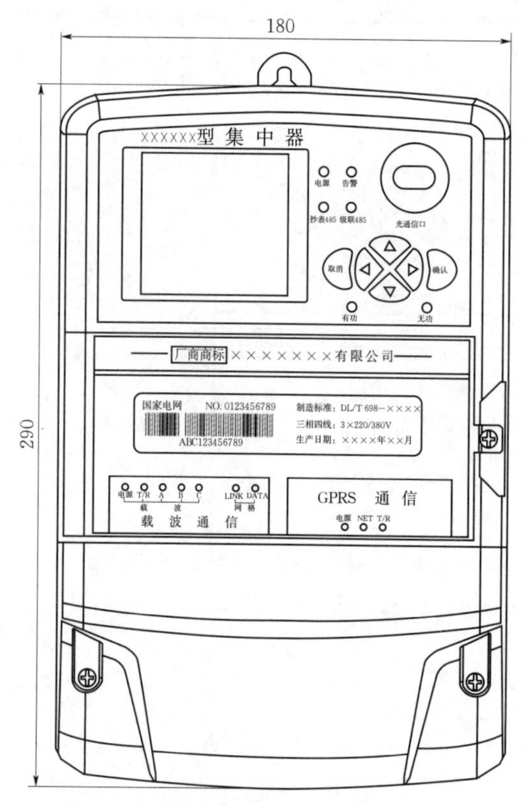

图12-3 Ⅰ型集中器外形图（单位：mm）

图12-4 Ⅱ型采集器外形图

1. 基于营销计划的装接

典型的自上而下装接模式，直接在营销系统利用电网信息将采集设备与电能表进行配对，形成采集关系后传递给采集系统，由采集系统负责数据采集。这种模式下，网络结构稳定，可以依据电网拓扑信息寻找到采集故障点。

2. 基于采集计划的装接

与基于营销计划的装接模式类似，只是将采集设备与电能表进行配对的控制权转移到了采集系统系统，且赋予装接人一定的自有，可以一定程度上脱离电网拓扑关系来进行人工控制下的组网。这种装接模式既能利用电网拓扑信息，也能获得脱离电网拓扑信息的束缚，但增加了人工管理的成本，在浙江省已经较少使用。

3. 基于自动搜表的装接

这种装接模式就是典型的自下而上装接，电力线载波技术模式下，该种装接模式形成的本地通信网络与电网拓扑有相当高的融合度，但微功率无线技术模式下，该种装接模式形成的本地通信网络已经与电网拓扑有了非常大的脱离，自由度非常高，缺点是可能增加运维时故障的排查难度。

12.1.6 相关技术协议

采集系统整体实现了对电能表数据的远程采集，但因为现场的电能表、采集设备都由不同的厂商生产，为了能实现各种设备之间能互联互通，就必须遵守一系列技术规范。这里简要介绍与采集通信密切相关的两个通信协议，即《电力用户用电信息采集系统通信协议 第1部分 主站与采集终端通信协议》(Q/GDW 1376.1—2013)（以下简称“Q/GDW 1376.1通信协议”）和《多功能电能表通信协议》(DL/T 645—2007)（以下简称“DL/T 645通信协议”）。

1. Q/GDW 1376.1 通信协议

Q/GDW 1376.1通信协议规范了采集系统主站与现场采集终端之间的通信，约定了各项主站该如何给终端配置参数、任务，如何读取终端中存储的各类数据，同时也约定了终端该如何向主站上告事件、传送各种用电数据等。

具体来讲，目前该协议约定了主站与终端之间16种应用功能的通信格式，包括主站向终端和终端向主站两个方向，见表12-1。

表12-1　Q/GDW 1376.1通信协议中应用功能码定义表

应用功能码 AFN	应用功能定义	应用功能码 AFN	应用功能定义
00H	确认/否认	09H	请求终端配置
01H	复位	0AH	查询参数
02H	链路接口检测	0BH	请求任务数据
03H	中继站命令	0CH	请求1类数据（实时数据）
04H	设置参数	0DH	请求2类数据（历史数据）
05H	控制命令	0EH	请求3类数据（事件数据）
06H	身份认证及密钥协商	0FH	文件传输
07H	备用	10H	数据转发
08H	请求被级联终端主动上报	11H～FFH	备用

例如，每天采集终端要将电能表的零点抄表数据上送给主站，其采用的格式就是应用功能码AFN为0DH的格式，功能定义就是传送2类数据（即历史数据）。

2. DL/T 645－2007 通信协议

该协议规范了采集终端与电能表之间的通信，约定了采集终端该如何读取电能表中的数据、如何对电能表实施参数写入和控制，同时也约定了电能表该如何对采集终端作出回应和上送数据的格式。

具体来讲，目前该协议预定了终端与电能表之间15种应用功能的通信格式，见表12-2。

表12-2　DL/T 645—2007通信协议中应用功能码定义表

应用功能码 AFN	应用功能定义	应用功能码 AFN	应用功能定义
03H	安全认证	17H	更改通信速率
08H	广播校时	18H	修改密码

续表

应用功能码 AFN	应用功能定义	应用功能码 AFN	应用功能定义
11H	读数据	19H	最大需量清零
12H	读后续数据	1AH	电表清零
13H	读通信地址	1BH	事件清零
14H	写数据	1CH	跳合闸、报警、保电
15H	写通信地址	1DH	多功能端子输出控制
16H	冻结命令		

例如，要对电能表进行广播对时，那么采集终端使用的指令就会采用功能码是 08H 的格式，这是专门用于广播校时的格式。

12.1.7 运维管理模块

离开采集系统的应用目的，从实现的技术角度考察，采集系统是一张点多面广、信道路径庞杂的实时通信网，每一个时刻都可能发生局部故障，因此采集系统的运行维护工作始终需要被重视。

为了更加专业集中地对采集系统进行运维，国网公司安排各网省公司按照统一模板开发采集异常闭环管理模块（以下简称“闭环管理模块”），以采集异常工单的产生、派工、处理、反馈等环节为主线，设计一整套流程，既希望提高采集异常处理的效率，同时也要增强异常处理的规范性，通过对采集运维全过程的透明化处理，实现对异常原因和处理方法的分类统计，不断厘清采集运维成本中的各组成要素，进一步指导降低采集运维成本，从而提高采集系统长期、持续、健康、稳定、绿色地运行。

闭环管理模块中几个基本知识点如下。

1. 采集异常的分类

根据异常的影响程度，闭环管理模块将异常分成采集故障和采集缺陷。根据故障的影响面和发生点位置等因素，将采集故障分成终端与主站无通信、集中器下表计全无数据、采集器下表计全无数据和持续多天无抄表数据。采集缺陷包括负荷数据采集成功率低、终端时钟异常和通信流量超标等。故障现象定义如下：

（1）终端与主站无通信：运行终端与主站长时间没有 GPRS/CDMA/SMS 通信。

（2）集中器下表计全无数据：集中器未能采集到其下所接所有电能表的电能数据。

（3）采集器下表计全无数据：集中器未能采集到采集器下所接所有电能表的电能数据。

（4）持续多天无抄表数据：持续多天未能采集到运行电能表的电能数据。

（5）负荷数据采集成功率低：负荷数据采集成功点数低于阀值。

（6）终端时钟异常：终端时钟偏差超限。

（7）通信流量超标：终端通讯流量超套餐标准。

2. 异常工单的生成

闭环管理模块根据采集异常的分类及其算法规则，每天对当天数据和历史数据进行分析，生成预警和异常工单。预警表示刚刚形成故障或缺陷端倪，可能会演变成长期故障或缺陷，但可以观察等待，比如昨天某户的有功电能示值还能被采集成功，但今天早晨就采集失败了，也可能下午就自动恢复了。异常工单则偏向于对历史数据的分析，一般已经形成确信采集故障或缺陷，需要尽快安排修复。

3. 异常工单的处理

异常工单生成后，主站监控岗位可以按照问题性质选择远程处理或立即派工。对于非远程信道类的故障或缺陷，完全可以先进行远程分析，既可以选择闭环管理模块已经具备的模块化自动调试处理功能，也可以进行人工逐项因素分析，实现对异常的深入定位，指导下一步高效处理，减少盲目处置。

接单人员可以根据自己对故障或缺陷的专业判断（包括远程诊断和现场诊断），对异常进行处理，需要更换终端的，还可以在流程中发起更换终端的营销流程。对于疑难问题，还可以转到疑难问题管理模块，由上级技术支持部门来分析处理。

4. 异常工单的反馈

对于已经处理完毕的异常工单，均应填写异常原因和处理措施，目的是为后期统计分析做数据准备，进而不断丰富异常判断处理的知识库，同时也为相同对象再次发生异常时提供历史信息回溯，方便异常处理人员的判断和处理，减少相同对象相同问题的诊断和处理成本。

5. 闭环管理模块的辅助功能

随着闭环管理模块的核心功能不断完善，也会逐步向其边缘领域延伸，一侧是其他业务，一侧是现场处理领域。手持终端、智能卡、备品备件等与采集运维相关的设备工具都会逐渐纳入闭环管理模块进行管理。

12.1.8 运维常用工具

1. 基本工具

（1）高、低压验电笔。

（2）全绝缘各规格螺丝刀；尖嘴钳、斜口钳。

（3）棉质纱手套、绝缘手套。

（4）照明灯。

（5）护目镜。

（6）钳形万用表。

（7）封印钳。

（8）绝缘梯。

2. 专业维护设备

（1）掌机。掌机又称手持式抄表机、抄表器、掌上电脑、手持终端或数据采集器，是用于现场数据采集、终端设备参数设置或读取等工作的掌上设备，其外形如图 12-5 所示。用于采集运维的掌机应支持红外通信和 RS232 串口通信，应有开放式系统，并有足够的存储空间支持不同应用程序的灌装和数据保存。

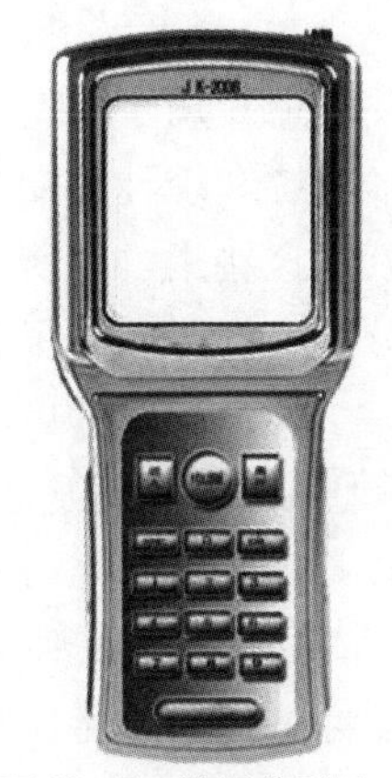

图 12-5 掌机外形图

（2）谐波测试仪。当电网中的电压或电流波形非理想的正弦波时，即说明其中含有频率高于50Hz的电压或电流成分，我们将频率高于50Hz的电流或电压成分称为谐波。

谐波的危害包括：降低系统容量（如变压器、断路器、电缆等），加速设备老化，缩短设备使用寿命，甚至损坏设备，危害生产安全与稳定，浪费电能等。

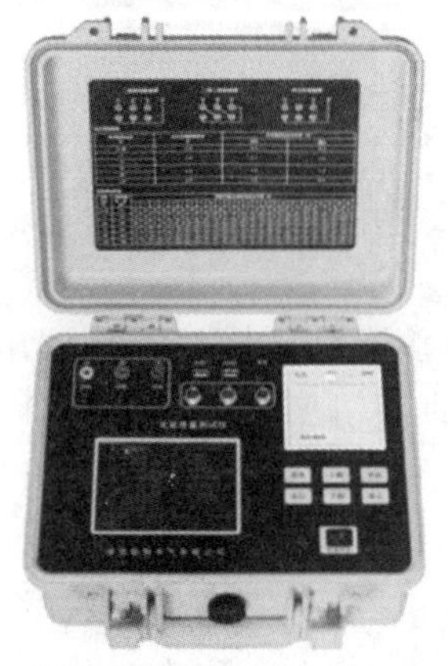
图12-6　谐波测试仪外形图

谐波对电力线载波通信造成干扰，影响载波传输的成功率。因此我们需要对电力系统谐波进行测试，以掌握谐波的含量以及确定谐波源，以便采取安装滤波器等方法进行治理，保证载波传输成功率。用于检测谐波的仪器就称为谐波检测仪，又称电能质量分析仪，其外形如图12-6所示。

1）可测试参数。系统频率、电网谐波、三相电压不平衡度、电压偏差、电压基波有效值和真有效值、电流基波有效值和真有效值、电压变动、电压长闪变，电压短闪变、电压骤升骤降、基波有功功率、无功功率、基波视在功率、2～50次谐波、真功率因数等。

2）实时谐波数据判断。仪器内部已附有谐波国标值，可准确、实时判断当前测试的电压谐波、电流谐波数据正常或超标。

3）通信接口。具有内部存储功能，电能质量测试仪还提供2个USB接口，一个主机口用于存储数据到U盘，一个设备口与笔记本电脑通信，实现数据传输和数据分析。

4）数据图形显示。5.5寸彩色液晶屏，可以完成频谱图、波形图、矢量图、实时数据显示，可进行矢量分析、接线判别，直观清晰。

5）录波。可以完成自动越限录波，同时可手动触发事件录波。

6）精度高。对谐波、三相不平衡度均采用基准算法，无近似计算，采用高精度A/D（16位），同时采样，采集速率12.8kHz。

（3）谐波含有率误差。

1）当谐波电压含有率不小于$1\%U_N$时，允许误差$\sigma<\pm5\%U_h$。

2）当谐波电压含有率小于$1\%U_N$时，允许误差$\sigma<\pm0.05\%U_N$。

3）当谐波电流含有率不小于$3\%I_N$时，允许误差$\sigma<\pm5\%I_h$。

4）当谐波电流含有率小于$3\%I_N$时，允许误差$\sigma<\pm0.15\%I_N$。

（4）用户所属台区测试仪。在我们的日常用电管理工作中，常常为了安装低压载波集抄系统和统计台变线损，而需要准确判断某计量装置是属于哪个配变台区，这就需要准确判定这些用电户所在的台区。一般情况下我们都采用分台区、分线停电，逐个检查来区分，这样需花费很多人力且给用户造成不方便。

用户所属台区测试仪器根据不同的工作原理有很多种，这里介绍一种采用脉冲电流法和FSK电力载波信号法相结合的方法进行台区识别的双向台区识别仪器，其原理图如图12-7所示。

1）工作原理。先由手持终端发出一脉冲电流信号，主机端脉冲电流检测器检测到此脉冲电流信号后，显示出该信号的相别（据此可判断出该用户属于此变压器的某相，此方法为脉冲电流法），同时主机在对应相发出电力载波信号，手持终端若收到此载波信号，说明该用户属于此变压器。若手持终端没有收到此信号则需要查看主机是否收到脉冲电流信号，若收到脉冲电流信号，则说明该用户属于此变压器；若主机没有收到脉冲电流信号则说明此用户不属于该变压器。

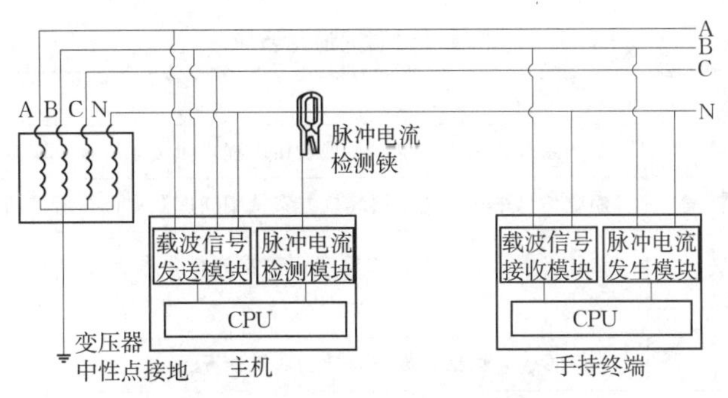

图 12-7 双向台区用户识别仪原理图

2）使用方法。测试主机接入台区低压母线出线位置，手持终端接入用户计量装置所在位置，手持机（抄表掌机）可与主机和手持终端进行红外或 RS232 接口通信连接，读取测试结果。主机和手持终端也可直接通过自身指示灯或者液晶显示测试结果。

（5）采集运维掌机。

1）应用场景。采集运维人员通过手持设备——采集运维掌机接收故障处理任务，利用手持设备设备 GIS 导航功能自动生成故障处理路径，引导采集运维人员到达故障现场。到达现场后，采集运维人员利用手持设备的电子标签和扫描功能确认故障设备位置和用户信息，进行故障处理。故障处理完成后，发送结果到采集系统。如果发现异常用电，发起用电检查流程，如果发现电能表故障需更换采集终端时，可远程发起终端更换流程；如发现电能表故障时，可远程发起计量设备故障流程。

2）应具备如下功能：

a. 条码扫描，兼容一维、二维条码扫描。

b. 电力红外。

c. WiFi、蓝牙、NFC、GPS、北斗。

d. 支持北斗或者 GPS 定位。

e. 支持国网标准的电力红外通信规约。

f. 支持电表、集中器、配变终端等设备的读设操作。

图 12-8 采集运维掌机外形图

采集运维掌机的外形如图 12-8 所示。

12.1.9 设备调试方法

由于各传输层采集设备的不同，通信规约、接口、接线规则会存在着一定的差异，整个用电信息数据传输通道规约变化较多，同时由于安装施工质量问题也会引起数据传输不畅，因此在设备安装完成后，必然有部分数据不能采集传输，要进行数据采集和数据传输的调试。调试时调试主站与终端的通讯情况、终端与电能表之间通信情况以及下发统一定义的参数、任务给终端，实现终端的自动装接。终端自动调试通用步骤见表12-3。

表12-3　终端自动调试通用步骤

编号	名称	描　述
1	收到装接方案	营销系统调用接口发起终端装接流程，采集系统接收装接方案
2	建调试所需档案	用电信息采集系统根据装接方案从中间库获取调试所需档案信息
3	下发表地址、规约	通过终端上电或手工触发方式触发测试，系统自动下发表地址、表规约参数给终端
4	中继抄表	中继抄表，调试终端与表计的通讯情况
5	广播抄表	专变终端在中继失败后，尝试进行广播抄表
6	再次下发表地址、表规约	将广播回来的表地址、表规约重新下发给终端
7	下发测量点参数	将接线方式、电压变比、电量变比等参数下发给终端
8	下发任务	将定制任务下发给终端
9	建所有档案	营销系统归档后通知用电信息采集系统，采集系统更新获取其他档案及更新已有的档案
10	数据上报	装接完成，终端数据上送

1. 专变终端

专变终端的调试流程如图12-9所示。专变终端安装完成后首先要进行现场调试，以判断设备是否完好、现场安装是否正确，终端与表计通信是否畅通。

(1) 观察终端指示灯来判断终端的运行状况。

1) 看运行指示灯是否亮，正常状态是一闪一闪的。

2) 查看网络指示灯是否闪烁，如果不亮或常亮都是不正常的。

3) 查看终端显示屏上的信号强度是否在两格以上。

4) 查看终端显示屏的电量示度是否和电能表的示度一致。

(2) 观察有不正常时，先检查有无设备和安装质量问题，再用掌机调取终端相关参数，看是否有不匹配。

1) 安装质量主要检查RS485线是否接反，是否牢靠。

2) 通信模块、SIM卡、天线插入是否到位牢固。

3) 参数主要检查主站地址、APN、终端逻辑地址、表计地址，表计通信波特率、表计规约等。通过掌机，可进行中继抄表及读取测量点数据。

与主站通信不成功，先检查GPRS通信状况。GPRS信号强度，可通过终端面板指示灯进行简单判断。终端面板上指示灯显示绿色时，表示终端所在位置GPRS信号很强，一般在－65dB以上；显示橙色时，表示终端所在位置GPRS信号中等，一般在－85～－65dB之间；显示红色时，表示终端所在位置GPRS信号很弱，一般在在－85dB以下。

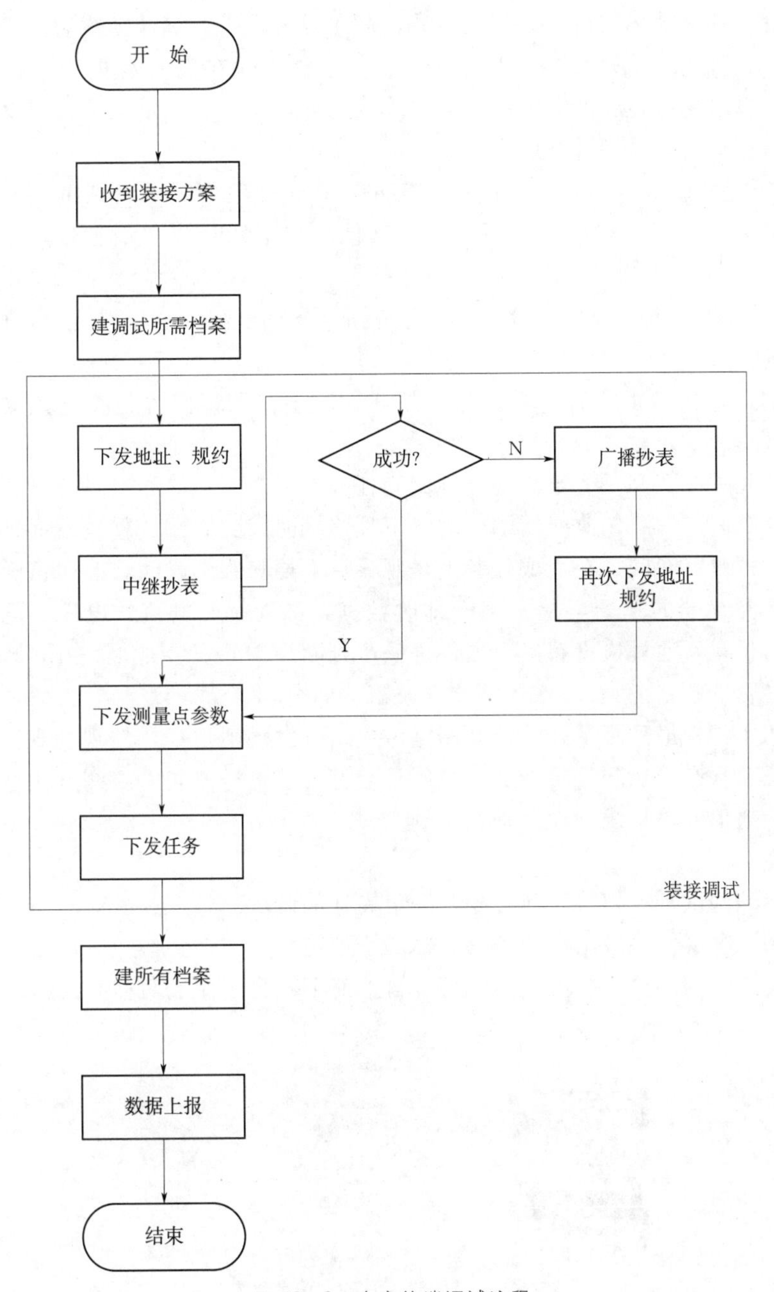

图 12-9 专变终端调试流程

为确保特性可靠，GPRS 信号强度应在－85dB 以上，如果小于－90dB，则很难保证通信成功率。地下室、金属表箱内、电井等场所信号一般都很弱，可通过引出天线，将终端安装到有信号的位置，向 GPRS 运营商申请加装信号放大器，做好室内分布等手段来解决。

与主站通信不成功还可能是以下原因造成的：

1）为了保证数据通信安全，终端配置的 SIM 卡需要捆绑一个固定 IP，在现场调试过程中，也会存在部分 SIM 卡未捆绑 IP 以及同一 IP 被重复使用的现象。在系统调试过程中，经常出现一些终端无故自动下线的现象。除了信号问题，终端掉线后，一般15min左右自动上线。产生这一现象的原因一是终端与主台之间在没有数据交换的情况下，每15min左右向主站发送心跳报文维持长期在线状态，如果移动系统与主站在数据交换方面出现延时或数据丢失，将导致终端下线。

2）GPRS运营商基站都有一定的设计容量，在某个时间要求上线的用户数达到或超过基站信道容量，部分终端将被迫下线，在其他用户下线释放出信道后，才能够有机会上线。

3）终端处于2个移动基站交叉地区，在获取移动信号时，会根据信号强度在2个基站中不断切换。

现场终端运行状态正常后，开始与主站联调。主要调试内容包括：数据是否正常上送，控制任务是否能正常完成。

主站下发相关参数和任务给终端，观察到任务上送时间点是否有任务数据上送，任务上送有固定的时间点，可以改变终端时间（下发终端时间到终端）使终端时间接近任务上送时间，以缩短观察时间。在完成任务上送观察后，要将终端时间修改回正确时间。

在主站召测终端的现场可检查用电即时数据，如功率、电流、电压、电量、开关状态、计量柜门位置。通过检查召测数据，进一步判断终端的安装是否完好，现场接线是否正确，通信是否正常。

如果一切正常，最后测试开关控制回路。主站下发跳闸指令，在现场观察终端中开关状态和实际开关状态。在开关跳闸后，主站是否有告警上送，同时召测开关状态并与现场核对，以判断遥信回路接线、设置是否正确。

2. 配变终端

与专变终端调试基本相似，而且少了采集表计的调试。

3. 集中抄表终端（集中器＋采集器）

集中抄表终端调试按装接流程不同可分自上而下、自下而上两种方式如图12－10、图12－11所示。具体的调试方法也不同。

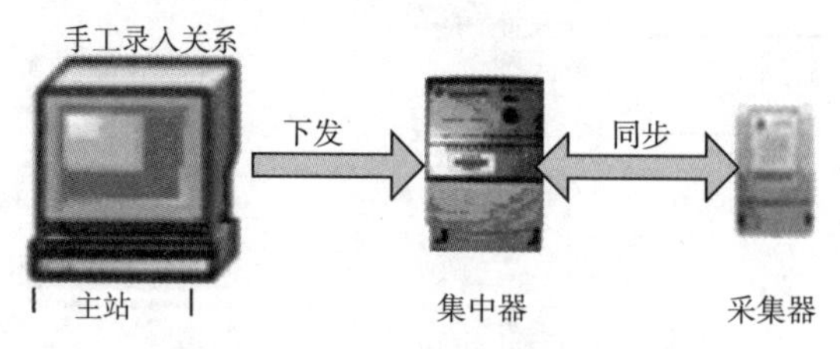

图12－10　自上而下的调试示意图

（1）自上而下的调试。采集系统通过接口从营销系统获取集中器与电表的档案，集中器与采集器、电表关系在采集系统中手工维护，关系建立后主站手工下发测量点参数，集中器与采集器同步更新参数，集中器与采集器的关系可反馈给营销系统。

（2）自下而上的调试。采集器对下接的电能表自发现，更新参数F10，并通过一定的策略同步到集中器。集中器按一定策略完成更新后上报事件到主站，主站自动召测电能表与采集器地址，主站根据召测的表地址、采集器地址从运行系统获取电能表、采集器档案，自动建档完成后把采集器与集中器关系反馈给营销系统

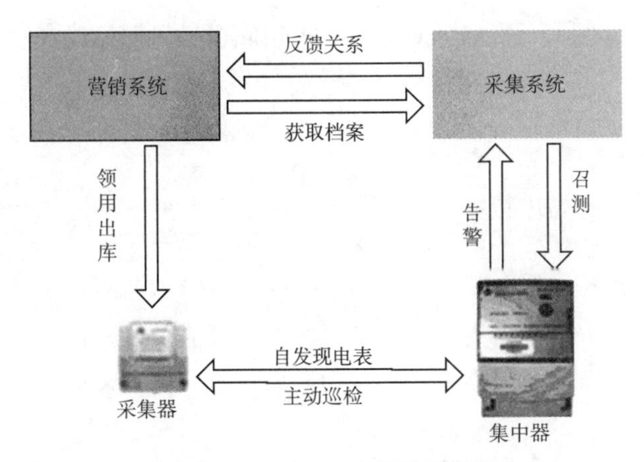

图 12-11　自下而上调试示意图

4. 集中器

在主站建立集中器档案资料，在主站进入装接流程，建立需要调试的台区集中器档案，如果集中器已经登陆主站，则进行后续调试，否则应到现场检查集中器。

(1) 现场调试。首先观察集中器屏幕底部的提示栏中第 2 项提示是否为“开启”，如果不是，用掌机命令“控制命令”→“集抄相关”→“F149 自动维护功能”→“开启”设置到集中器。

然后，用掌机检查集中器的以下参数是否正确。

1) 主站通信参数（参数 F3)。

2) 逻辑地址（参数 F)。

3) 事件 ERC3 设置为重要事件（参数 F9)，如果不正确，用掌机将其设置正确。

4) 集中器事件主动上报开启（1 类数据 F4)，如果未开启，用掌机命令“控制命令”→“主动上报”→“允许主动上报”，将此功能开启（控制命令 F29)。

再观察集中器是否开始接收采集器的上送报文。

1) 观察集中器的载波模块的指示灯，如果指示灯有绿色闪烁，且左起第 2 个指示灯有红色闪烁，表明集中器已经在接收采集器的上送报文。此时说明集中器载波模块工作正常。

2) 操作按键，在屏幕上选择“统计信息”查看收到采集器上报的电表数量是否为 0；如果不为 0，可间隔数 10min 再查看一次，观察电表数量是否增加，如果为 0，或电表数量没有增加并且载波模块指示灯状态不正常，表明载波模块有故障。

(2) 主站调试。查看主站是否收到集中器的上报告警。一般情况下，主站每日 8：00、14：00、20：00 会自动处理集中器的电表上报信息。在主站观察台区集中器下是否有新增的采集器和新增电表。记录新增采集器和电表的数量。

集中器安装且现场调试确认集中器已经登录主站后 2～3 天内，比对主站上新增的采集器个数与现场安装文件给出的采集器安装个数，如果相等，表明集中器已经收到所有采集器的上报信息；否则应调试未上报到主站的采集器。

在采集器已经全部上报到主站的情况下，记录主站显示的电表数量。如果安装文件给出了电表接入数量，则与此比较，否则可与营销系统的档案资料比对。

如果安装文件中给出了完整的电表数量，可据此按采集调试步骤，检查采集器以及挂接的电表。否则可参考营销系统的档案资料，备注未上报的电表，但无需立即进行处理，因为营销档案也会存在差错。

5. 采集器

采集器调试必需在现场进行。一般情况下，采集器数量（不考虑台区电表数量）小于100的台区，全部采集器应在24h之内全部上报；数量大于100的台区，48h之内应该上报95%。

(1) 现场安装资料有但主站未显示的采集器。按以下步骤操作后，如果查看结果都正确，并且排除了故障，但次日仍未在主站看到该采集器，更换采集器。

1）检查采集器“地址”是否正确。用掌机“通道信息—0”查看返回内容的最末一行。确认采集器地址与外壳条码上的数字一致。如果不一致，用掌机将其设置正确。

2）用掌机“调试信息”查看返回内容，确认显示的电表个数与实际挂接的电表个数一致，如果不一致，则检查掌机未显示的电表的RS485接线是否正确。

3）与2）相同的操作，查看返回显示是否为“绑定”，且绑定地址为采集器安装所在台区的集中器逻辑地址。如果已经“绑定”但显示的绑定地址不是所在集中器的逻辑地址，说明存在载波信号串台区的现象。此时应记录显示的绑定地址，在主站查看该绑定地址所对应的集中器下是否显示了该采集器（与此情况，仅需做好记录即可，无需其他处理）。如果掌机显示未“未绑定”，可尝试以采集器挂接的电表通信地址用掌机发送“强制呼救”，待次日再进行检查。

4）用掌机“载波测试”“链路报文信息”抄读采集器，如果采集器有返回，说明采集器的载波通道正常，此时可记录返回的显示内容，以备整个台区抄收情况的检查。如果尝试数次，采集器仍没有返回，则将采集器重新上电后重复操作一次。不论上电后操作是否成功，该采集器载波通道已经存在故障，应考虑更换采集器（如果上电后操作成功可暂时不做处理）。

(2) 主站已经显示但挂接电表数不全的采集器。这种情况基本归于电表485（接线）故障，或是安装资料有误。在现场参照上节的操作方式做一般性的检查即可，如果现场电表存在、接线正确且集中器中也能查看到全部电表，可暂不做处理。

在调试过程中采集器与电能表485通信不成功问题主要有施工接线问题、电能表接线问题、RS485总线问题。

1）施工接线问题。主要表现为RS485通信线漏接、接错端子、AB接反、接线松动等，经现场排查与返工基本可以快速排除。

2）电能表485通信口问题。电能表无RS485通信口或485口已损坏，经现场确认，通过换表流程解决。

3）RS485总线问题。在确认采集器与电能表接线正常后，采集器采集电能表数据失败或不全，一是RS485总线驱动能力不足，二是不同类型电能表RS485通信口干扰，三是电能表通信参数（规约、波特率）配置错误等原因。2009年开始，国家电网公司对智能电能表通信规约采用《多功能电能表通信协议》（DL/T 645—2007），相对于1997年版标准来说，新标准不仅扩展了规约数据项，通信波特率也从1200BPS提高到2400BP。用电信息采集过程中，对不同电能表应配置相应规约，如果配置错误，将导致采集失败。

同一只采集器下采集失败的电能表数量与表号不固定，并且远程召测能成功，一般也是RS485总线驱动能力不足引起的，可通过加放大器，增加总线驱动能力，也可增装采集器，减少采集器下电能表数量得以解决。电能表RS485通信口干扰问题，排查比较困难，特别是同一总线上有多只问题电能表，可通过分组筛选，逐一测试找出干扰电能表进行更换。

12.2 工　作　实　施

12.2.1 系统运行状态监控与维护

采集系统运行监控是对系统整体运行情况进行监督管控，主要任务包括：采集任务配置与执行、采集数据质量分析、采集系统运行指标分析、采集系统故障与处理情况、各项业务应用情况分析等。各省公司应建立省、市、县三级运行监控体系，分别负责所辖范围内采集系统运行情况的监控。

国网营销部根据公司业务需求的变化适时调整采集数据项、频度等数据采集要求。各省公司根据公司数据采集要求，结合本单位个性化业务需求统一配置、执行。

采集运行情况监控主要包括每日监控本单位采集任务执行情况及采集成功率指标，分析采集失败原因，派发工单并跟踪处理情况。

1. 系统运行状态监视

(1) 采集终端的告警、故障、掉线状态监视。

(2) 采集系统主站设备运行状态监视。

(3) 采集系统通讯信道运行情况监视。自建信道（如光纤、230MHz无线专网等）主要监视通道运行性能，租用信道（如GPRS、CDMA）同时监视通道运行性能和信道资费情况。发现通信信道异常，应根据有关规定处理。

(4) 按照采集终端的运行情况核对采集终端的状态（如检修、故障、运行等）并及时修订。

(5) 针对采集终端运行情况进行监控和分析，对各类异常情况进行协调处理，汇总所辖范围各类异常信息。

2. 数据采集管理

检查采集任务的执行情况，分析采集数据，发现采集任务失败和采集数据异常，进行故障分析，并处理采集环节的问题。

核对采集数据项对应采而未采的数据进行人工补采，对采集失败的用户进行分析，发现采集故障问题并及时处理。

定期统计数据采集成功率、数据采集完整率等，提供各类考核指标的数据报表和分析报告。

3. 主站维护

(1) 档案维护。根据流程，进行所辖范围内用户、采集装置档案信息的建立和维护。

配合现场调试人员进行系统信息与现场信息的核对，并根据核对结果进行维护更新。

(2) 参数设置。配合现场安装维护人员，进行用户采集装置参数设置和下发。设置过程中应进行系统参数与现场参数的核对，本系统参数与其他相关业务系统参数的核对，按照一致性原则进行修改或发起传票。

(3) 采集调试。配合现场安装维护人员，对用户所有接入的采集对象（抄表信息，遥信、遥控信息和其他采集对象）进行功能调试和试采集，核对采回信息与现场信息，确保完全一致。调试的同时建立相关的调试记录。

(4) 故障处理。经过对系统各异常事件的分析判断，发现各类采集故障，并做好记录和分类处理。对于采集装置参数异常等非现场故障，应通过参数核对，参数维护等手段进行故障处理。对于现场类故障，应利用系统功能发起维护工作任务流程，通知并配合维护人员进行现场维护。

12.2.2 终端与主站无通信问题及处理

1. 故障形成的常见原因

(1) 终端安装区域停电或终端掉电。

(2) 运营商网络或光纤网络故障，通信卡损坏、丢失、欠费、参数设置错误，信号强度较弱，远程通信模块天线丢失等原因造成的远程通信信道故障，影响终端正常登录主站系统。

(3) 由于远程通信模块故障、采集终端故障等原因致使终端无法正常登录主站系统。

2. 分析与处理流程图

终端离线故障分析与处理流程如图 12-12 所示。

3. 分析与处理步骤

(1) 主站侧分析终端离线的方法、处置步骤。

1) 判断是否因停电引起终端离线。

故障分析：通过主站查询终端主动上报的停电事件，结合计划停电信息，判断离线的终端是否在停电的区域。通常停电采集系统会显示停电状态。

故障处理：若因停电引起终端离线，则需待供电恢复后跟踪终端在线情况。

2) 检查离线终端所属网络是否正常运行。

故障分析：若离线终端的远程通信方式为无线公网通信，则联系相应运营商，核实离线终端通信卡资费、通信卡参数设置及网络运行情况是否正常；若离线终端的远程通信方式为有线通信，则联系信通公司核实专网网络运行情况。

故障处理：若终端的远程通信方式为无线公网通信，则联系相应运营商进行处理；若终端的远程通信方式为有线通信，则联系信通公司进行处理。

(2) 在现场分析终端离线的方法、处置步骤。

1) 判断终端的工作状态是否正常。

故障分析：检查终端外观是否出现黑屏、烧毁等现象；检查终端电源是否接入；检查终端是否死机或拨号异常。

故障处理：若终端外观出现黑屏、烧毁等现象，则更换终端；若终端电源无接入，需

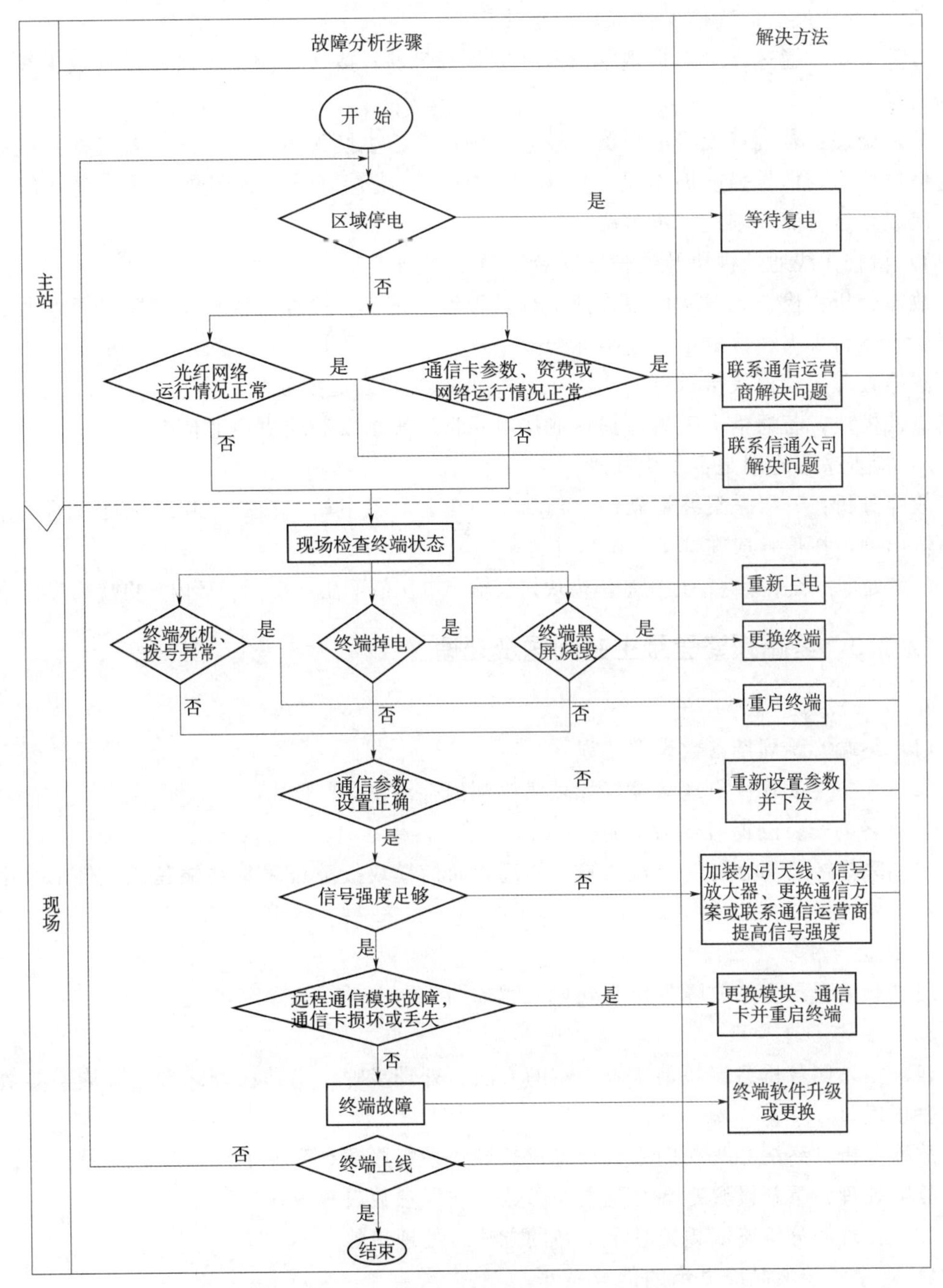

图 12-12　终端离线故障分析与处理流程

接入电源；若终端死机或拨号异常，则将终端重启上线

2）判断终端通信参数是否正确。

故障分析：通过终端面板按键或掌机检查终端通信参数是否正确，如主站 IP、端口号、APN、用户名、密码、终端地址等参数。

故障处理：经检查发现参数设置不正确，需正确设置参数。

3）判断终端获取的信号强度是否足够。

故障分析：通过终端面板观察信号强度是否足够，或通过测试设备测试现场无线信号覆盖情况。

故障处理：若现场无线信号覆盖较差，则可考虑更换无线通信方案。若更换其他运营商通信模块后，信号强度仍不足，则需通过加装天线、信号放大器等方式，增强信号强度，或联系运营商寻求进一步解决。

4）检查无线通信模块及通信卡安装情况。

故障分析：检查无线通信模块指示灯是否工作正常，检查无线模块针脚是否弯曲。检查通信卡是否丢失、接触不良或损坏。

故障处理：若模块指示灯工作不正常，重新安装或更换模块；若模块针脚发生弯曲，直接更换模块；若通信卡丢失、损坏或接触不良，重新安装或更换通信卡。

5）检查采集终端是否发生故障。

故障分析：升级采集终端软件，判断是否正常登录主站。检查采集终端远程通信模块接口输出的电压值，应在3.8～4.2V内。

故障处理：若采集终端远程通信模块接口输出电压值不在3.8～4.2V内，更换采集终端。

12.2.3 终端频繁登录主站问题及处理

1. 故障形成的常见原因

（1）终端心跳周期参数设置错误。

（2）采集终端软件出现故障，如采集终端内存溢出。

（3）终端安装位置信号强度弱。

（4）采集终端部分硬件出现故障，如远程通信模块故障或采集终端其他硬件部分出现故障。

2. 分析与处理流程图

终端频繁登录主站故障分析与处理流程如图12-13所示。

3. 分析与处理步骤

（1）主站侧分析终端频繁登录主站的方法、处理步骤。主站检查终端心跳周期参数是否设置正确。

故障分析：终端心跳周期参数设置过长导致采集终端频繁上下线。

故障处理：重新设置终端心跳周期参数，确保参数设置成功。

（2）在现场分析终端频繁登录主站的方法、处理步骤。

1）观察终端液晶屏显示的信号强度。

故障分析：检查信号强度是否符合要求、天线是否正常。

故障处理：信号强度弱或不稳定，可加装外延天线或信号放大器。若仍无法解决，需联系运营商处理。

2）检查远程通信模块是否故障。

故障分析：观察远程通信模块通信指示灯是否正常，更换远程通信模块，观察终端能否正常登录。

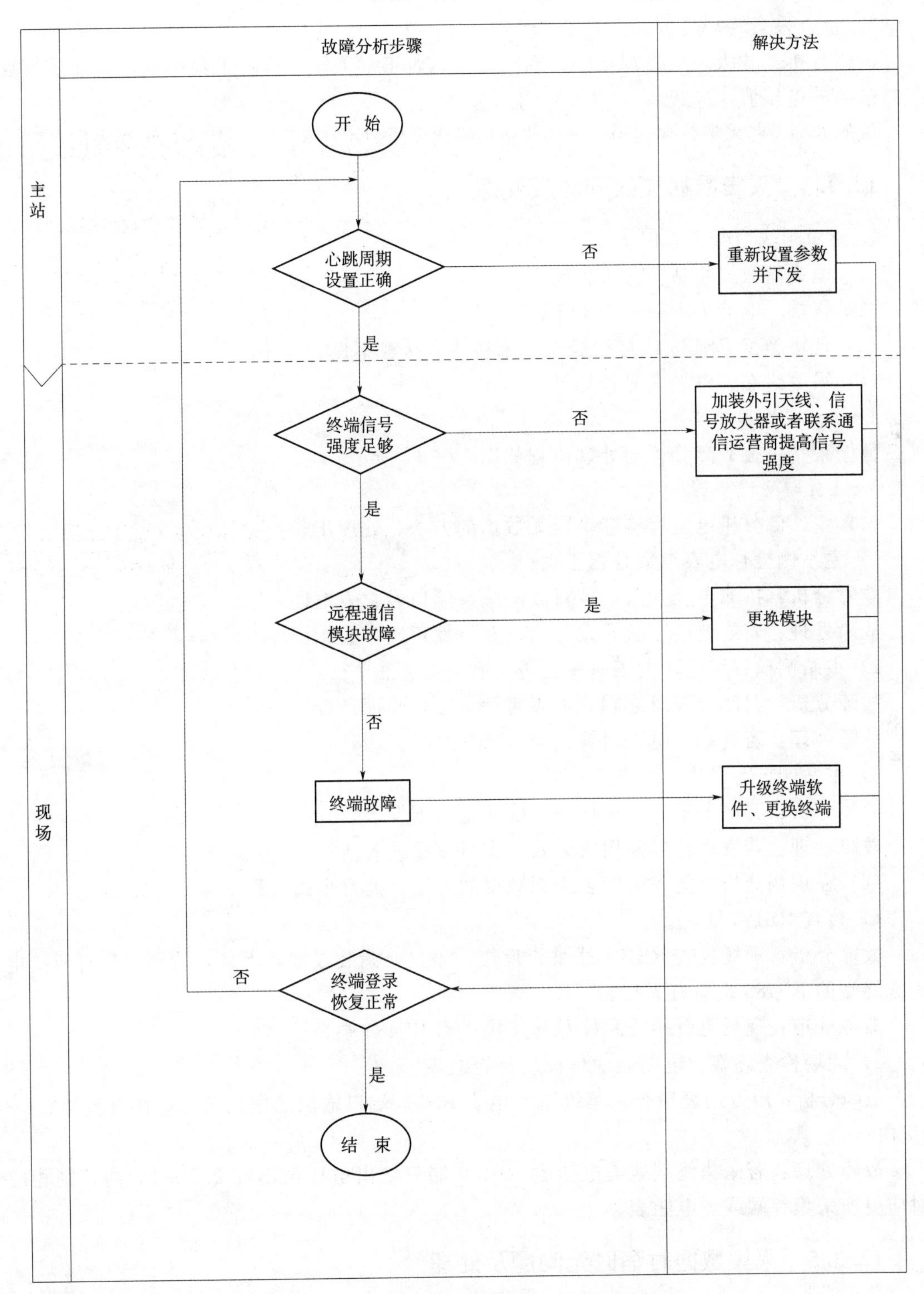

图 12-13 终端频繁登录主站故障分析与处理流程

故障处理：若远程通信模块故障，更换远程通信模块。

3）检查采集终端是否发生故障。

故障分析：升级采集终端软件，判断终端是否正常工作。检查采集终端远程通信模块接口输出的电压值，应在3.8～4.2V内。

故障处理：若采集终端远程通信模块接口输出电压值不在3.8～4.2V内，更换采集终端。

12.2.4 采集数据失败问题及处理

1. 故障形成的常见原因

（1）电表参数或主站任务设置错误。

（2）终端、电能表RS485端口损坏。

（3）现场施工RS485线接线错误、未接或者接触不良。

（4）采集终端、电能表时钟异常。

2. 分析与处理流程图

数据采集失败故障分析与处理流程如图12-14所示。

3. 分析与处理步骤

（1）主站侧分析电能表持续多天无数据的方法、处理步骤。

1）主站侧检查电表参数是否正确。

故障分析：招测电表参数，核对波特率、端口号、表地址。

故障处理：若终电表参数有误，修改并下发正确参数。

2）主站侧检查终端、电表时钟是否正确。

故障分析：召测并核对终端、电表时钟示数，验证是否正确。

故障处理：若终端、电表时钟错误，重新对时。

3）主站侧核对采集任务是否有效。

故障分析：召测电量、负荷任务，确认是否下发有效。

故障处理：若发现任务停用或无效，进行重投或者新投

（2）在现场分析电能表持续多天无数据的方法、处置步骤。

1）核查RS485线。

故障分析：现场检查RS485线是否反接、短接，漏装或接触不良，特别要核对所接电表或终端的RS485端口有无接错。

故障处理：现场更改接线和核对并连接正确RS485端口。

2）现场检查终端、电能表通信模块是否故障。

故障分析：用万用表检查采集终端和电表RS485端口输出的电压值，应在直流挡2.7～4V内。

故障处理：若采集终端或者电能表RS485端口输出电压值不在2.7～4V内，则相应对应更换采集终端或者电能表。

12.2.5 采集数据时有时无问题及处理

1. 故障形成的常见原因

（1）采集终端软件版本存在缺陷。

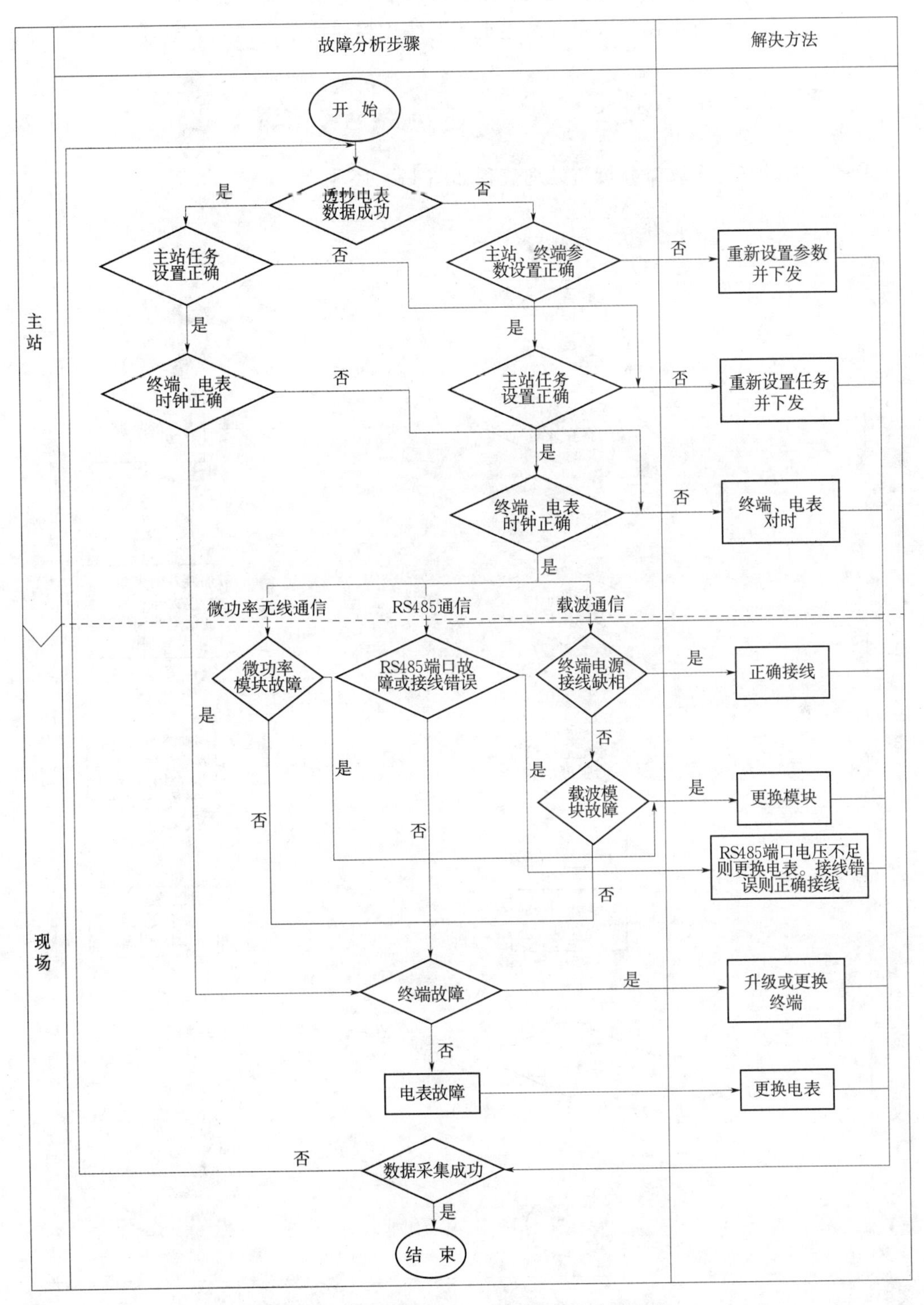

图 12-14　数据采集失败故障分析与处理流程

（2）采集终端天线安装位置处无线信号强度较弱，无法与基站正常通信。

（3）由于台区供电半径过大，导致电能表与集中器通信距离过远，载波或微功率信号衰减严重。

（4）采集终端、电能表故障。

2. 分析与处理流程图

采集数据时有时无故障分析与处理流程如图 12-15 所示。

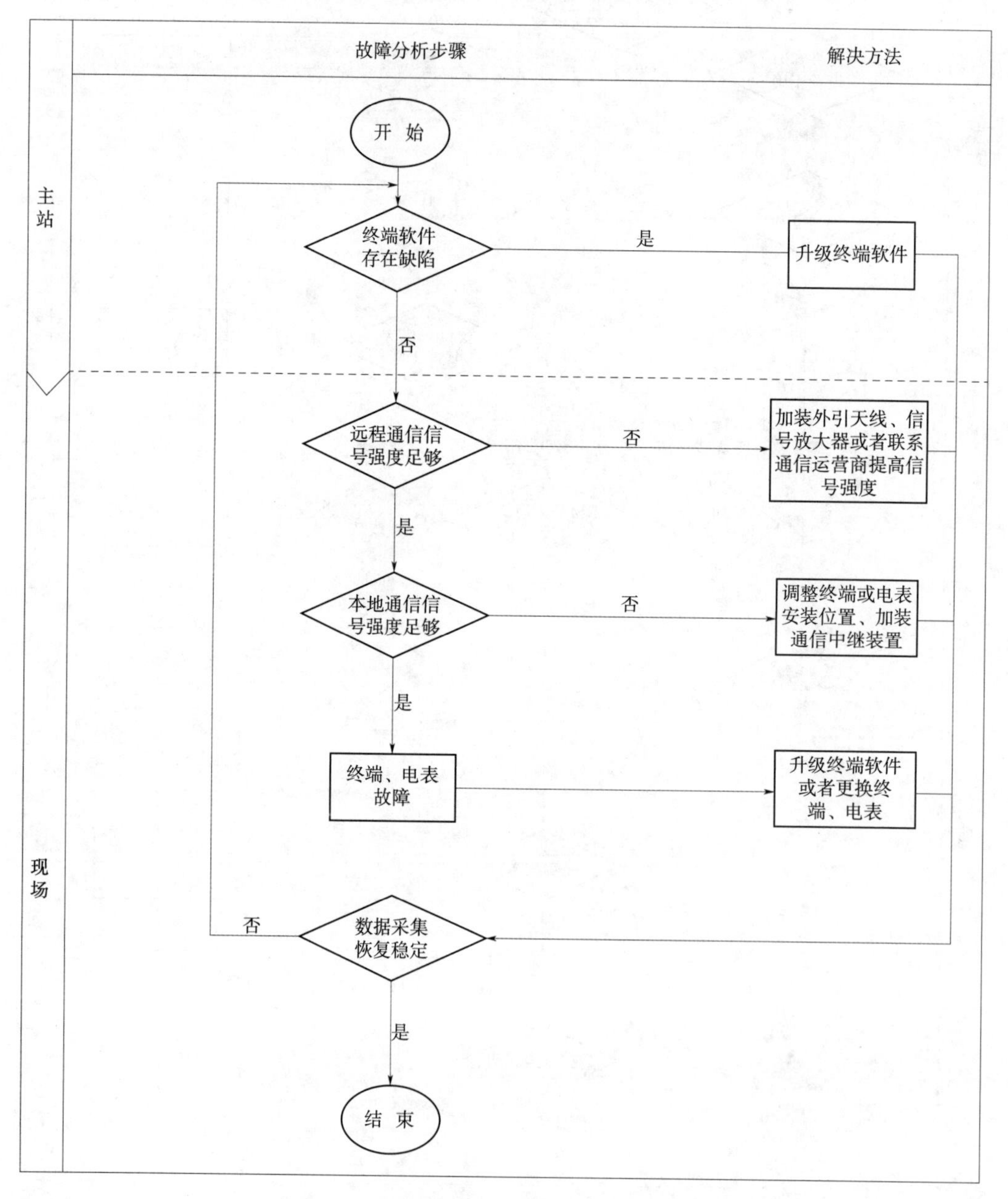

图 12-15 采集数据时有时无故障分析与处理流程

3. 分析与处理步骤

（1）主站侧检查终端软件是否存在缺陷。

故障分析：召测终端软件版本号，验证软件版本是否正确。

故障处理：若终端软件存在缺陷，升级终端软件。

（2）在现场分析采集数据时有时无的方法、处置步骤。

1）核查远程通信信号强度是否符合要求。

故障分析：观察终端液晶屏显示的信号强度，检查信号强度是否符合要求、天线是否正常。

故障处理：信号强度弱或不稳定，可加装外延天线或信号放大器。若仍无法解决，需联系运营商处理。

2）检查本地通信信号强度是否符合要求。

故障分析：现场检查供电半径是否过长，通过掌机观察在网成功率是否满足要求。

故障处理：调整终端或电表安装位置，加装通信中继装置。

3）现场检查终端是否故障。

故障分析：检查采集终端所接入的其他电能表数据是否采集正常，若正常则表明终端正常。反之，则通过升级、更换终端后观察故障是否消除。若故障消除，则表明终端发生故障。

故障处理：若采集终端故障，则升级或更换终端。

4）现场检查电能表是否故障。

故障分析：检查采集终端下接的其他电能表的采集数据是否正常，若其他电能表采集数据正常，则判断为电能表故障。

故障处理：若电能表故障，则更换电能表。

12.3 工作质量管控

12.3.1 管控指标（标准）

按照“分级管理、逐级考核、奖罚并重”的原则，开展采集系统运行维护监督与考核。

采集系统运行情况及相关指标应由采集系统运行监控单位按月汇总分析，形成系统运行分析报告上报各级营销部门。

采集系统运行考核指标至少应包括：采集覆盖率、采集成功率、采集异常处理率、台区线损正确可算率等。

1. 采集覆盖率

采集覆盖率是衡量采集系统建设进展的基本指标，目前国网公司和浙江省电力公司要求高压用户的采集覆盖率必须达到100%，低压用户的采集覆盖率必须达到99.5%以上。

2. 采集成功率

采集成功率指标是衡量采集系统运行健康水平的基本指标，目前浙江省电力公司要求全口径的采集成功率要达到99.0%以上。同业对标中该指标的计算公式如下：

$$全用户日采集成功率=\{\{专变终端及\text{Ⅱ}型集中器日采集成功率\times\frac{专变终端及\text{Ⅱ}型集中器采集用户数}{采集覆盖用户数}+[1-(1-其他采集模式日采集成功率)\times0.5]\times\frac{其他采集模式采集用户数}{采集覆盖用户数}\}\times0.8+抄表日采集成功率\times0.2\}\times\frac{采集覆盖用户数}{总用户数}$$。

3. 采集异常处理率

采集系统主站每天都会对全部采集设备和用户电表的采集质量进行统计，对采集失败进行归集，产生采集异常，供运维人员每天进行派工和处理，如果能及时将采集异常处理完毕，即能提高采集异常处理率。

$$采集异常处理率=\frac{及时处理完毕的采集异常}{系统主站生成的采集异常}\times100\%$$

4. 台区线损正确可算率

由于采集系统能实现公变台区关口和台区下全部用户电能表数据的同步抄表，所以采集系统可以实现每天统计一次每个台区的线损率，然后对每个台区的线损率进行分类，有正常的、超大的、为负的和不可计算的等。线损率正常的台区数占被统计单位全部台区数的比例就是台区线损正确可算率。

$$台区线损正确可算率=\frac{线损率在正常范围的台区数}{全部台区数}\times100\%$$

该指标是一个综合应用性指标，主要反映一个供电区域内，低压电网经营状况的健康水平。

省公司营销部根据采集系统主站运行维护情况，对采集系统主站运行维护单位的相关指标按月通报，按年考核。

外包队伍应纳入定期考核与评价，并根据考核评价结果和合同条款的规定进行处置。外包队伍的考核评价结果将作为后续服务采购的评价内容采集系统运行监控是对系统整体运行情况进行监督管控，主要任务包括：采集任务配置与执行、采集数据质量分析、采集系统运行指标分析、采集系统故障与处理情况、各项业务应用情况分析等。各省公司应建立省、市、县三级运行监控体系，分别负责所辖范围内采集系统运行情况的监控。

12.3.2 管控措施

1. 采集运行情况监控

主要包括每日监控本单位采集任务执行情况及采集成功率指标，分析采集失败原因，派发工单并跟踪处理情况。

(1) 当发现单个专变用户连续1天以上、低压用户连续3天以上采集异常时，地市、县供电企业运行监控人员应进行故障分析，并于当天派发工单并跟踪处理情况。

(2) 当发现大范围采集异常时应立即分析，并将故障现象逐级上报至省计量中心。省计量中心立即组织大范围采集异常排查处理工作，其他各级监控人员根据职责分工立即派发异常处理工单；主站、通信信道和采集设备运维人员应立即组织排查主站、通信信道和现场终端运行状况，并及时将故障现象和排查处理情况报至省计量中心。

采集数据质量监控主要包括每日跟踪分析本单位采集系统数据质量情况及相关数据异

常情况，根据数据异常项和各类告警信息，分析判断异常原因并派发工单；对下级单位处理不及时的数据质量问题派发督办工单，并跟踪异常处理情况。当发现批量数据质量异常时，应立即上报省计量中心，由省计量中心立即组织异常排查处理工作，并跟踪处理情况。

数据应用部门在业务应用过程如果确认存在数据质量问题，应将分析结果反馈至本级运行监控人员，由运行监控人员分析判断后派发工单并跟踪处理情况。

运维换表等环节的采集调试情况监控主要包括每日跟踪故障处理后的采集设备调试流程，跟踪处理调试流程中存在的问题，对3个工作日内未调试成功的调试工作进行分析，并派发异常处理工单；对下级单位处理不及时的流程派发督办工单，并跟踪异常处理情况。

采集业务应用情况监控主要包括每日跟踪采集系统业务应用情况及相关指标，并积极配合各业务应用部门对应用中发现的问题进行协调处理，对确属采集系统本身原因引起的问题，及时派发工单，督办处理。

各级运行监控部门每月应汇总分析本单位采集系统运行情况和各项监控指标，针对运行指标中存在的问题提出整改措施，并上报本级营销部。

2. 现场设备运行维护

运维对象包括厂站采集终端、专变采集终端、低压集中抄表终端（集中器）、采集器及电能表、本地通信信道。

运维内容包括现场设备巡视和故障（或隐患）处理。

现场设备应结合用电检查、周期性核抄、现场校验等工作同步开展常规巡视。在有序用电期间，或气候剧烈变化（如雷雨、大风、暴雪）后采集终端出现大面积离线或其他异常时，开展特别巡视。巡视工作应做好巡视记录，巡视内容包括：

（1）终端、箱门的封印是否完整，计量箱及门是否有损坏。

（2）采集终端的线头是否松动或有烧痕迹，液晶显示屏的是否清晰或正常显示。

（3）采集终端外置天线是否损坏，无线公网信道信号强度是否满足要求。

（4）采集终端环境是否满足现场安全工作要求，有无安全隐患。

（5）检查控制回路接线是否正常，有无破坏。

（6）电能表、采集设备是否有报警、异常等情况发生。

现场设备故障处理应根据故障影响的用户类型、数量、距离远近及抄表结算日等因素，综合安排现场工作计划。

采集设备软件升级前，应经省计量中心检测确认并按软件版本管理要求统一编制版本号后，报省公司营销部批准后组织实施。采集设备软件升级应以远程升级为主。

第13章　用电信息采集系统常见计量异常处理

13.1　基本知识

13.1.1　计量异常的定义

电能计量装置包括电能表，电压、电流互感器及其二次回路，电能计量柜（箱）等，当因安装错误、不规范、过载、外力破坏等原因导致不能正确计量时，称存在计量异常。

13.1.2　计量异常的种类

计量异常种类繁多，根据不同分类规则，同一异常现象可以有不同的种类归属。

从计量设备角度分，异常包括电能表异常、电压互感器异常、电流互感器异常和二次回路异常等。

从发生异常的电参数种类分，异常包括电能量示值异常、电压异常、电流异常、负荷异常、需量异常、时钟异常等。

13.1.3　计量异常的产生原因

计量异常产生的原因多种多样，人为因素、设备因素、环境因素都可以引起计量异常，例如：超载、雷击、错接线、接线盒故障、电能表故障、电压互感器故障、电流互感器故障、特殊负载、零线断开等。

13.1.4　主站发现异常

采集系统每天采集到大量用户用电数据，为计量异常的发现和诊断提供了重要手段，使计量异常发现率和处理及时率得到了极大的提高。目前，专变用户每天有上百个时间点的实时数据送到采集系统，低压用户也至少每天有一个时间点的数据送到采集系统，利用这些数据可以判断出电能表是否存在接线错误、三相电压是否存在失压、用户是否存在超容等情况。

采集系统主站每天利用专家库针对数据进行分析，产生异常工单，提醒主站监控人员安排计量异常处理。

13.1.5　设备安装

在处理计量异常过程中，经常涉及现场设备的安装和调试。设备安装应按计划和设计的方案进行。要做到按方案施工、按图接线、接线正确，工艺美观，设备固定牢固，导线无损伤，接头要求稳定可靠，线头无外露、不压皮。施工时要做好相关记录。

1. 专变终端安装

在营销系统中走调表改类流程开始专变终端安装流程。终端安装与多功能表相似，不同的是抄表 RS485 接线、远程控制接线、门接点接线。

(1) 抄表 RS485 接线。一般多功能表有 2 组以上的 RS485 口，在接线是要按多功能表接线图接线，不要误将设置 RS485 口接入，同时 RS485 是有极性的要按 AB 分别对接。三相四线安装接线图如图 13－1 所示，三相三线安装接线图如图 13－2 所示。安装完成后视 GPRS 信号情况一般应将专变终端天线引至配电柜（箱）外。

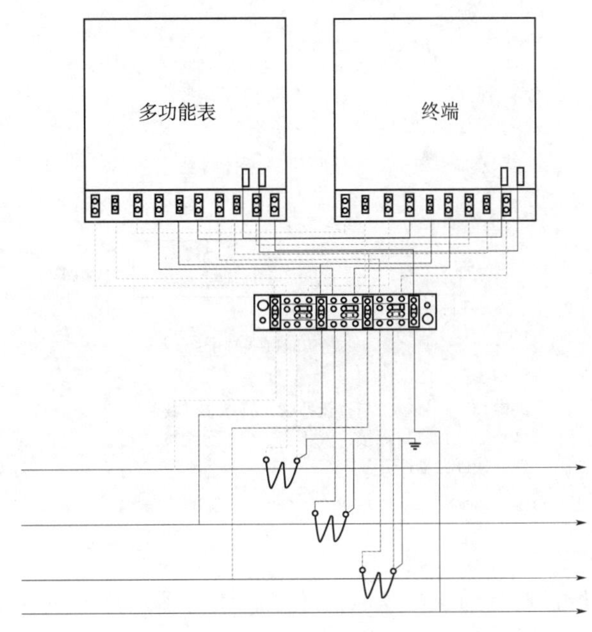

图 13－1　三相四线专变终端常规接线

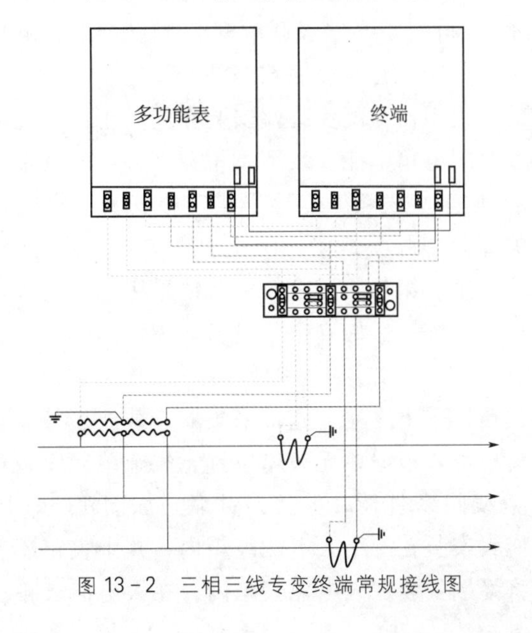

图 13－2　三相三线专变终端常规接线图

（2）远程控制接线。

专变终端具有远程控制功能，用于有序用电和费控。远程控制时一般由专变终端内继电器来控制用户负荷开关的分闸，根据用户负荷开关不同的跳闸方式，一般有常开、常闭两种接法。与用户负荷开关的接线示意图如图 13-3、图 13-4 所示。

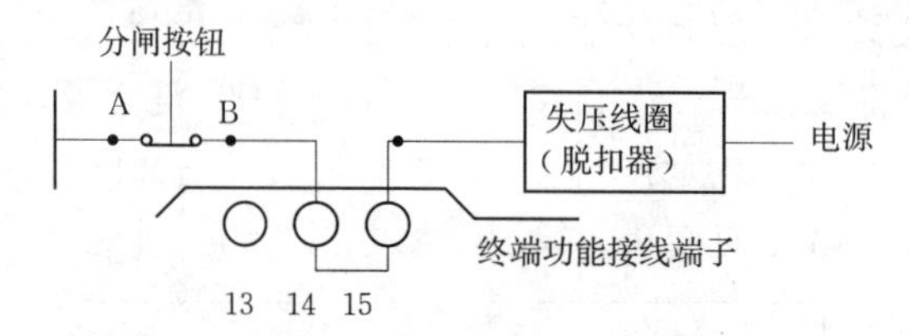

图 13-3　负荷控制接线常闭接线示意图

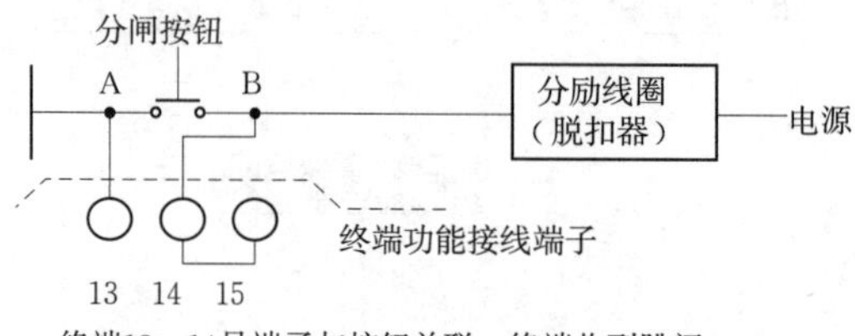

图 13-4　负荷控制接线常开接线示意图

2. 集中器现场安装

考虑到载波信号最强点有助于提高通信效率，集中器均应安装在变压器 400V 侧。不带交采集中器按电压 U、V、W、N 相序接入三相电压，带交采集中器与三相四线表计接法一样。将集中器 RS485 口与配变终端级联 RS485 口按 A、B 顺序连接，不能接反，若是有远程通信模块的集中器，则不必接级联 RS485 线。

配变台区有计量柜的，集中器与配变终端安装在同一柜内，电源取自联合接线盒。杆上变压器或箱式变压器在原配电箱不能安装下集中器（或可安装集中器，但调试维护时有安全风险的），应另安装专用采集表箱，专用采集表箱安装应牢固，应设计包箍等装置做好安装箱体的固定，孔隙部分用胶泥封堵，防止雨雪进入。箱内安装配变终端、集中器、联合接线盒，新安装专用采集表箱与原配电箱二次线采用电缆连接，箱体用 $6mm^2$ 多股软铜质导线接地。安装的设备应统一做好安全、设备标识。

3. 采集器现场安装

采集器的安装主要包括：采集终端、宽带采集器、载波表等设备的安装。采集器的安装一般以一个楼道单元为单位，根据单元表箱位置，每个单元安装一只采集终端，单元内所有电能表通过 RS485 总线同终端 RS485 接口并联，如图 13-5 所示。对于多层楼的单元，普遍将居民用户电能表安装在一个大电能表箱内，其中表箱还有楼道公用表和车库公用表等，这类情况只需将终端安装在大电能表箱内，在大电能表箱没有安装位置时，在附近另安装专用采集器箱。

采集器电源与表箱进线开关下桩头连接，不得从电能表从引出，电源线宜采用 BV-1.5 导线；RS485 连接线宜选用带护套、屏蔽层的双绞线芯，导体截面不宜小于 0.5mm²，特征阻抗 120Ω，屏蔽层应单端可靠接地。采集器采集多只表计时，通过 RS485 总线同采集器 RS485 接口并联，除末端表外，连接其余电能表时，剥去合适的绝缘长度后，线芯导体铰接后与对应的端子连接。

I 型采集器有同安装电能表一样的挂环，位置正前方配置同电能表一样装有透明玻璃，便于红外调试终端和单元数据采集；Ⅱ型采集器背面有卡槽，可将采集器固定在导轨上，应安装在电能表箱的用户仓，电源、RS485 线连接头应放置在采集器上方或便于插拔且安全的位置。

需另外安装采集器箱时，采集箱安装位置应尽量靠近表计箱，采集器箱与表计箱之间宜采用 PVC 管连接，导线连接牢固可靠。如果单元内楼道公用表和其他车库公用表等设置单独表箱，尽量将此表箱同居民用户大表箱放置在楼道墙同侧，表箱间预留 $\phi30$ 管道，避免弯接，如弯接，弯接角度应大于 90°。

如表箱间有电源互通管道，电源线在管道内尽量拉直，大于 2m 管道预留钢丝引线，管道留有重复穿线余量；如上述状况表箱间无电源互通管道或表箱无法放置于楼道墙同侧，则需每个表箱留安装终端位置。

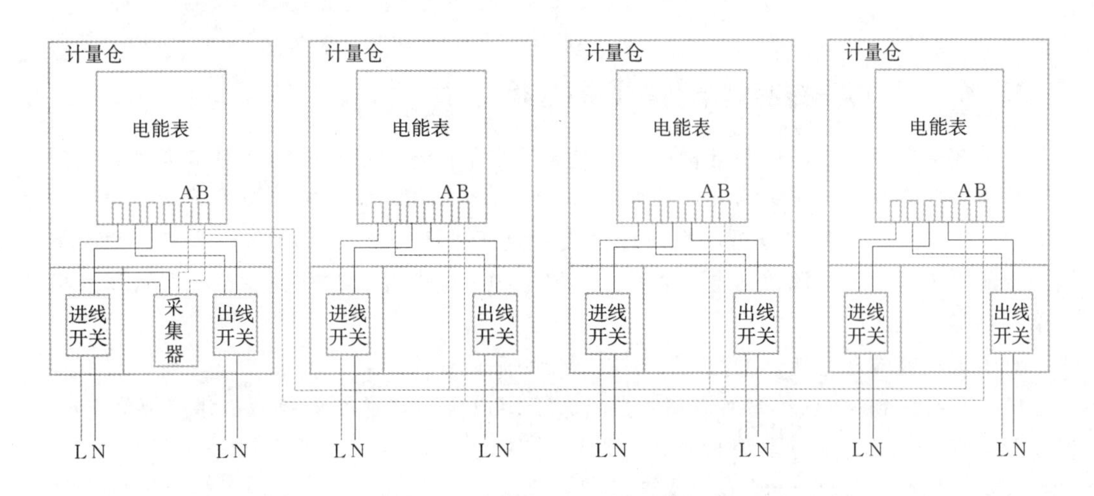

图 13-5　Ⅱ型采集器多采表箱安装示意图

安装完成后应逐个检查各个接线端子和连接头，确保连接可靠牢固。用掌机检查 485 接线的正确性，逐个抄取电能表地址，记录采集器号码与表计号码、表计号码与表计地址对应关系。

公网无线采集器的安装可参照电子式电能表的相关规定，并满足日常运行维护的要求。采集器天线条件允许时放置在箱体外不宜碰触的位置，安装示意图如图 13-6 所示。

安装完工后施工单位将竣工报告（包括采集器现场安装单）交供电所，调试人员开展调试工作。

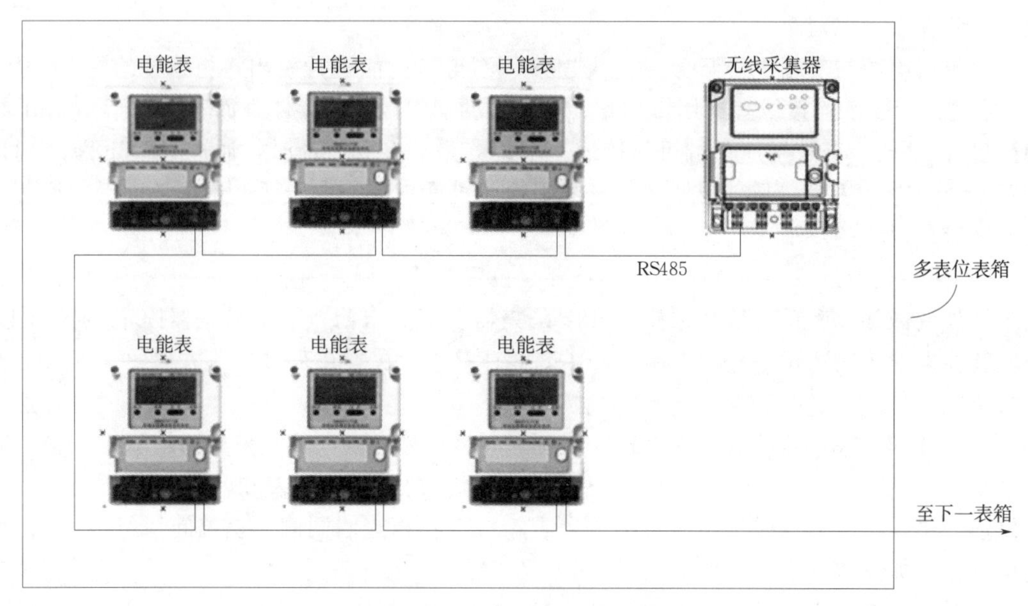

图 13-6　无线采集器安装示意图

13.2　工　作　实　施

13.2.1　计量在线监测与智能诊断分析

计量在线监测与智能诊断分析技术，是通过用电信息采集系统实现对电能表数据的采集与处理，并在采集系统主站通过数据比对、统计分析和数据挖掘等技术手段，对计量设备的运行工况进行诊断和分析，判断计量设备是否处于正常运行状态，实现辅助决策功能。智能诊断的数据来源包括电能表和采集终端中的电能计量数据、运行工况数据和事件记录等各类数据。

对于采集终端和电能表的数据，按以下规则筛选：

(1) 正/反向有功总功率乘倍率的数值大于用户合同容量的 k 倍（k 建议值为 50，建议设置范围 2～50），属于异常数据。

(2) 日冻结正/反向电能示值计算得到的电量，大于用户日最大用电量（合同容量×24h）的 k 倍（k 建议值为 50，建议设置范围 2～50），属于异常数据。

(3) 月冻结正/反向电能示值计算得到的电量，大于用户月最大用电量（合同容量×24h×30 天）的 k 倍（k 建议值为 50，建议设置范围 2～50），属于异常数据。

(4) 日/月冻结最大需量乘倍率的数值大于用户合同容量的 k 倍（k 建议值为 50，建议设置范围 2～50），属于异常数据。

(5) 总加组电能量曲线计算得到的时段电量，大于用户时段最大用电量（合同容量×时段长度）的 k 倍（k 建议值为 50，建议设置范围 2～50），属于异常数据。

(6) 二次侧电压值大于二次侧额定电压值的 k 倍（k 建议值为 2，建议设置范围 2～10），属于异常数据。

(7) 二次侧电流值乘倍率大于电流互感器一次侧额定电流值的 k 倍（k 建议值为 2，建议设置范围 2～10），属于异常数据。

13.2.2 电能表示值不平

1. 异常形成的常见原因

(1) 采集数据错误，一般是由于终端测量点参数中的通信地址、规约与主站不一致引起抄表数据错位。

(2) 电能表故障，一般是电能表电池钝化、电能表时钟异常或其他原因引起电能表日冻结出错等。

(3) 终端故障，一般是终端获取电能表零点冻结数据或小时数据失败、错误。

2. 分析与处理流程图

电能表示值不平分析与处理流程如图 13-7 所示。

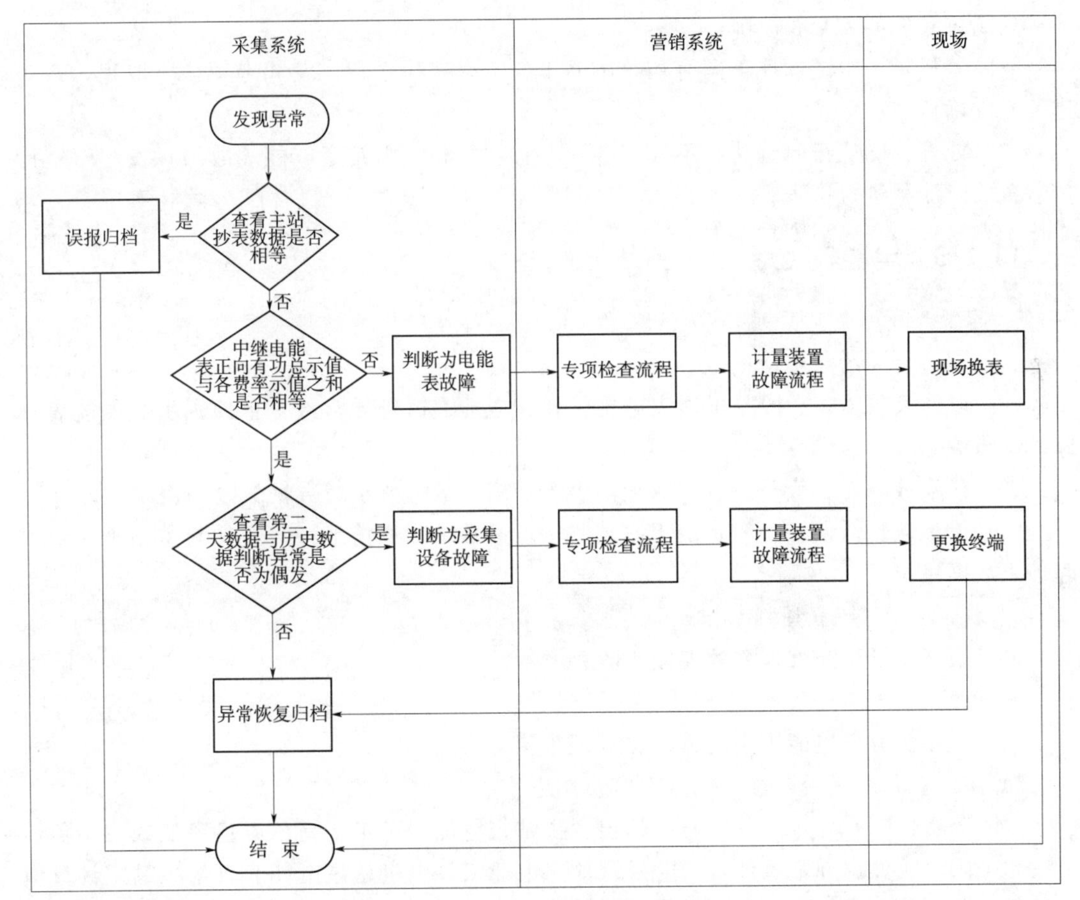

图 13-7 电能表示值不平分析与处理流程

3. 分析与处理步骤

(1) 主站侧分析电能表示值不平的方法、处理步骤。

1) 主站侧判断分析采集数据是否错误。

故障分析：采集系统查看异常发生当天，主站抄表示值正向有功总是否等于各费率正向有功之和。

故障处理：若相等，流程误报归档；若不相等分析异常现象。

2）主站侧判断是否终端故障。

故障分析：中继召测该异常用户当前及日冻结正向有功总和各费率有功，若发现正向有功总等于各费率有功之和，则排除电能表故障，观察第二天数据和历史数据再做分析。查看该异常是否为偶然发生。

故障处理：若是偶然发生则判断为主站采集数据出错，第二天异常恢复后归档。若非偶然发生，抄表示值经常或者长期出现不平，则排除主站采集数据出错，判断为终端故障。可以先行终端数据区等复位，隔天看下是否恢复。否则发起采集运维平台流程，进行现场终端故障处理，如需更换终端发起计量装置故障流程更换终端。

（2）在现场分析电能表示值不平的方法、处理步骤。

现场核实电能表是否故障。

故障分析：当中继发现正向有功总不等于各费率有功之和，发起专项核查流程，现场进行底度确认。

故障处理：确认正向有功总不等于各费率有功之和，则判定电能表故障，发起营销计量装置故障流程进行换表。

13.2.3 电能表飞走

1．异常形成的常见原因

（1）超过合同约定容量用电。

（2）电能表故障，一般是电能表电池钝化、电能表时钟异常或其他原因引起电能表日冻结出错等。

（3）终端故障，一般是终端获取电能表零点冻结数据或小时数据失败、错误。

（4）采集数据错误，一般是由于终端测量点参数中的通信地址、规约与主站不一致引起抄表数据错位。

2．分析与处理流程图

电能表飞走分析与处理流程如图13-8所示。

3．分析与处理步骤

（1）主站侧分析电能飞走的方法、处理步骤。

1）主站侧判断是否超过合同约定容量用电。

故障分析：查看异常现象，若主站出现主站报电能表飞走、高压电量突变或主站负荷持续超下限三类数据异常事件，同时发现该户电能表日电量超过电能表日最大额定计算电量的125%，可以初步判断为该用户超过额定容量用电引起。再中继召测电能表的当前正向有功总和零点冻结正向有功总和异常发生日的抄表示值做比较，若发现中继数据和抄表数据一致，则排除采集故障，进一步在主站上确认该用户为超过额定容量用电。

故障处理：主站侧初步判断为该用户超过额定容量用电，则发起专项检查流程，并电话通知用电检查人员到现场核实用户用电情况

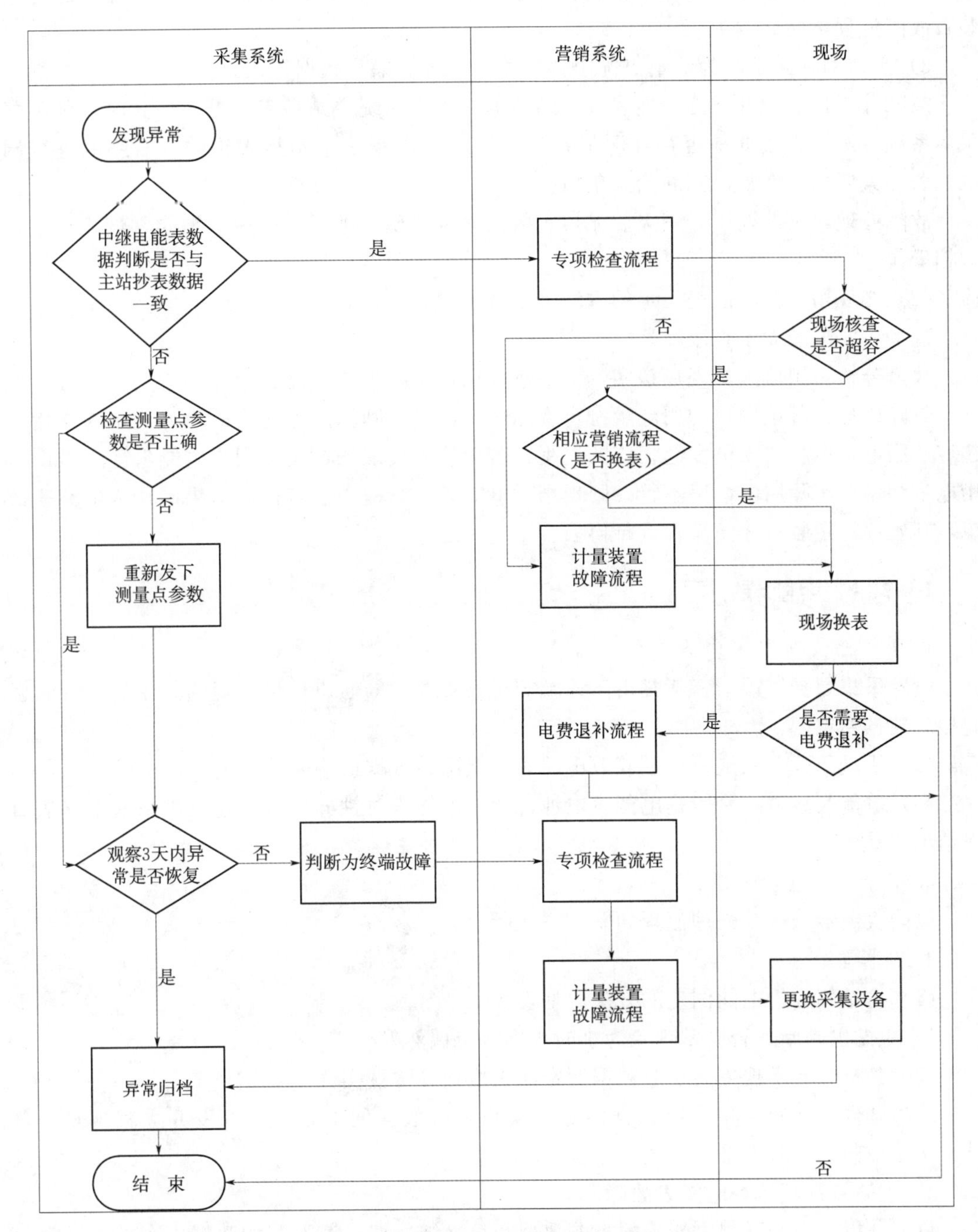

图 13-8　电能表飞走分析与处理流程

2）主站侧判断是否终端故障。

故障分析：若中继召测电能表日冻结数据和采集系统主站抄表数据不一致时，则观察采集系统主站抄表数据是否存在明显错误。针对采集系统主站抄表错误，对终端进行调试，若三天后异常仍重复出现，判断为终端故障。

故障处理：发起采集运维平台流程，进行现场终端故障处理，如需更换终端发起计量装置故障流程更换终端。

3）主站侧判断是否为测量点配出错等原因导致的采集数据错误。

故障分析：若中继召测电能表日冻结数据和采集系统主站抄表数据不一致时，则观察采集系统主站抄表数据是否存在明显错误。针对采集系统主站抄表错误，对终端进行调试，若三天后异常恢复，判断为采集数据错误。

故障处理：主站调试，三天后无抄表数据异常出现，则视为抄表数据异常恢复，进行归档操作。

（2）在现场分析电能表飞走的方法、处理步骤。

现场核实电能表是否故障。

故障分析：用检人员现场核实，了解掌握用户实际生产情况。

故障处理：若该用户的用电量符合实际生产情况，则排除电能表故障，判定为该用户超容量用电，由相关人员发起相应的流程；若用检人员现场核实该用户电能电能表量的日用电量和用户实际用电情况不符，则现场对电能表进行检测。若检测结果确认为电能表故障，则发起计量装置故障流程进行换表。

13.2.4 电能表倒走

1. 异常形成的常见原因

（1）采集数据错误，一般是由于终端测量点参数中的通讯地址、规约与主站不一致引起抄表数据错位。

（2）终端故障，一般是终端获取电能表零点冻结数据或小时数据失败、错误。

（3）电能表故障，一般是电能表电池钝化、电能表时钟异常或其他原因引起电能表日冻结出错等。

2. 分析与处理流程图

电能表倒走分析与处理流程如图 13－9 所示。

3. 分析与处理步骤

（1）主站侧分析电能倒走的方法、处理步骤。

1）主站侧判断是否异常现象为小时数据倒走偶然发生。

故障分析：异常现象为小时数据倒走的先检查异常真实性

故障处理：若异常是小时数据倒走，检查小时数据倒走是否为偶发并立刻恢复，若是，作误报归档；若不是，继续下一步。

2）主站侧判断是否电能表故障。

故障分析：中继召测电能表的当前数据和日冻结数据。若召测的数据中存在与异常数据一致的数据项，并小于对应的历史抄表数据，判断为电能表故障。这种异常往往会同时伴有终端停复电告警事件。若电能表的中继数据大于历史抄表数据，并与异常日的抄表数据明显不一致，初步判断电能表正常。这时，低压用户应进一步排查异常中的错误数据是否来自附近终端下（同一个台区）的用户数据。

故障处理：低压用户应进一步排查异常中的错误数据是否来自附近终端下（同一个台

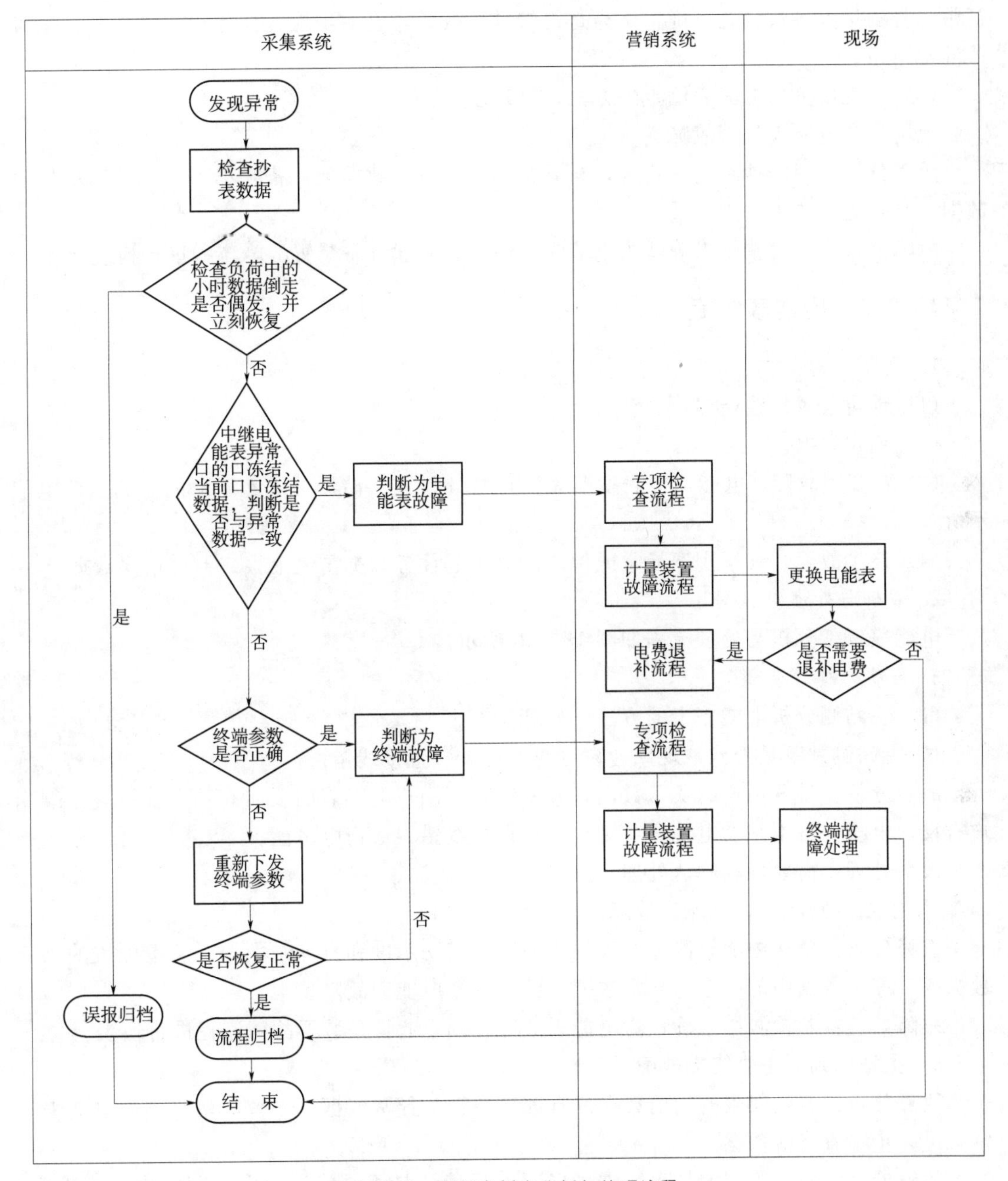

图 13-9　电能表倒走分析与处理流程

区）的用户数据。若是，可能由于现场中继器干扰或者不同采集器间用户 RS485 线串接等引起，通过采集现场运维平台发起流程，进行现场确认处理；若不是，继续检查终端数据。

3）主站侧判断是否终端故障。

故障分析：召测和检查终端的测量点参数设置。

故障处理：若召测终端的测量点参数与用户实际不一致，一般是参数设置错误引起的异常，可在终端参数设置中对相应采集点重新下发参数，并观察用户的抄表数据是否恢复正常；若测量点参数设置正确，认为是终端其他故障，进一步检查任务报文并联系厂家确认异常原因。

(2) 在现场分析电能表倒走的方法、处理步骤。

现场核实电能表是否故障。

故障分析：现场抄录电表止度，与异常数据一致的数据项，若并小于对应的历史抄表数据，判断为电能表故障

故障处理：若检测结果确认为电能表故障，则发起计量装置故障流程进行换表。

13.2.5 电能表停走

1. 异常形成的常见原因

(1) 计量装置接线错误。

(2) 用户窃电。

(3) 电能表故障，电能电能表度器无法正常计量或存储器无法冻结电能表的当前电能示值。

(4) 终端故障，终端程序异常或模块故障引起任务数据重复上报或上报错误数据。

2. 分析与处理流程图

电能表停走分析与处理流程如图 13－10 所示。

3. 分析与处理步骤

(1) 主站侧分析电能停走的方法、处理步骤。

1) 主站侧判断是否异常现象为窃电或者计量装置接线错误。

故障分析：查看用户的负荷数据，并中继召测用户电能表的反向有功示值。若中继用户有反向电量，且不是发电用户，则存在计量接线错误或窃电可能。

故障处理：需要现场确认处理

2) 主站侧判断是否电能表故障。

故障分析：依次中继召测电能表的当前正向有功示度和日冻结数据。若电能表的当前数据或日冻结数据中的一个与异常数据一致，判断电能表故障。

故障处理：若检测结果确认为电能表故障，则发起计量装置故障流程进行换表。

3) 主站侧判断是否终端故障。

故障分析：若电能表的当前数据或日冻结数据与异常数据不一致，初步判断电能表正常，进一步检查终端数据。

故障处理：检查终端的抄表数据任务报文，确认是否是终端原因引起的电能表停走。若是怀疑终端部分模块死机，可先行远程终端复位。若是隔天未恢复，发起采集运维平台流程，进行现场终端故障处理，如需更换终端发起计量装置故障流程更换终端。

(2) 在现场分析电能表停走的方法、处理步骤。

1) 现场核实是否窃电或者计量接线错误。

故障分析：若中继召测有反向电量，则进行现场检查确认。

故障处理：现场若为窃电，则保护现场，并及时通知用检人员；若为接线错误，通知用检人员进行退补电费，计量人员进行更正接线。

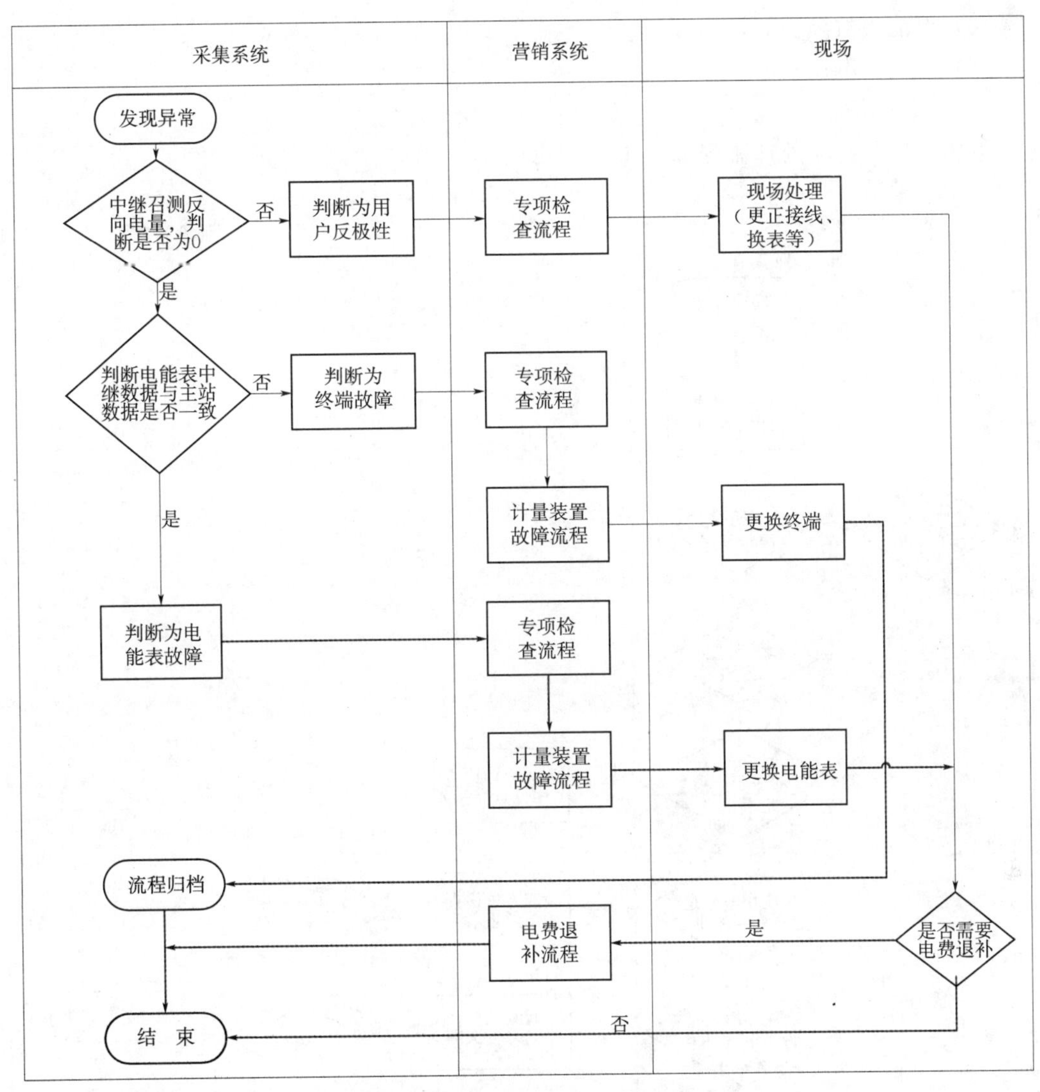

图 13－10　电能表停走分析与处理流程

2）现场核实终端是否故障。

故障分析：现查检查终端是否死机，并检查终端内的通信数据等其他问题。

故障处理：若检测结果确认为终端故障，发起计量装置故障流程更换终端。

13.2.6　电压失压

1. 异常形成的常见原因

（1）中性点漂移。

（2）接触不良。

（3）单相或两相用电。

（4）电压互感器故障。

（5）计量装置接线错误。

（6）电能表故障。

（7）一次侧电压故障。

2. 分析与处理流程图

电压失压分析与处理流程如图 13－11 所示。

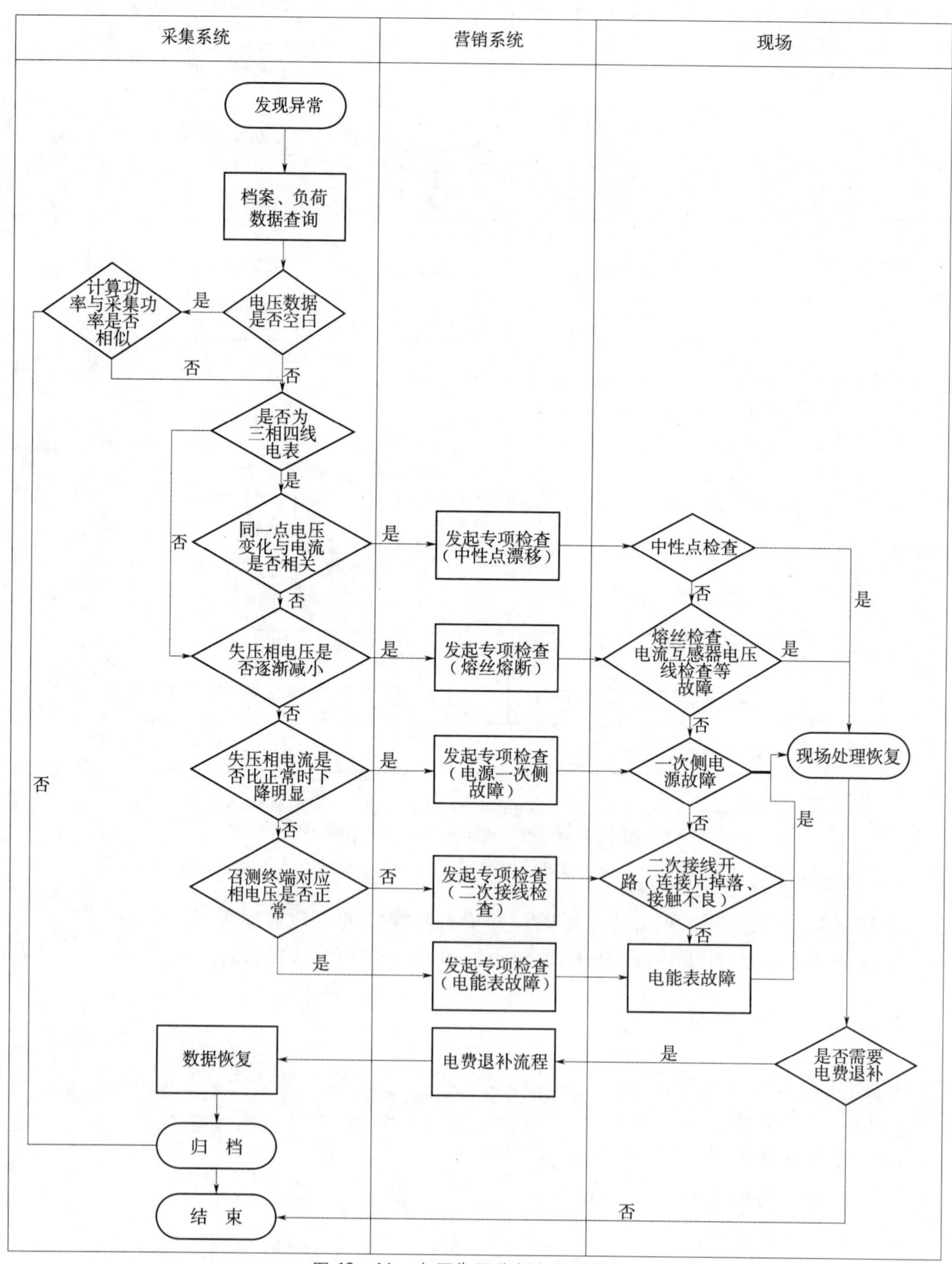

图 13－11　电压失压分析与处理流程

3. 分析与处理步骤

（1）主站侧分析电压失压的方法、处理步骤。

1）发现异常，查询档案。在采集系统或营销系统中查询该用户档案（互感器和电能表相线等信息），根据PT变比和电能表相线确定电能表每相正常电压：PT为1的三相四线表为220V，PT变比非1的三相三线表为100V，PT变比非1的三相四线表为57.7V。

2）在采集系统中查询和召测电能表负荷数据（包括功率、电压和电流等数据）。检查电能表负荷数据是否完备。若数据存在空值，则计算功率与采集功率对比，确认是否为误报，若数据完备则根据接线方式分别判断：三相三线用户的电压是否逐渐降低，三相四线用户是否有中性点漂移现象。

3）对于三相四线220V计量的用户，若三相电压的平衡随着三相电流的平衡情况发生显著变化，电流大的相别，电压明显下降，电流小的相别，电压明显上升，则疑似中性点漂移导致三相电压差异，则发起专项检查流程并备注基本判断。

（2）在现场分析电压失压的方法、处理步骤。

1）若发现电压有时正常，有时偏低，则认为是电压回路接触不良，电压不稳定，应在电压偏低且未恢复正常时，赴现场检查后进行计量回路改造使电压恢复正常稳定。

2）若失压相的电压项数据逐渐减小，高计用户则现场核实是否为互感器一次侧熔丝逐渐熔断，低计用户则现场核实是否电流互感器取压线过热熔断，或其他电压连接性故障。

3）若失压相的电流数据比失压前数据明显降低，则判断可能为电源一次性故障，现场核实跌落式熔丝是否熔断或高压线路电压偏低等故障。

13.2.7 电压断相

1. 异常形成的常见原因

（1）计量回路电压开路，电压互感器故障客户未用电。

（2）终端数据采集错误。

（3）计量装置接线问题。

（4）电能表故障。

（5）单相用电或两相用电。

（6）存在电压失压异常的同时对应相恰好没有负荷。

2. 分析与处理流程图

电压断相分析与处理流程如图13-12所示。

3. 分析与处理步骤

（1）主站侧分析电压断相的方法、处理步骤。

发现异常，系统中查询异常发生时间前后的负荷数据，负荷数据中是否因空白引起的缺相，若不是则负荷数据内各项数据是否均为为0；若数据均为0，且抄表数据中同局号示数曾不为0，同时确认档案终端和电表调试时间是否为异常发生时间，则可推断异常为终端采集故障，重新下发正确测量点参数并重投任务后观察。

（2）在现场分析电压断相的方法、处理步骤。

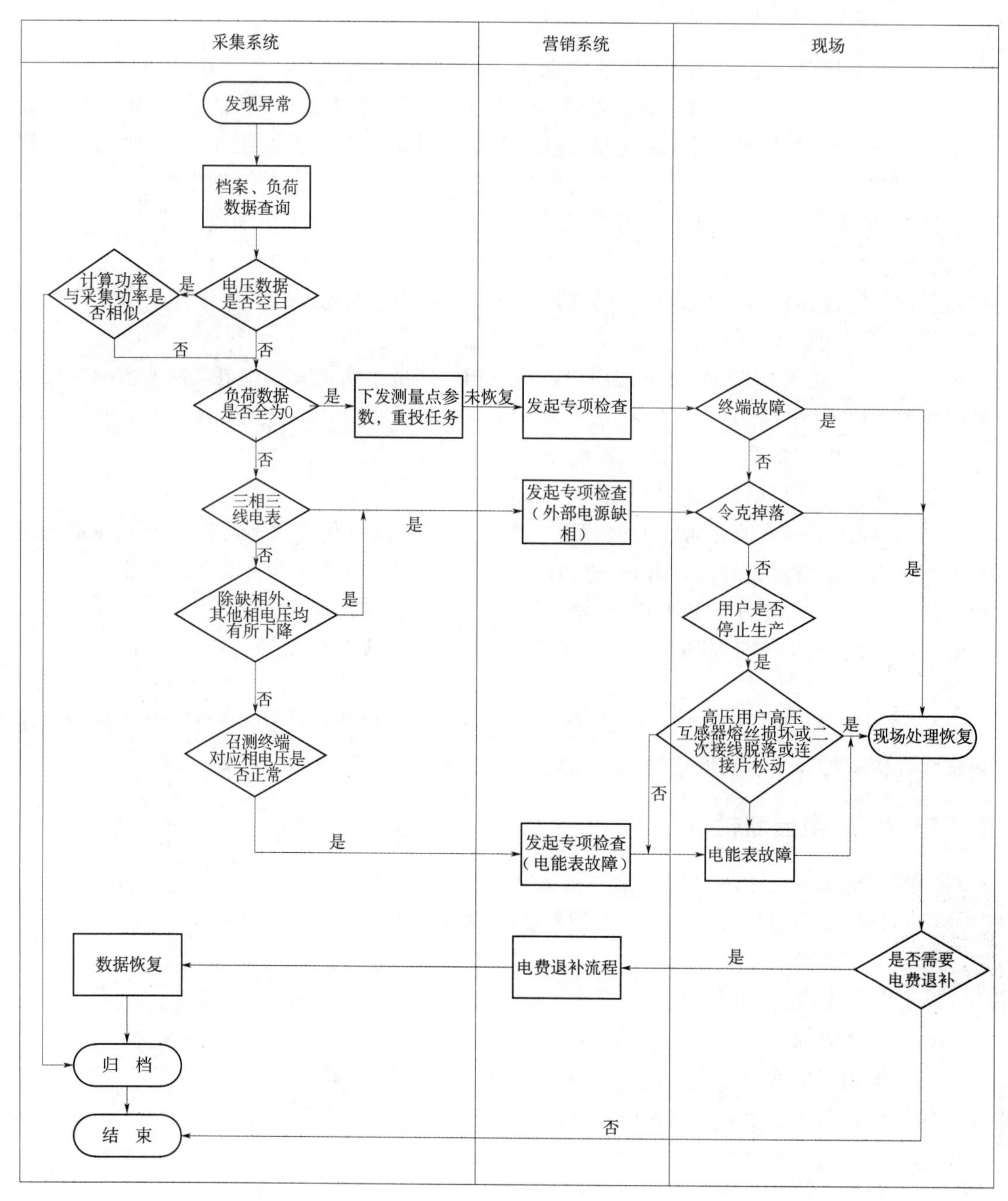

图 13-12　电压断相分析与处理流程

1）若负荷数据正常采集，三相三线表 A 和 C 相电压下降 50%左右，则发起现场专项检查，现场确认是否为 B 相令克掉落；三相三线表 A、C 相电压降为接近 0，则发起现场专项检查，现场核查是否相应相令克掉落。

2）若为三相四线表，除断相外，其他两相的电压均有下降，则发起现场专项检查，现场核实是否外部电源失压（令克掉落、电表进线掉落等故障）。

3）若三相四线表，除断相外，其他两相电压无异常则召测终端电压数据，则发起现场专项检查，现场核实是否电能表故障或直接表的电压连接片未紧固。

13.2.8　电流失流

1. 异常形成的常见原因

(1) 用户负荷不平衡。

(2) 计量回路电流短路。

(3) 电流互感器故障。

(4) 接线错误。

(5) 接触不良。

(6) 电能表故障。

2. 分析与处理流程图

电流失流分析与处理流程如图 13－13 所示。

3. 分析与处理步骤

(1) 主站侧分析电流失流的方法、处理步骤。

1) 发现异常，查询档案，该异常电能表是否为三相表；分析用户用电性质和习惯，是否单相用电或两相用电。

2) 分析档案与负荷数据是否一致，三相三线表电压为 100V，三相四线表电压为 220V 或 57.7V，若不一致则检查档案与营销系统是否一致，则异常的发生可能为该原因造成。

(2) 在现场分析电流失流的方法、处理步骤。

1) 三相三线测量的为对称性负荷，若发生失流计量回路二次侧故障的概率极大，一般为电流互感器故障，则发起现场专项检查现，场核实该相电流线脱落等故障。

2) 三相四线表，需分析电流失流前后故障相的电流变化情况，若该相电流一直为 0，致电用户核实该相未用电；若怀疑初始安装可能故障，则发起现场专项检查，现场核实连接片是否打开，互感器接线是否错误或故障。

3) 若电流失流前有负荷，后一直无负荷的，则可推断计量二次回路故障的可能性较大，发起现场专项检查，现场核实是否为电流互感器烧毁等原因。

4) 若电流失流相负荷间隙性故障，且有规律变化，每天基本失流时间相当，则很有可能为电流负荷不平衡，致电用户核实该相是否定时用电，如路灯变用户等；或发起现场专项检查，现场核实用户有无窃电，是否在电流负荷较大时，定期破坏计量准确度。

5) 若电流失流相负荷间隙性故障，且基本无规律变化，则计量二次回路接触不良的概率较大，则发起现场专项检查，现场核实是否为电流互感器接线接触不好，连接片松动，接线不牢固等原因。

13.2.9　电能表时钟异常

1. 异常形成的常见原因

(1) 电能表时钟电池欠压。

(2) 电能表其他故障。电能表软件设计有缺陷，现场干扰造成时钟出错，停电等情况

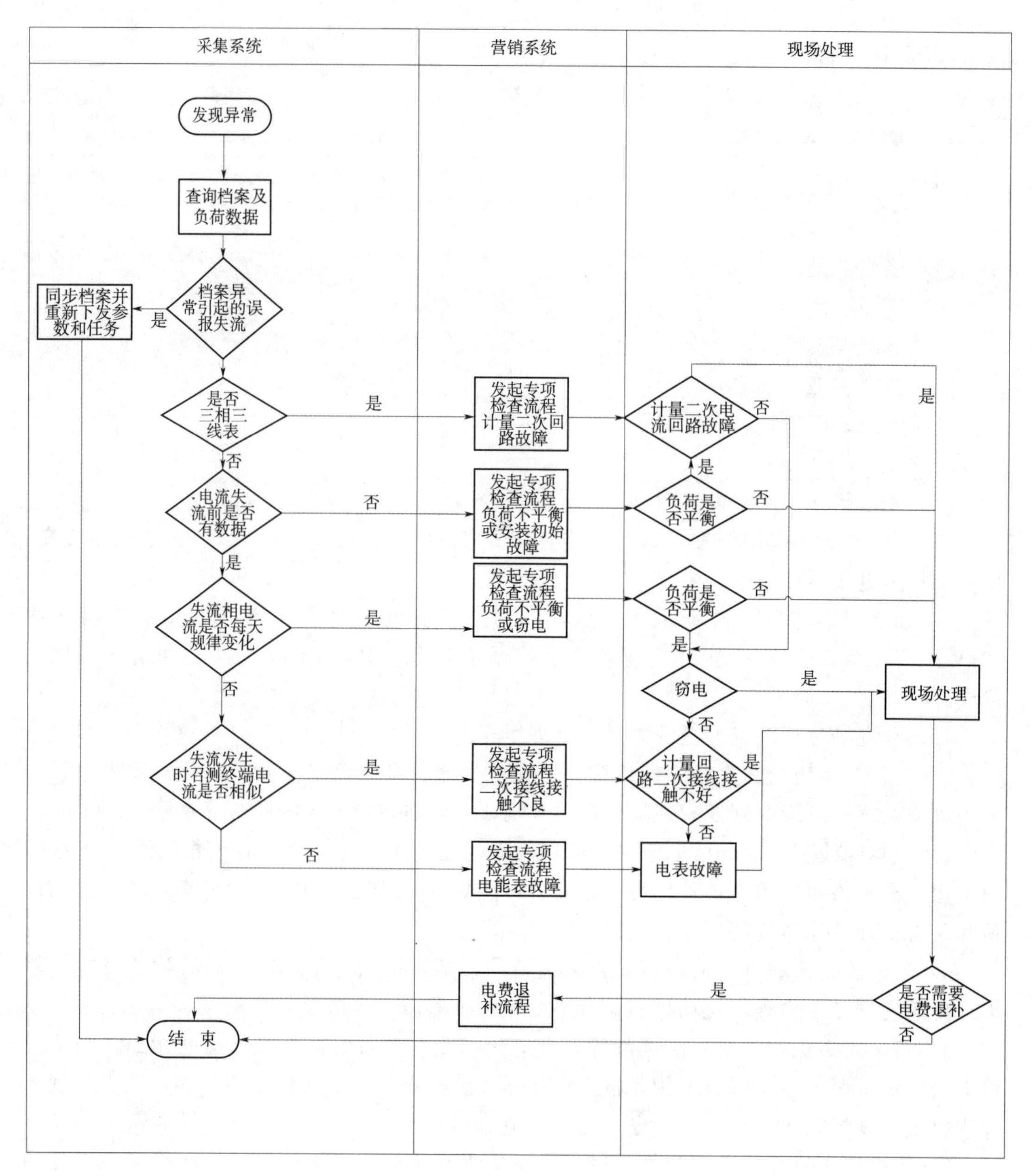

图 13-13　电流失流分析与处理流程

造成电能表时钟异常。

(3) 现场对时造成电能表时钟异常。现场对时、现场核抄时由于抄表掌机自身时钟不准确导致对时后电能表时钟超差。

(4) 终端广播对时功能未关闭，因终端时钟存在误差造成电能表时钟异常。

2. 分析与处理流程图

电表时钟异常处理流程如图 13-14 所示。

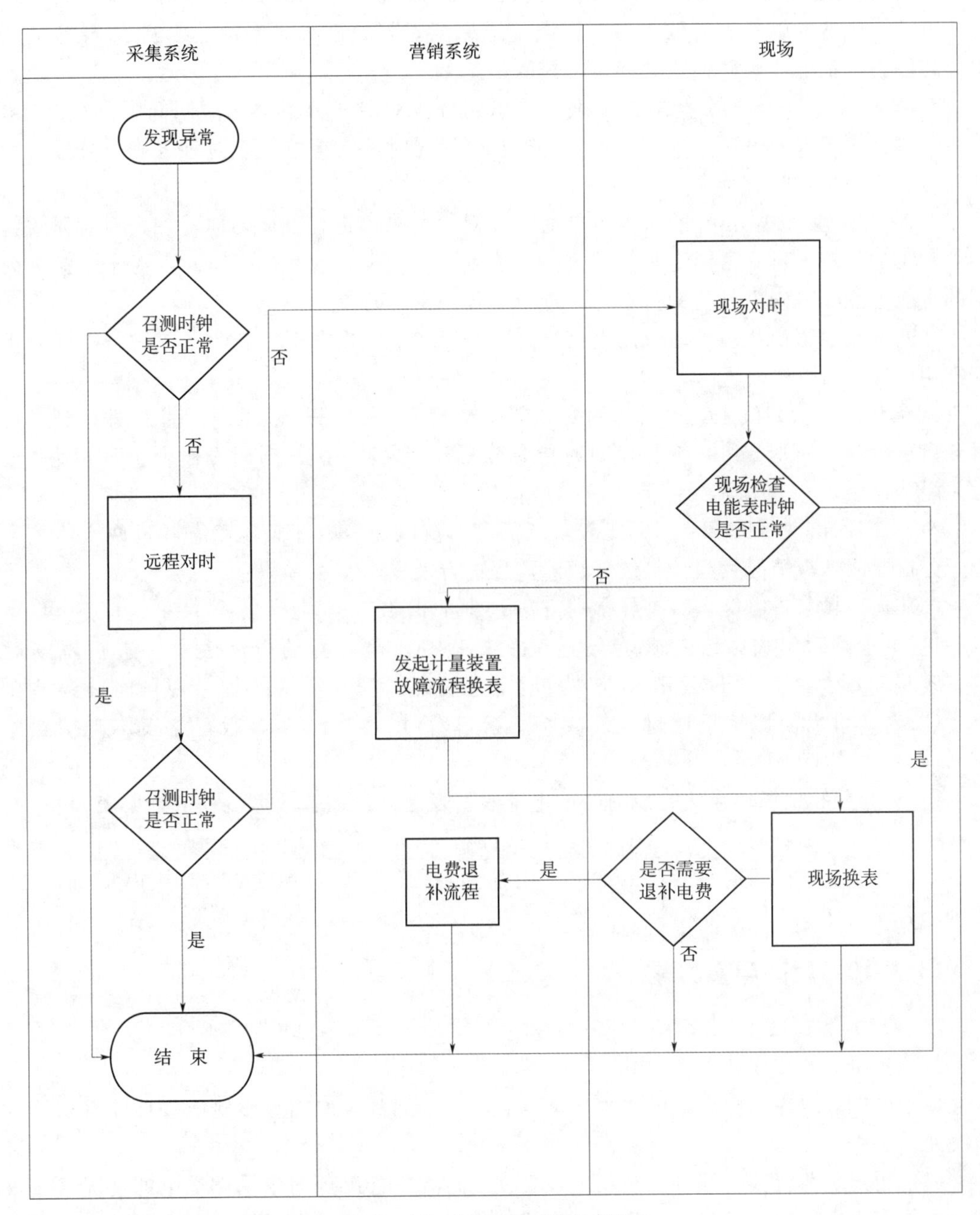

图 13－14　电表时钟异常处理流程

3．分析与处理步骤

（1）主站侧分析电能表时钟异常的方法、处理步骤。

1）主站人员首先对存在时钟误差的电能表进行远程对时，远程对时分为如下几种方式。

a．优先使用单表地址对时。

b. 如单表地址对时不成功可使用广播地址对时，目前广播地址命令对该采集设备下的所有相同规约的电能表有效，但存在因信道原因引起的延时（特别是载波），导致同一采集终端下其他电能表时钟发生异常的风险。

c. 误差超过 5min 的非智能电能表，可采用分段对时。分段对时时间间隔默认 240s，再召测时钟检查误差是否减少，下一日再进行分段对时，直至电能表时钟准确。分段对时只支持单表地址对时。

d. 对于误差超过 5min 的智能电能表远程对时可采用远程加密对时，加密对时要求智能表密钥为私钥。对于密钥为私钥的智能电能表可直接进行远程加密对时，对于密钥为公钥的智能电能表需先进行密钥更新，再进行远程加密对时。

智能电能表密钥状态可通过用电信息采集系统“电能表密钥更新”菜单进行查询和更新密钥。

e. 鼎信芯片的载波采集设备远程对时前需要下发“校时开启”命令，集中器收到“校时开启”命令后的 15min 内允许将对时指令转发至电能表，完成对时操作后立即下发“校时关闭”命令。

2）对多次出现时钟异常的电能表，还需要召测电能表电池失压状态和近两次停电事件，分析原因，视情况发起计量装置故障流程进行换表。

（2）在现场分析电能表时钟异常的方法、处理步骤。

1）对远程对时失败或者出于安全考虑未采用远程对时的电能表，应进行现场对时。现场对时当日应通过营销系统“校时下装功能”校准掌机时钟。现场时钟误差在 5min 以内，可以使用掌机通过红外或 485 接口对时。部分 2013 版智能表不支持红外口对时。

2）对远程和现场均无法完成对时的电能表，发起计量装置故障流程进行换表。

注意：①出加密对时外，其他方式对时电能表每天只能对时成功一次；②对同一采集设备下出现多块电能表时钟异常的情况，还需检查采集设备终端参数 F33 中主动对时功能是否开启。

13.2.10 反向电量异常

1. 异常形成的常见原因

（1）计量回路接线错误。

（2）电能表故障。由于电能表程序缺陷、存储器错乱等原因导致电能表反向有功总示值突变。

（3）用户负荷特性。部分用户用电设备使用过程中会出现向电网倒送电的情况，导致用户电能表反向有功示值走字，例如电焊机、蓄电池放电、打桩机等。

（4）发电用户采集系统未同步到营销系统用户发电属性。

（5）载波采集信号干扰导致电能表反向有功总示值走字。

2. 分析与处理流程图

反向电量异常处理流程如图 13-15 所示。

3. 分析与处理步骤

（1）主站侧分析反向电量异常的方法、处理步骤。

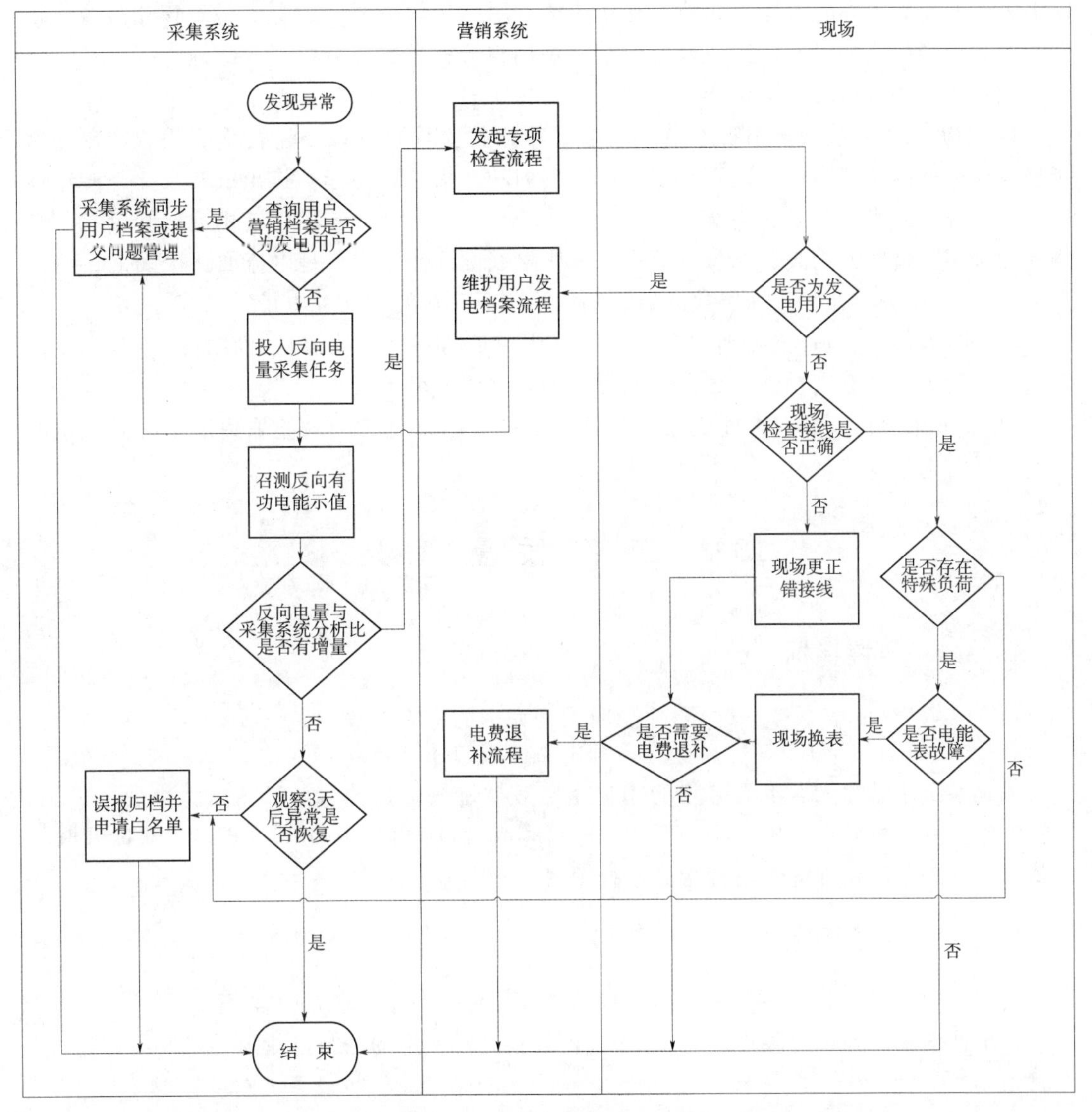

图 13－15　反向电量异常处理流程

1）发现异常，查询用户营销系统档案，如该用户为发电用户，采集档案同步，如同步不成功则需提交问题管理处理。

2）对于非发电用户采集系统投入反向电量采集任务，用于异常分析及后期电量退补依据。

3）采集系统召测当前反向有功总电能示值并与采集系统异常分析中反向电量示值比是否有增量，如有增量则该异常需现场核查，如无增量则持续观察 3 天并监测反向有功总电能示值是否有增量。

4）三相四线电能表可通过召测总有功功率及分相有功功率辅助判断错接线相别。非智能电能表召测结果总有功功率与分相有功功率之和有较大差距，则该电能表电流回路一相或多相反接，并可通过召测结果辅助判断反接的相位，如 $P=Pa+Pb-Pc$，则重点检查

C 相接线正确性；智能电能表如某相有功功率召测结果为负值，则重点检查该相接线正确性。对需现场核查的异常派工进营销发起专项用检流程进行现场核查。

（2）在现场分析反向电量异常的方法、处理步骤。

1）根据采集系统分析情况，营销发起专项用检流程，对现场进行重点检查。单相智能表检查“反向功率指示”是否亮起，如“反向功率指示”亮起则进出线接反。三相四线电能表核查电流指示前是否有显示“－”，如显示“－”则重点怀疑该相进出线反接。现场检查时还应借助万用表、相位仪等设备核查接线准确性，重点是电流回路接线正确性。

2）现场检查存在计量回路接线错误的用户应更正接线并退补电量。

3）如现场接线检查正确则需实测和了解用户负荷特性，检查是否存在运行时向电网倒送电的设备，如有则将该条异常做误报归档并申请白名单。

4）载波采集器安装在电能表左侧且贴近电能表时，可能因载波采集器干扰导致电能表产生反向电量。

13.3 工作质量管控

13.3.1 管控指标

$$\text{计量异常处理率}=\frac{\text{及时处理完毕的采集异常}}{\text{系统主站生成的计量异常}}\times 100\%$$

采集系统主站每天对本天采集的用户用电数据进行统计分析，产生电量突变、失压、错接线等各种计量异常，供运维人员和用电检查人员每天进行派工和处理，如果能及时将计量异常处理完毕，即能提高计量异常处理率。

13.3.2 管控措施

平均处理时限＝及时反馈与超期反馈工单总时长的平均值

月统计值平均处理时限不应超出 14 天，计量异常产生的退补电量退补时间不得超过 3 个月。

第14章 智能表库应用操作

14.1 基 础 知 识

在省级电力公司计量中心实现“整体式授权、自动化检定、智能化仓储、物流化配送”目标基础上，深入推进全省地市（县）供电公司二级、三级计量体系标准化、智能化建设，规范计量资产全寿命周期管理，能够有效管控计量资产管理质量风险，全面提升电能计量精益化管理水平。

资产全寿命管理各环节中，除设备安装和设备运行外，均与表库运行管理密切相关。本结主要就智能表库的基本知识进行简要介绍。

14.1.1 表库定级

省级电力公司计量中心建立的电能计量器具和采集设备（以下统称“表计”）仓储库房定义为一级表库；各地市（县）供电公司客户服务中心建立的表计仓储库房定义为二级表库；各地市（县）供电公司管辖的供电所、客户服务分中心建立的表计仓储库房定义为三级表库。

14.1.2 二级、三级表库配置方案

二级、三级表库配置方案如图14－1所示。

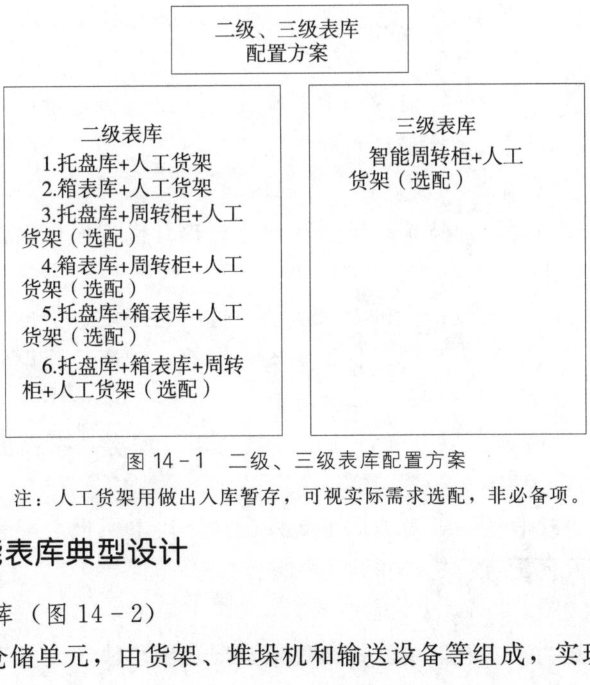

二级、三级表库配置方案

二级表库	三级表库
1.托盘库+人工货架 2.箱表库+人工货架 3.托盘库+周转柜+人工货架（选配） 4.箱表库+周转柜+人工货架（选配） 5.托盘库+箱表库+人工货架（选配） 6.托盘库+箱表库+周转柜+人工货架（选配）	智能周转柜+人工货架（选配）

图14－1 二级、三级表库配置方案

注：人工货架用做出入库暂存，可视实际需求选配，非必备项。

14.1.3 智能表库典型设计

1. 堆垛机托盘库（图14－2）

以托盘为基本仓储单元，由货架、堆垛机和输送设备等组成，实现托盘的自动仓储与

出入库作业。

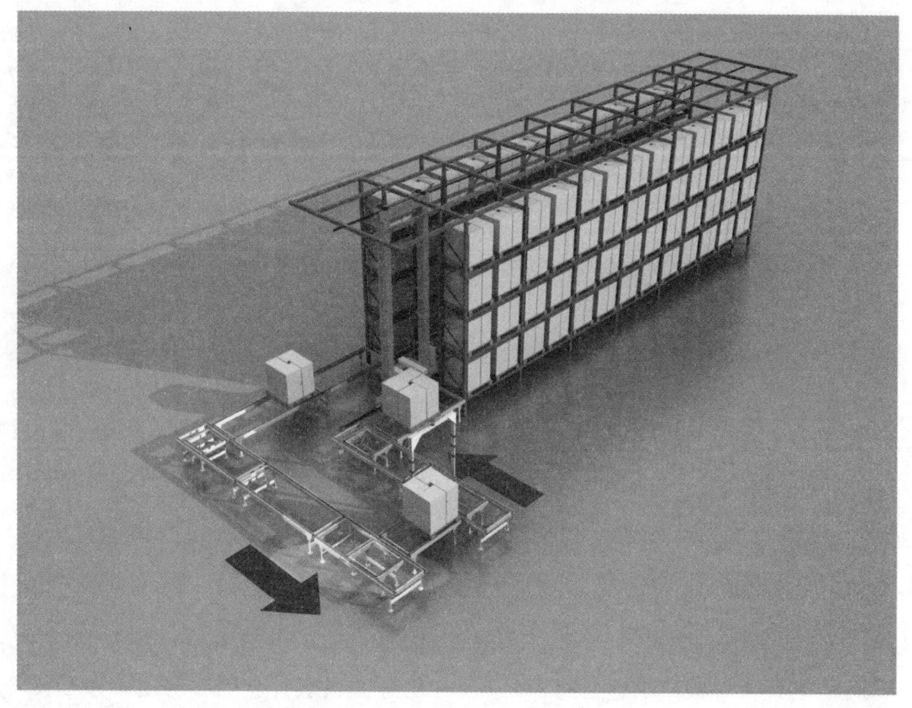

图 14-2 堆垛机托盘库

堆垛机在巷道平面内同时做横向与纵向运动，因堆垛机横向运动存在加速过程，故货架层数越多、巷道长度越长，仓储与出入库的效率相对越高，建设成本较低。库房层高6m 以上的宜采用此模式。

适用于运行表计在 50 万只以上的各地市、县公司总库房，库容量按运行表计数量的 2%～5%核算，出入库效率不低于 30 托/h。

业务模式为：对外接收货物，对内向下属库配送，供电所批量配表，同一库房区域内不同库房间表计的相互调配（拆托补箱）。

2. 子母穿梭车托盘库（图 14-3）

以托盘为基本仓储单元，由货架、子母穿梭车、提升机和输送设备等组成，实现托盘的自动仓储与出入库作业。

通过子母车横向运动、通过提升机纵向运动。每层巷道设置子母车，不同巷道之间独立作业。故货架层数越少、巷道长度越长，则出入库效率越高、建设成本较低。库房层高6m 及以下的宜采用此模式。

适用于运行表计在 50 万只以上的各地市、县公司总库房，库容量按运行表计数量的 2%～5%核算，出入库效率不低于 30 托/h。

业务模式为：对外接收货物，对内向下属库配送，供电所批量配表，同一库房区域内不同库房间表计的相互调配（拆托补箱）。

3. 智能箱表库（图 14-4）

以标准纸质周转箱为基本仓储单元，由货架、堆垛机、输送设备等组成，实现周转箱的自动仓储与出入库作业。

图 14-3 子母穿梭车托盘库

图 14-4 智能箱表库

通过内置堆垛机定位取放周转箱，通过输送设备连接堆垛机与出入库口，2 个出入库口可灵活开关，独立设置，支持多任务操作且定位精准。

适用于运行表计在 50 万只以下的各地市（县）供电公司总库房，库容量按运行表计数量的 2%～5%核算，出入库效率不低于 60 箱/h。

业务模式为：对外接收货物，对内向下属库配送，供电所批量配表，同一库房区域内不同库房间表计的相互调配（拆托补箱），同时支持单表拣选出库。

4. 典型设计之四——智能箱表柜（图 14-5）

图 14-5　智能箱表柜

以标准纸质周转箱为基本仓储单元，由货架、轻盈堆垛机和输送设备组成，实现周转箱的自动仓储与出入库作业（支持单表拣选）。

通过内置轻盈堆垛机定位取放周转箱，通过滚筒线连接堆垛机与出入库口，2 个出入库口可灵活开关，独立设置，支持多任务操作且定位精准。

容量为 100 只标准周转箱，结构紧凑，对场地要求较低。

主要用于采用托盘库的各地市（县）供电公司总库房，与托盘库组合配置，存储不成托的箱表，实现批量配表中的托、箱与单表拣选出库业务。由于库容限制，一般情况下不建议单独设置成各地市（县）供电公司总库房。

5. 典型设计之五——智能周转柜（图 14-6）

由控制柜、单表柜、箱表柜三部分组成。根据单表柜列数不同，分为Ⅰ、Ⅱ、Ⅲ三种

图 14-6　智能周转柜

类型（图示 14－6 所示为Ⅱ型）。高度统一为 1.8m，厚度统一为 0.6m，宽度分别为 2.4m、3.8m、5.2m。

每一列单表柜包含 45 个单相表储位与 15 个三相表储位，每一列箱表柜包含 6 个周转箱储位。

通过储位开关与电子门锁的配合实现“一扫一取”自动售货机式零星领表作业模式。

主要适用于供电所等各地市（县）供电公司下属库房，满足零星领配表的业务需求，其中箱表柜部分仅作溢出合格表计与拆回旧表暂存，不应用于配表出库作业。同时也可用于各地市、县公司总库房的托盘库、箱表库的组合配置。

14.1.4 二级、三级智能表库管理业务流程图

按照计量资产全寿命周期管理要求，表计自一级表库配送出库开始直至拆回报废，需依次经历二级表库接收入库、二级表库配送（批量配表）出库、三级表库接收入库、三级表库装接（抢修预领）出库、三级表库旧表反配送、二级表库旧表分拣入库等环节，结合智能表库的功能定位和业务实现要求，归纳为“三配表三配送”六大业务流程。

1. 二级表库配送入库业务流程图（图 14－7）

过程描述如下：

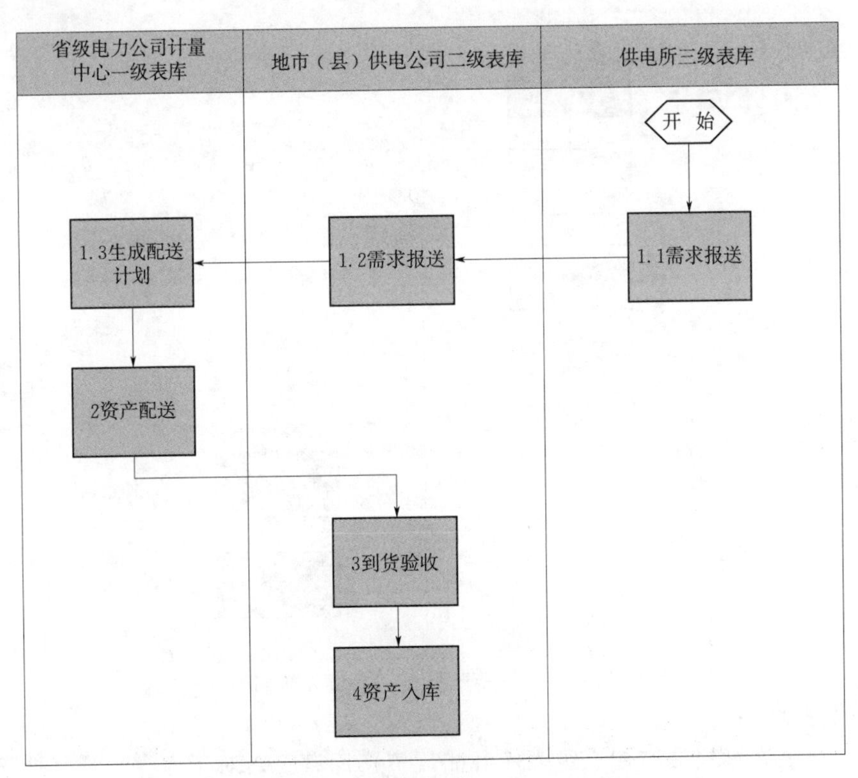

图 14－7 二级表库配送入库业务流程图

（1）三级表库将本单位次月用表需求以【配送申请】流程向二级表库报送，二级表库汇总用表需求，结合里程碑配送计划进行各品规资产数量平衡。通过营销系统【配送申

请】流程向省计量中心报送次月需求。

（2）省级电力公司计量中心对于大品规资产以托盘为单位向二级表库进行配送并将托—箱—表绑定明细传送营销系统，生成配送单。

（3）省级电力公司计量中心配送到货后，由运输人员将表计卸货至暂存区，二级表库管理员验收核对资产品规、数量，确认无误后在配送单上签字确认。

（4）二级表库管理员须在到货验收后2个工作日（含当天）内完成资产入库。操作如下：二级表库管理员在营销系统中根据配送信息和仓储情况自动生成入库方案，确认后将入库指令分别发送给各个库房仓储系统。仓储系统接收后，开启入库模式，分配储位。二级表库管理员通过人工或自动方式完成扫描托盘条码、周转箱条码或单表条码入库，同时由系统验证配送流程信息。对于入库过程中发现表计装箱错误或周转箱组托错误的情况，正常走完流程（确保其余正确资产可用）并人工锁定错误资产所在储位，及时与省级电力公司计量中心联系处理。

2. 三级表库配送入库业务流程图（图14-8）

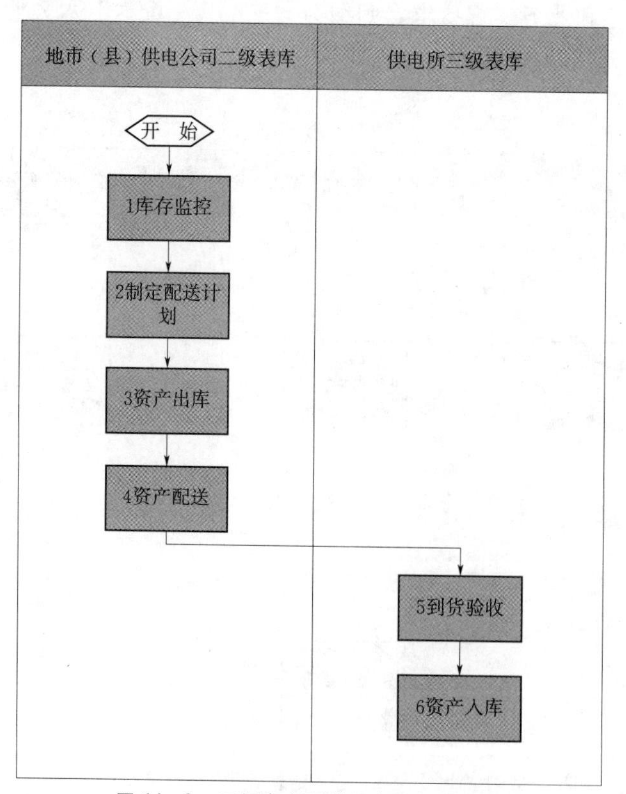

图14-8 三级表库配送入库业务流程图

过程描述如下：

（1）二级表库管理员监控三级表库各品规资产库存量，对于库存不足（低于30%库容）的库房进行资产配送。

（2）二级表库管理员根据三级表库库存情况制定配送计划，发起配送流程，当月累计配送量与当月已完成批量配表量之和不得大于月度报送需求量。

(3) 二级表库管理员根据配送流程和库存情况，由系统自动生成出库方案（不含明细），发送至仓储系统。仓储系统分配待出库表计并锁定资产，避免二次分配。

(4) 二级表库以周转箱方式向三级表库进行资产配送。

(5) 三级表库管理员将待入库流程信息发送给仓储系统，仓储系统接收后，开启入库模式，扫描周转箱条码或单表条码入库的同时验证配送流程信息。若有信息不符，中途停止并告警提醒；存储完毕，验证入库信息与流程内容一致，将仓储信息保存在本地系统并自动反馈到营销系统完成营销系统入库流程。

3. 二级表库批量配表出库业务流程图（图 14-9）

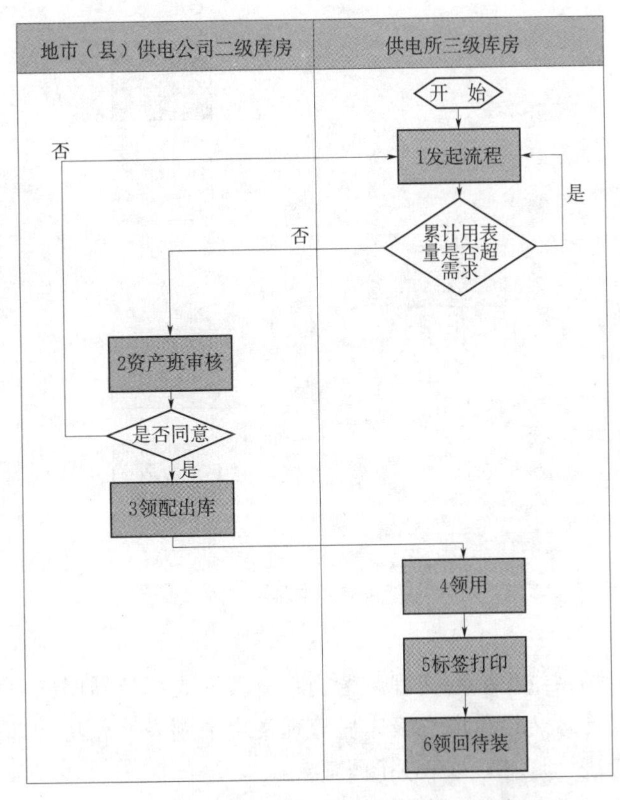

图 14-9 二级表库批量配表出库业务流程图

过程描述如下：

(1) 供电所在营销系统中发起批量配表流程，申请配表。营销系统自检本月累计批量配表量与配送量之和与报送的月度需求计划数量［“批量配表流程”定义为周期轮换和低压批量新装两类流程且单个流程下的表计数量大于 1 只周转箱（单相 15 只，三相 5 只），不满足以上两个条件的按“零星配表流程”执行］。

(2) 资产班根据二级表库的库存量统筹把握资产流转，在库存受限的情况下协调各三级库房的批量用表计划。

(3) 营销系统自动生成出库方案，确认后分别发送给各仓储系统，仓储系统确定表计明细并出库，明细信息上传营销系统，以地址排序自动匹配计量点。

(4) 供电所装接人员在 2 个工作日内完成表计领用。

(5) 领用人员通过装接扫描设备读取新表条形码，获取营销系统中对应用户信息（户号、安装地址、对应旧表资产编号），打印信息标签，粘贴于表计顶面，便于装接人员和用户核对。

(6) 表计领回后存放于三级表库待装暂存区，限期安装完毕。

4. 零星领表出库业务流程图（图 14-10）

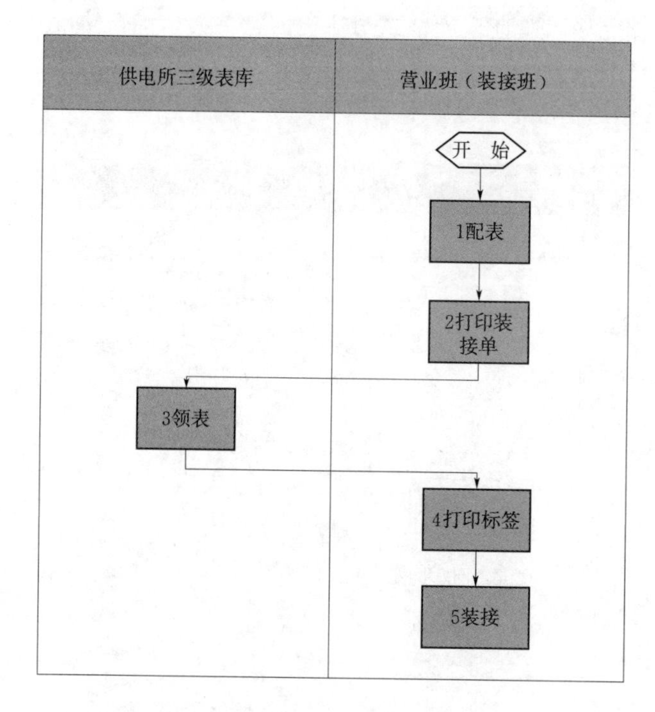

图 14-10 零星领表出库业务流程图

过程描述如下：

(1) 供电所在营销系统中发起流程，营销系统按照表库反馈明细完成配表。

(2) 装接人员凭计量装接单向三级库房管理员申请领表。库房管理员通过扫描装接单二维码，周转柜对应表计灯亮，取表关门。

(3) 通过装接扫描设备读取新表条形码，获取营销系统中对应用户信息（户号、资产编号、安装地址），打印信息标签，粘贴于表计顶面，便于装接人员核对。

(4) 现场装表，依靠表计标签定位，以装接单信息加以验证。

5. 抢修备表预领业务流程图（图 14-11）

过程描述如下：

(1) 开启抢修表计出库专用界面，以领表人员的工号、密码登录系统，扫描周转箱条码，显示该箱目前在营销系统中的抢修表计库存数量，核对无误后，根据需要输入所需表计品规和数量，仓储系统按照“后检先出”的原则自动出库。[输入量和库存量之和不得大于抢修箱最大储量（目前设置为单相 4 只，三相 2 只），溢出视为无效输入，不允许出库。]

(2) 表计出库后，用抢修专用掌机扫描表条码和箱条码进行箱表关系绑定并将信息发

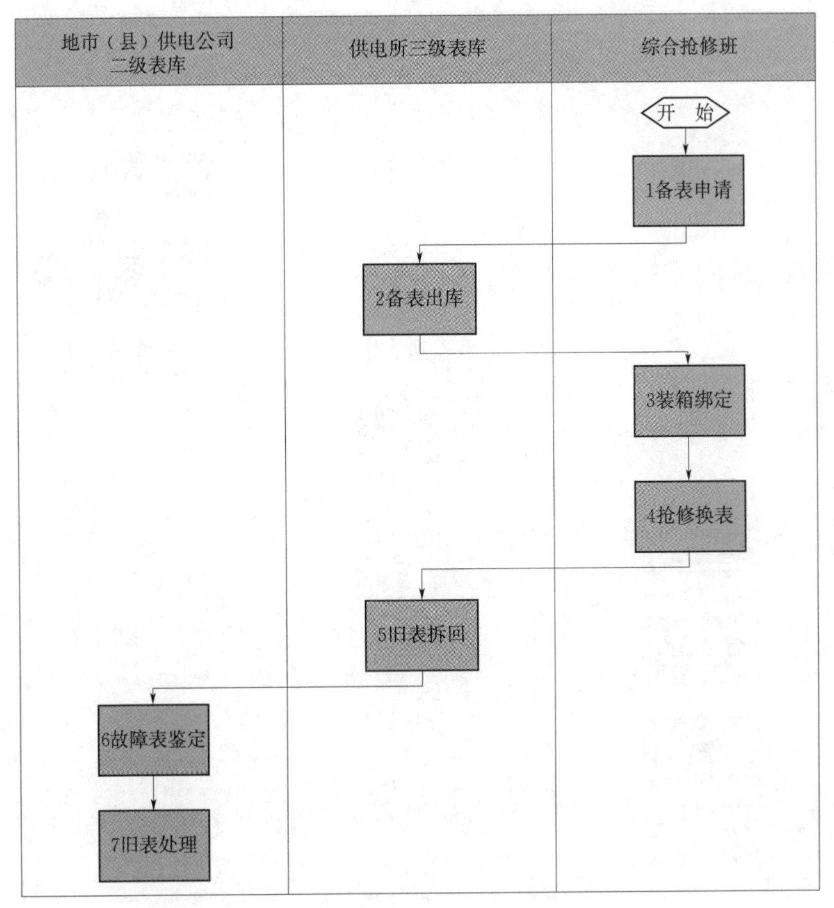

图 14－11 抢修备表预领业务流程图

送营销系统。

（3）抢修人员在故障现场用抢修箱中的表计完成故障表计更换，远程发起“计量装置故障”流程。

（4）抢修人员将故障表拆回后交给营业班资产管理员。

（5）地市（县）供电公司检定机构对故障表进行检定，将结果告知送检单位，完成“计量装置故障流程”的电量电费退补处理。

6. 旧表退库业务流程图（图 14－12）

过程描述如下：

（1）拆回旧表的业务流程可分类执行，由三级表库管理员选择回退至三级表库或不经三级表库流程直接跳转至二级表库。若流程直接跳转，三级表库管理员完成整理装箱（不绑定箱表关系）后以拆表流程归类退至二级表库；若回退三级库暂存，要求在 5 个工作日内通过配送流程退至二级表库。二级表库管理员完成状态分拣、装箱入库等操作。

（2）在安装信息录入环节上传止度信息并利用采集系统日电量数据进行自动校核，取消人工存度核对环节。

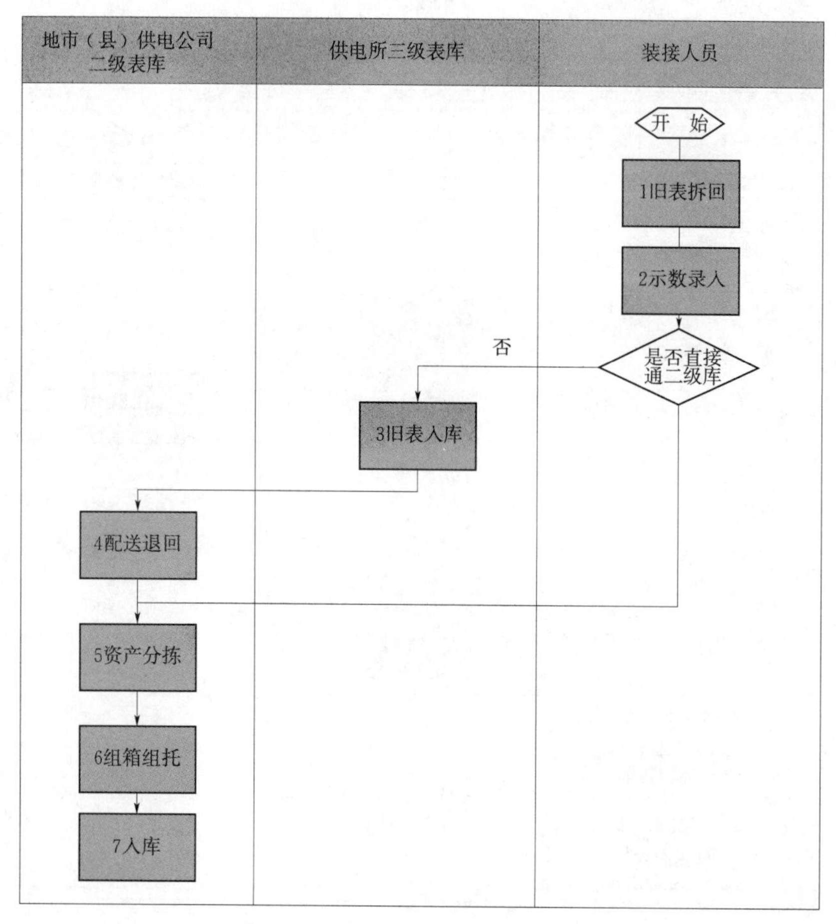

图 14-12 旧表退库业务流程图

（3）二级表库管理员通过扫描旧表条形码获取营销系统表计资产信息和流程信息，加以显示和声光提醒，通过流程类型、使用年限等条件进行实物分拣操作，营销系统中同步自动完成资产状态分拣。

（4）二级库房管理人员利用扫描设备完成旧表与周转箱、周转箱与托盘的逐层绑定，将信息上传营销系统。

（5）营销系统制定旧表入库策略，发送入库指令，表库执行入库。

14.2 智能表库操作

14.2.1 智能表库（托盘库）操作

1. 基本要求及注意事项

（1）目的：用于规范智能托盘库模式下表计的出入库及在库管理。

（2）适用范围：包括新表入库、配送出库、配表出库、盘点等业务在内的日常操作管理。

(3) 设备（工器具）：剪刀、叉车、对讲机。

(4) 环境：表计应在常温常湿条件下进行储存及出入库作业。

(5) 安全（危险点分析及预防控制措施）：见表14-1。

表14-1　危险点分析及预防控制措施

序号	防范类型	危险点	预防控制措施
1	机械伤害	出库时整托表计倾斜、翻到、掉落，造成人员伤害	(1) 出库操作必须由两人完成。 (2) 由表库管理员进行安全监督
		叉车操作不当，造成人员受伤	(1) 必须经过相关部门考试合格，取得政府机构颁发的特殊工种操作证，方可驾驶叉车，并严格遵守安全操作规范。 (2) 严禁带人行驶，严禁酒后驾驶；行驶中不得吸烟、饮食、闲谈、打手机和讲对讲机。 (3) 在卸货过程中提示周边人群及车辆，避免盲目进入作业区域
		头发、衣物卷入输送线，引起机械伤害	(1) 工作人员应按规定着装，并留短发或将头发盘起。 (2) 输送线工作时，人员不得进入设备区域，输送线检修时应先按下急停开关，并有专人监护
2	高处坠落	卸货平台发生人员坠落	(1) 卸货平台与车辆未连接前，工作人员不得站在平台上。 (2) 由表库管理员进行安全监督

(6) 注意事项。

1) 对于新表入库，表库管理员应在到货验收后2个工作日（含当天）内完成资产入库操作结束任务。

2) 对于批量配表出库，需求单位应在表计出库后2个工作日内完成领用。

3) 配送交接过程采用纸质配送单，双方负责人签字生效，一式两份。单据按月存档。

4) 领用交接过程采用纸质领用单，双方负责人签字生效，一式两份。单据按月存档。

5) 盘点不可与出入库任务同时执行。不同的故障现象由不同的故障原因引起，这里只能说明一些常见故障现象的常见故障原因。

2. 工作步骤

(1) 接收入库。

1) 省级电力公司计量中心配送到货后，表库管理员获取“电能计量器具（终端）配送单”(以下简称配送单)。

2) 表库管理员核对“配送单”信息与实际到货的资产型号、厂家、规格、数量是否一致。数据不正确的，查明原因，正确处理。

3) 表库管理员随机抽取1～2箱表计进行验收检查，主要内容包括：

a. 纸箱包装是否完好。

b. 表计外观是否完好，液晶显示是否正常，封印是否齐全。

c. 三相表电压、电流并线钩是否拧紧，表尾盖是否齐全，接线图是否正确。

d. 单相表表尾盖螺丝是否拧紧。

e. 低压电流互感器的二次端子盖是否齐全。

f. 采集终端配件是否齐全。

4）出现以上任一不合格情况视为验收不通过，表计不予接收。

5）验收通过后，表库管理员在“配送单”上签字确认，实物表计由配送人员卸货至暂存区。

6）表库管理员在营销系统中制定入库任务并发送给表库管理系统，表库管理系统接收入库任务并获取入库资产明细。

7）表库管理员利用叉车将托盘平稳放置于出入库输送线上。表库自动完成入库并将结果信息反馈营销系统。

（2）配送出库。

1）表库管理员在营销系统中按照“最大单元出库”的原则制定配送任务并发送给表库管理系统。表库管理系统接收出库任务并按照“先检先出”的原则确定出库资产并自动出库至出入库口。

2）表库管理员扫描确认后利用叉车将托盘取下，已出库设备按箱装车，配送至目标单位。

（3）批量配表出库。

1）表库管理员在营销系统中按照“最大单元出库”的原则制定配表出库任务并发送给表库管理系统。表库管理系统接收出库任务并按照“先检先出”的原则确定出库资产并自动出库至出入库口。

2）表库管理员扫描确认后利用叉车将已出库设备取下，按箱放置于出库暂存区，待需求单位完成领用交接。

（4）盘点。

1）表库管理员在营销系统中制定盘点任务并发送给表库管理系统。

2）表库管理员扫描实体库房外表计和流程在途表计，结果录入表库管理系统。

3）表库管理员在表库管理系统中确认库房侧盘点信息，发送营销系统生成盘点报告，进行盘盈盘亏处理。

3. 系统操作

（1）系统登录。

1）登录流水线监控系统。

双击桌面上的【流水线监控系统】图标，在弹出的登录界面输入用户名和密码后进入系统首页，登录界面如图 14-13 所示。

系统首页如图 14-14 所示。

单击【启动】按钮，使监控系统处于运行模式。

注意：监控系统主要用于监控本地设备运行情况、储位状态（储位空、储位满、储位锁定等）以及本地任务执行情况。

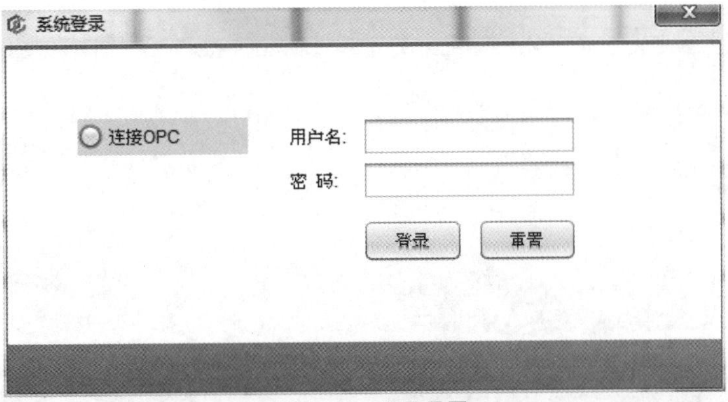

图 14-13 登录界面

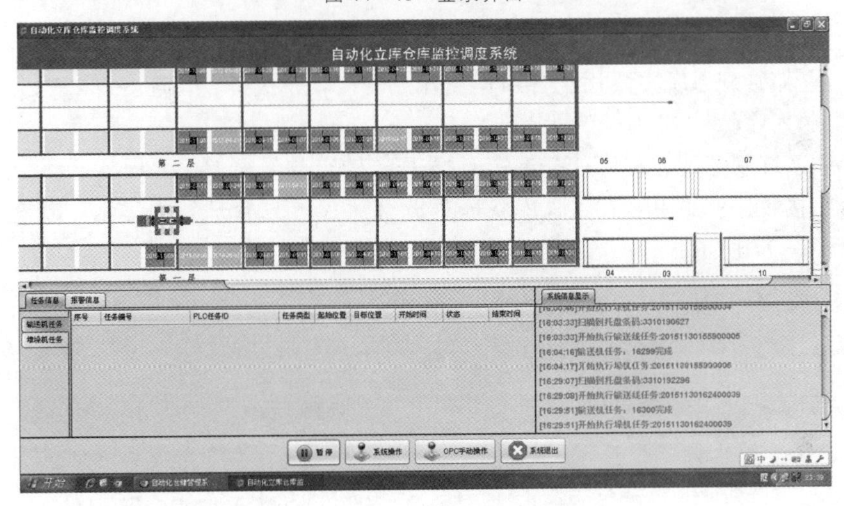

图 14-14 系统首页

2）登录仓储管理系统。

双击桌面上的管理系统图标，弹出登录窗口，在弹出的登录界面输入用户名和密码后进入系统首页，登录界面如图 14-15 所示。

图 14-15 登录界面

系统首页如图 14-16 所示。

图 14－16　系统首页

注意：仓储管理系统主要用于各项作业任务的接收、执行、管理等。

（2）配送入库。

1）营销系统制定配送入库任务后实时推送给表库。

2）表库接收任务工单，在【入库管理】〉〉【入库计划管理】中显示，状态为“未执行”，如图 14－17 所示。

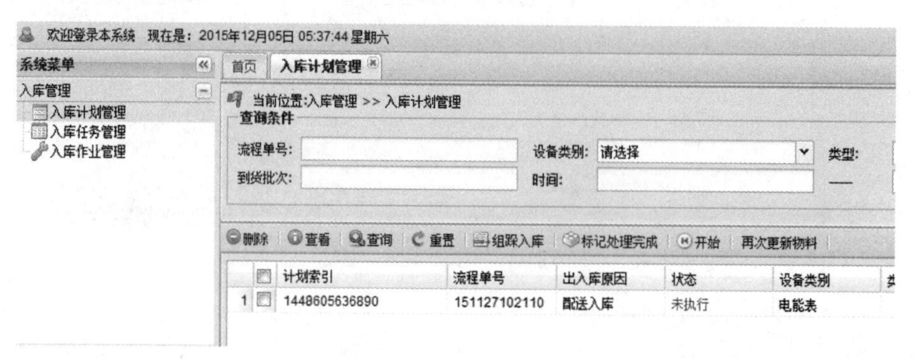

图 14－17　显示状态

3）选中需执行的工单，单击【开始】按钮，工单状态变为“正在执行”。

4）若需对入库表计进行组托操作，点击【组跺入库】按钮进行组托，组托界面如图 14－18 所示。

按照页面提示逐个扫描托盘条码和箱条码，全部扫描完成后，点击【保存】按钮，完成组托。若无需组托，则跳过此步骤。

5）人工将托盘放到输送线上，按下输送线边上的【启动】按钮，托盘自动传输至已分配储位内。

6）入库完成，营销系统中结束流程。

（3）配送/配表出库。

1）营销系统制定出库任务后实时推送给表库。

2）表库接收任务工单，在【出库管理】〉〉【出库计划管理】中显示，状态为“未执行”，如图 14－19 所示。

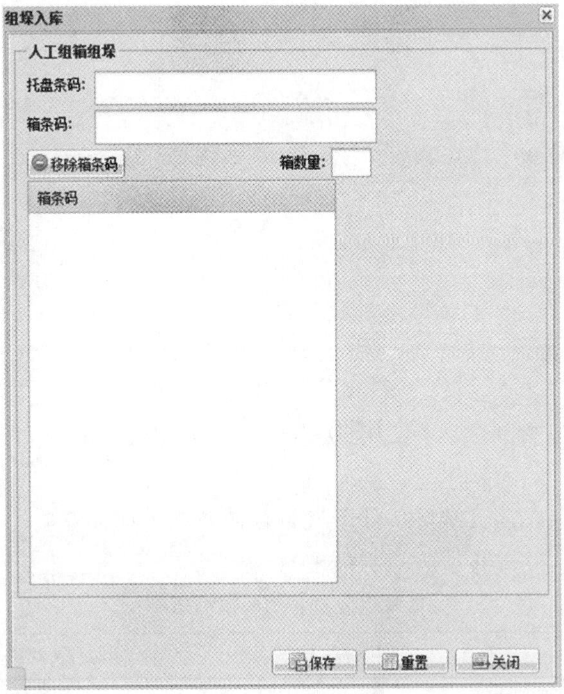

图 14-18　组托界面

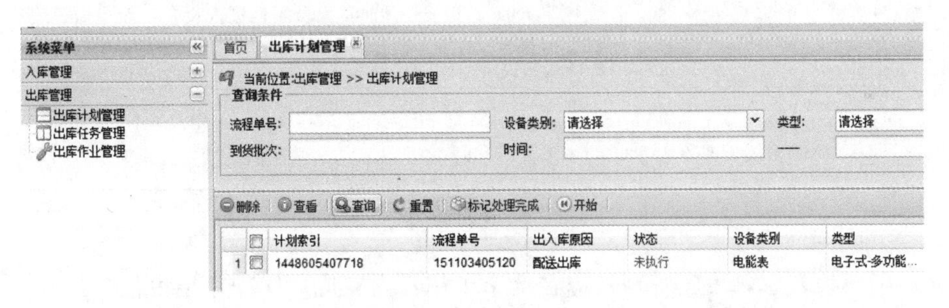

图 14-19　显示状态

3）选中需执行的工单，点击【开始】按钮，工单状态变为“正在执行”。

4）表库按照“先检先出”的原则确定待出库表计并自动出库至出入库口，人工搬取。

5）若需拣选出库，托盘将自动出库至拣选升降平台。在管理系统【拣选管理】〉〉【拣选出库】中按页面提示扫描要出库的周转箱或表计条码并取走设备。扫描完成后点击【拣选出库】按钮，确认出库设备，再点击【拣选入库】按钮并按下拣选升降平台边上的【启动】按钮，该托盘自动回库，如图 14-20 所示。

6）出库完成，营销系统显示明细信息；若是批量配表，则按地址排序自动匹配计量点。

14.2.2　智能表库（箱表库）操作

1. 基本要求及注意事项

（1）目的：用于规范智能箱表柜模式下表计出入库及在库管理。

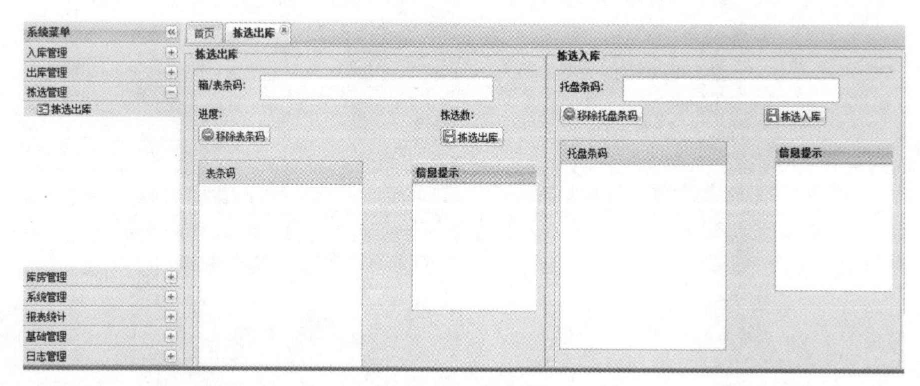

图 14－20　显示状态

（2）适用范围：包括新表入库、配送出库、配表出库、盘点等业务在内的日常操作管理。

（3）环境：表计应在常温常湿条件下进行存储及出入库作业。

（4）安全（危险点分析及预防控制措施）：见表 14－2。

表 14－2　　危险点分析及预防控制措施

序号	防范类型	危险点	预防控制措施
1	机械伤害	头发、衣物卷入输送线，引起机械伤害	（1）工作人员应按规定着装，并留短发或将头发盘起。 （2）输送线工作时，人员不得进入设备区域，输送线检修时应先按下急停开关，并有专人监护
2	高处坠落	卸货平台发生人员坠落	（1）卸货平台与车辆未连接前，工作人员不得站在平台上。 （2）由表库管理员进行安全监督

（5）注意事项如下：

1）对于新表入库，表库管理员应在 2 个工作日内完成入库操作结束任务。

2）对于批量配表出库，配表单位应在表计出库后 2 个工作日内完成领用。

3）配送交接过程采用纸质配送单，双方负责人签字生效，一式两份。单据按月存档。

4）领用交接过程采用纸质领用单，双方负责人签字生效，一式两份。单据按月存档。

5）盘点不可与出入库任务同时执行。

2. 工作步骤

（1）接收入库。

1）省级电力公司计量中心配送到货后，表库管理员获取“电能计量器具（终端）配送单”。

2）表库管理员核对“配送单”信息与实际到货的资产型号、厂家、规格、数量是否一致。数据不正确的，查明原因，正确处理。

3）表库管理员随机抽取 1～2 箱表计进行验收检查，主要内容包括：

a. 纸箱包装是否完好。

b. 表计外观是否完好，液晶显示是否正常，封印是否齐全。

c. 三相表电压、电流并线钩是否拧紧，表尾盖是否齐全，接线图是否正确。

d. 单相表表尾盖螺丝是否拧紧。

e. 低压电流互感器的二次端子盖是否齐全。

f. 采集终端配件是否齐全。

出现以上任一不合格情况视为验收不通过，表计不予接收。

4）验收通过后，表库管理员在“配送单”上签字确认，实物表计由配送人员卸货至暂存区。

5）表库管理员在营销系统中制定入库任务并发送给表库管理系统，表库管理系统接收入库任务并获取入库资产明细。

6）表库管理员人工将箱表放置于出入库口。表库自动完成入库并将结果信息反馈营销系统。

（2）配送出库。

1）表库管理员在营销系统中按照“最大单元出库”的原则制定配送任务并发送给表库管理系统。表库管理系统接收出库任务并按照“先检先出”的原则确定出库资产并自动出库至出入库口。

2）表库管理员扫描确认后将已出库设备取下，按箱装车，配送至目标单位。

（3）批量配表出库。

1）表库管理员在营销系统中按照“最大单元出库”的原则制定配表出库任务并发送给表库管理系统。表库管理系统接收出库任务并按照“先检先出”的原则确定出库资产并自动出库至出入库口。

2）表库管理员扫描确认后人工将已出库设备取下，按箱放置于出库暂存区，待需求单位完成领用交接。

（4）盘点。

1）表库管理员在营销系统中制定盘点任务并发送给表库管理系统。

2）表库管理员扫描实体库房外表计和流程在途表计，结果录入表库管理系统。

3）表库管理员在表库管理系统中确认库房侧盘点信息，发送营销系统生成盘点报告，进行盘盈盘亏处理。

（5）拆托补箱。

拆托补箱由表库管理员在营销系统中制定配送任务，智能托盘库出库，智能箱表柜入库。操作步骤参考新表入库。

3. 系统操作

（1）系统登录。双击桌面上的【二级、三级表库操作系统】图标，在弹出的登录界面输入用户名和密码后进入系统首页，登录界面如图 14－21 所示。

系统首页如图 14－22 所示。

点击【启动】按钮，使操作系统处于运行模式。

（2）配送入库。

1）营销系统制定配送入库任务后实时推送给表库。

2）表库接收任务工单，在【入库任务】中数字提醒，如图 14－23 所示。

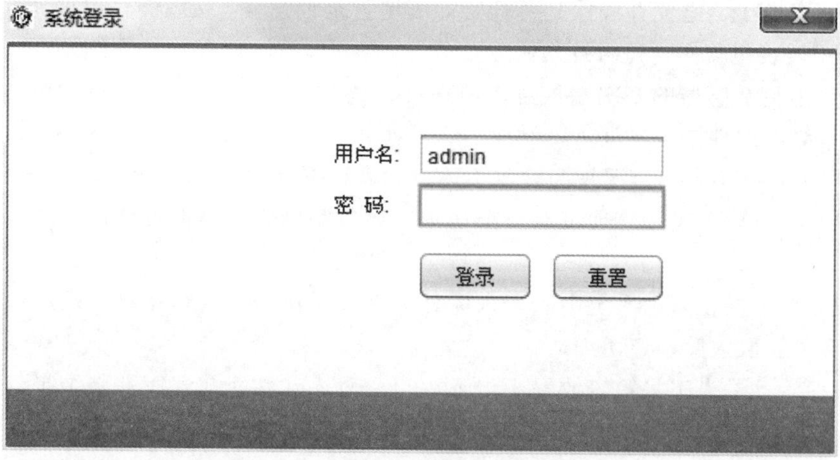

系统登录

用户名: admin

密 码:

登录　重置

图 14 - 21　登录界面

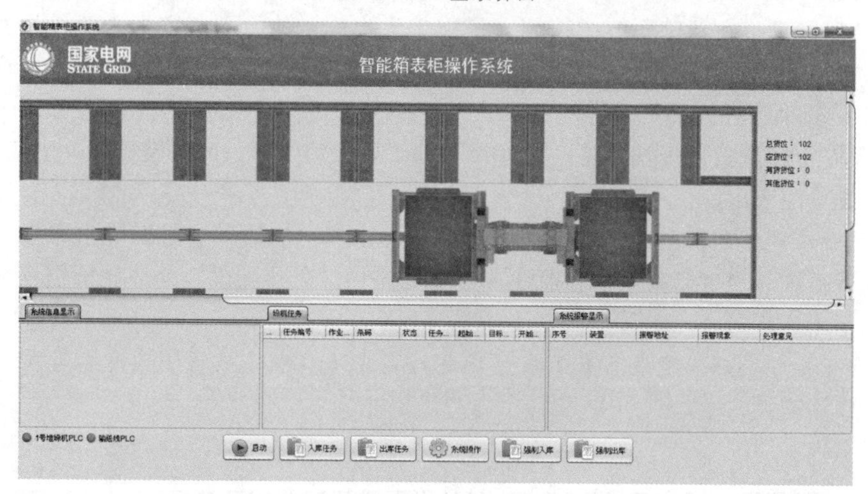

图 14 - 22　系统首页

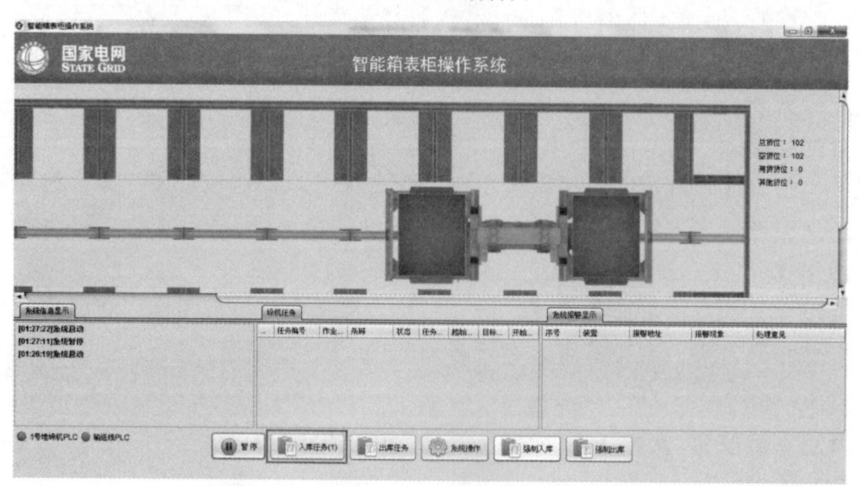

图 14 - 23　显示状态

3）点击【入库任务】，弹出入库任务对话框，在【营销单号】中选择需执行的工单，点击【开始计划】，该计划状态由“未执行”变为“执行中”，如图 14 - 24 所示。

4）将需入库的周转箱放至入库口，按下柜体上的【启动】按钮，周转箱自动传输至已分配储位内。

5）入库完成后，营销系统内结束入库流程。

图 14-24　显示状态

（3）配送/配表出库。

1）营销系统制定出库任务后实时推送给表库。

2）表库接收任务工单，在【出库任务】中数字提醒，如图 14-25 所示。

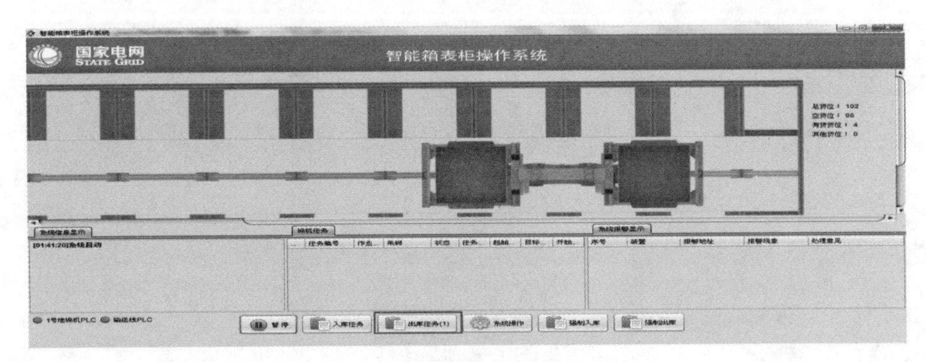

图 14-25　显示状态

3）点击【出库任务】，弹出出库任务对话框，在【营销单号】中选择需执行的工单，点击【开始计划】，该计划状态由“未执行”变为“执行中”，如图14-26所示。

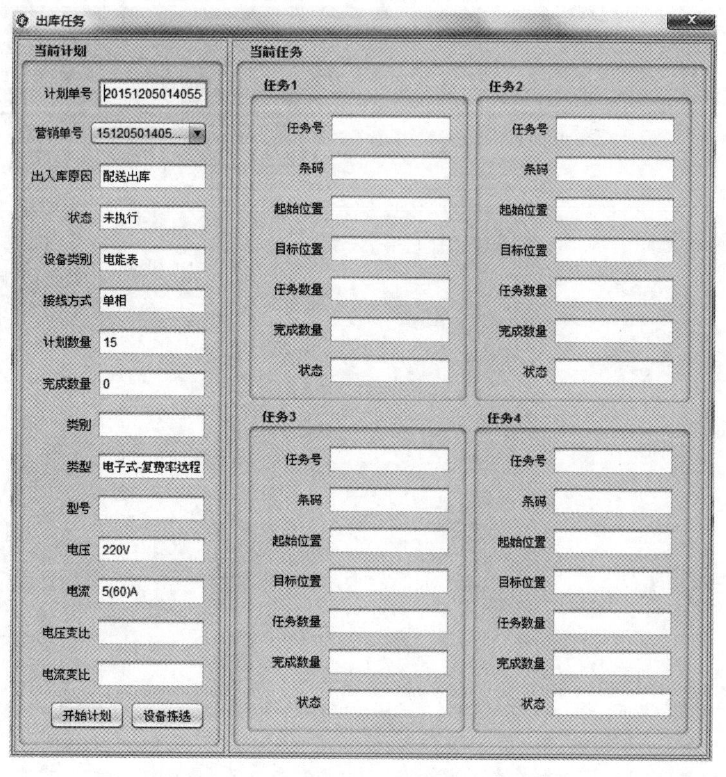

图14-26　显示状态

4）表库按照“先检先出”的原则确定待出库表计并自动出库至出库口，人工搬取。

5）若需拣选出库，周转箱到达出库口时，系统自动弹出拣选对话框，如图14-27所

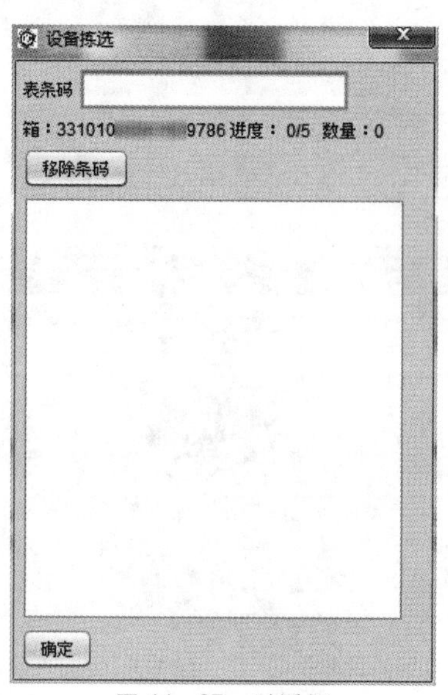

图14-27　对话框

示。操作人员核对箱号无误后，按照提示数量拣选表计并逐个扫描。拣选结束后，点击【确定】，并按下箱体上的【启动】按钮，周转箱自动回库。若操作人员未在对应的周转箱内拣选或扫描数量不符，系统会报警提示，如图 14-28、图 14-29 所示。

图 14-28　显示状态

图 14-29　显示状态

6）出库完成，营销系统显示明细信息；若是批量配表，则按地址排序自动匹配计量点。

14.2.3　智能表库（智能周转柜）操作

1. 基本要求及注意事项

（1）目的：用于规范智能周转柜模式下表计的出入库及在库管理。

（2）适用范围：包括新表入库、配送出库、配表出库、盘点等业务在内的日常操作管理。

（3）环境：表计应在常温常湿条件下进行存储及出入库作业。

（4）安全（危险点分析及预防控制措施）：见表 14-3。

表 14-3

序号	防范类型	危险点	预防控制措施
1	机械伤害	关门过程中夹住四肢、头发、衣物等	（1）工作人员应按规定着装，并留短发或将头发盘起。 （2）关门过程缓慢、小心

（5）注意事项如下：

1）对于新表入库，表库管理员应在 2 个工作日内完成入库操作结束任务。

2）对于配表出库，配表单位应在表计出库后 2 个工作日内完成领用。

3）配送交接过程采用纸质配送单，双方负责人签字生效，一式两份。单据按月存档。

4）领用交接过程采用纸质领用单，双方负责人签字生效，一式两份。单据按月存档。

5）盘点不可与出入库任务同时执行。

2. 工作步骤

（1）接收入库。

1）省级电力公司计量中心配送到货后，表库管理员获取“电能计量器具（终端）配送单”。

2）表库管理员核对“配送单”信息与实际到货的资产型号、厂家、规格、数量是否一致。数据不正确的，查明原因，正确处理。

3）表库管理员随机抽取1～2箱表计进行验收检查，主要内容包括：

a. 纸箱包装是否完好。

b. 表计外观是否完好，液晶显示是否正常，封印是否齐全。

c. 三相表电压、电流并线钩是否拧紧，表尾盖是否齐全，接线图是否正确。

d. 单相表表尾盖螺丝是否拧紧。

e. 低压电流互感器的二次端子盖是否齐全。

f. 采集终端配件是否齐全。

4）出现以上任一不合格情况视为验收不通过，表计不予接收。

5）验收通过后，表库管理员在“配送单”上签字确认，实物表计由配送人员卸货至暂存区。

6）表库管理员在营销系统中制定入库任务并发送给表库管理系统，表库管理系统接收入库任务并获取入库资产明细。

7）表库管理员人工将表计放入单表柜可用空储位上，扫描绑定，溢出资产扫描放入箱表柜暂存。

（2）配送出库。

1）表库管理员在营销系统中制定配送任务并发送给表库管理系统。表库管理系统接收零星表计出库任务并按照“先检先出”的原则确定出库表计，相应储位指示灯亮起。

2）表库管理员按提示取表，配送至目标单位。

（3）零星配表出库。

1）表库管理员在营销系统中制定零星配表出库任务并发送给表库管理系统。表库管理系统接收出库任务并按照“先检先出”的原则确定出库资产并锁定。

2）装接人员扫描领表工单二维码，根据亮灯及语音提示取表。

（4）抢修预领出库。

1）表库管理员扫描抢修箱条形码验证抢修箱信息。

2）表库管理员根据预领需求选择预领表计品规和数量，表库管理系统按照“后检先出”的原则锁定表计。

3）表库管理员按照亮灯及语音提示取表。

（5）盘点。

1）表库管理员在营销系统中制定盘点任务并发送给表库管理系统。

2）表库管理员扫描实体库房外表计和流程在途表计，结果录入表库管理系统。

3）表库管理员在表库管理系统中确认库房侧盘点信息，发送营销系统生成盘点报告，进行盘盈盘亏处理。

（6）拆箱补柜。

1）表库管理员在表库管理系统中开启拆箱补柜功能。

2）表库管理员根据需要取出箱表柜中的表计逐个放入单表柜亮灯储位处。

3）表库管理原理员根据提示逐个扫描补柜表计。

3. 系统操作

（1）系统登录。

在登录界面输入用户账号、密码后，点击【登录】，周转柜验证用户名和密码无误后进入系统首页，登录界面如图 14－30 所示。

图 14－30　登录界面

首页显示周转柜整体的结构布局、柜内设备库存、操作功能项以及显示代办工单提示、温湿度信息等，如图 14－31 所示。

注意：在首页状态下使用扫描枪扫描任务工单条码，系统可自动识别任务内容并跳转执行。

（2）入库管理。

1）配送入库。

a. 营销系统制定配送入库任务后实时推送给智能周转柜。

b. 智能周转柜接收任务工单，进行语音提示“您有新的工单”，并在待办工单信息框显示 1 条信息。

c. 登录系统后，刷工单二维码或者通过待办工单界面，如图 14－32 所示，选择需要处理的工单，根据语音提示进行入库操作。

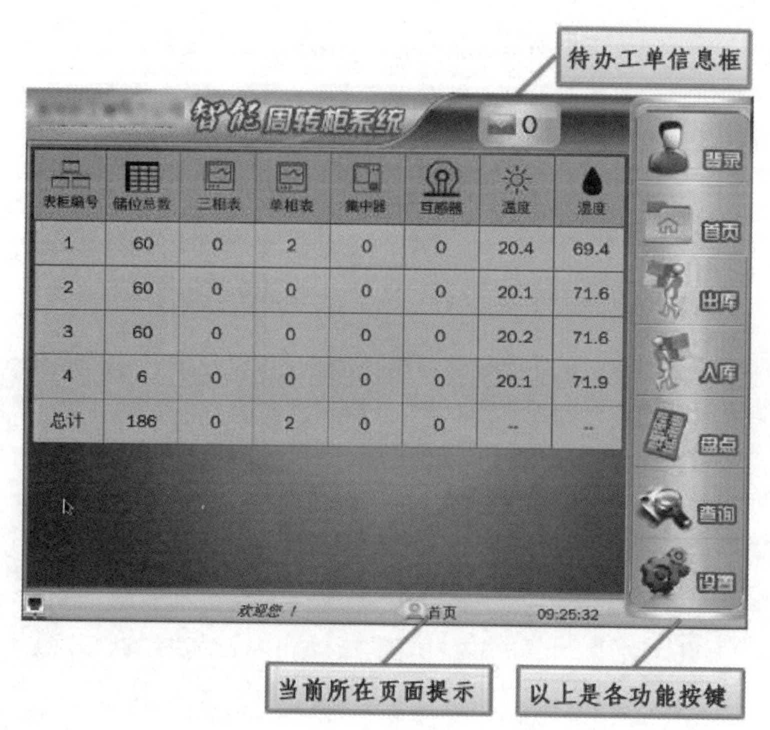

图 14－31　显示状态

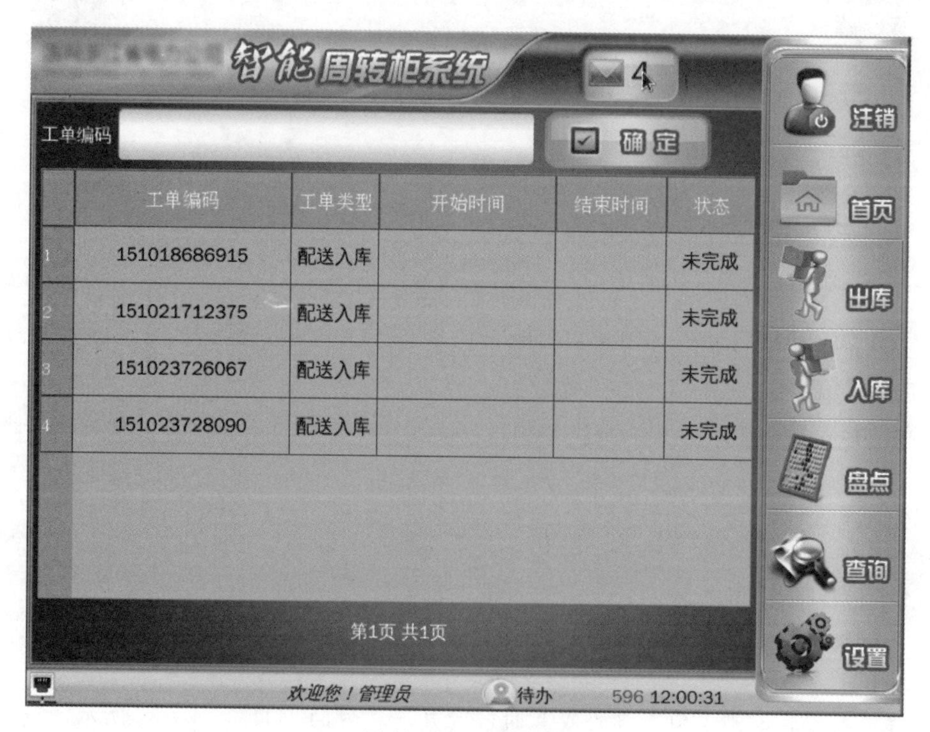

图 14－32　工单界面

d. 根据语音提示，将需入库表计（全部或者部分）逐个妥善放置于单表柜的亮灯储位。

e. 放置完成后，点击【结束放表】，结束单表柜放表。根据语音提示扫描新入库储位上的表计条码，逐个匹配库区与储位，如图 14－33 所示。

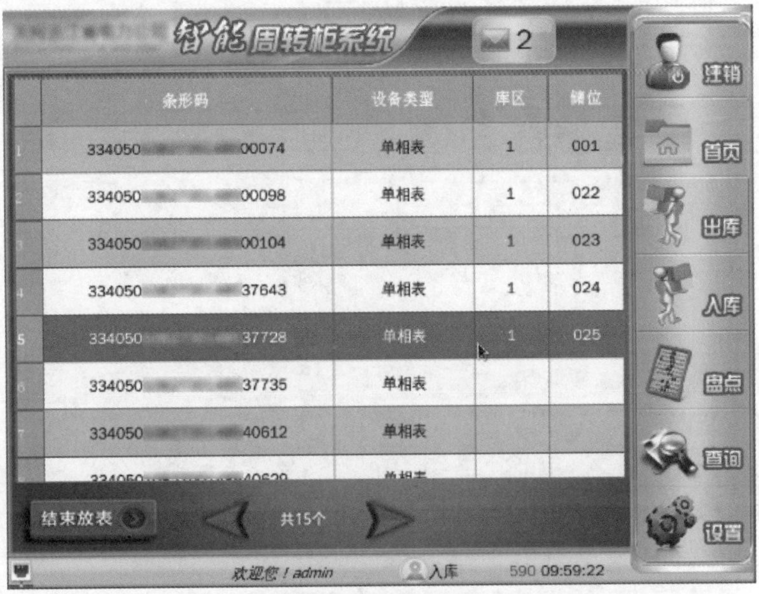

图 14－33　显示状态

f. 根据语音提示扫描剩余未入库表计条码，并将设备放到箱表柜中，如图 14－34 所示。

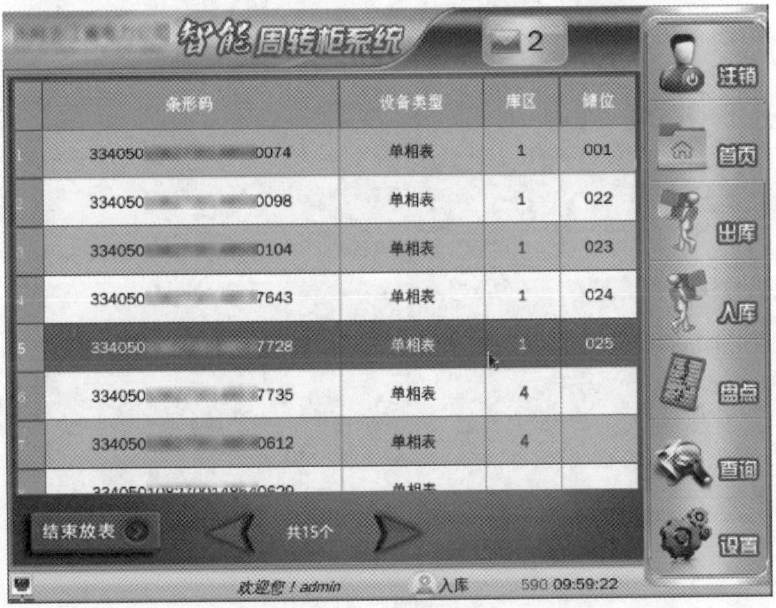

图 14－34　显示状态

注意：箱表柜本地设置库区（即柜体编号），不设储位。

g. 入库完成，按提示关上柜门，流程结束。

2）领出未装入库。领出未装入库支持有工单未装入库和无工单未装入库两种类型，有工单未装入库按照“配送入库”的模式操作入库，无工单未装入库操作如下：

a. 登录周转柜系统，在主页面上选择【入库】【退回入库】功能，如图 14-35 所示。

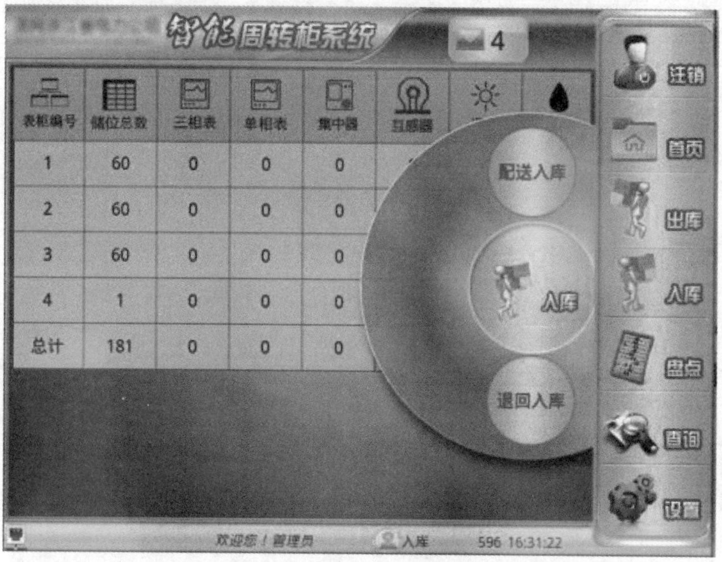

图 14-35　登录界面

b. 选择待退表计类型和业务类别（领出未装退库、抢修表退库），如图 14-36 所示。

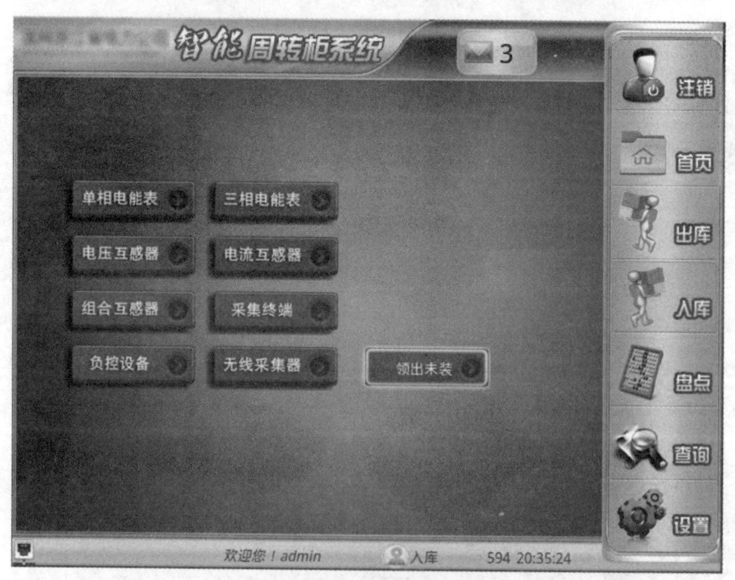

图 14-36　显示状态

注意：①无任务领出未装退库仅支持单个表计操作。若待退表计超过 1 个，需分多次进行；②装入抢修箱内的表计若长时间未装用，需退库，在业务类别上选择【抢修箱】，如图 14－37 所示。

图 14－37　显示状态

c. 根据语音提示扫描待退设备条形码。表库管理系统自动上传营销系统进行审核验证，通过后反馈储位信息，如图 14－38 所示。

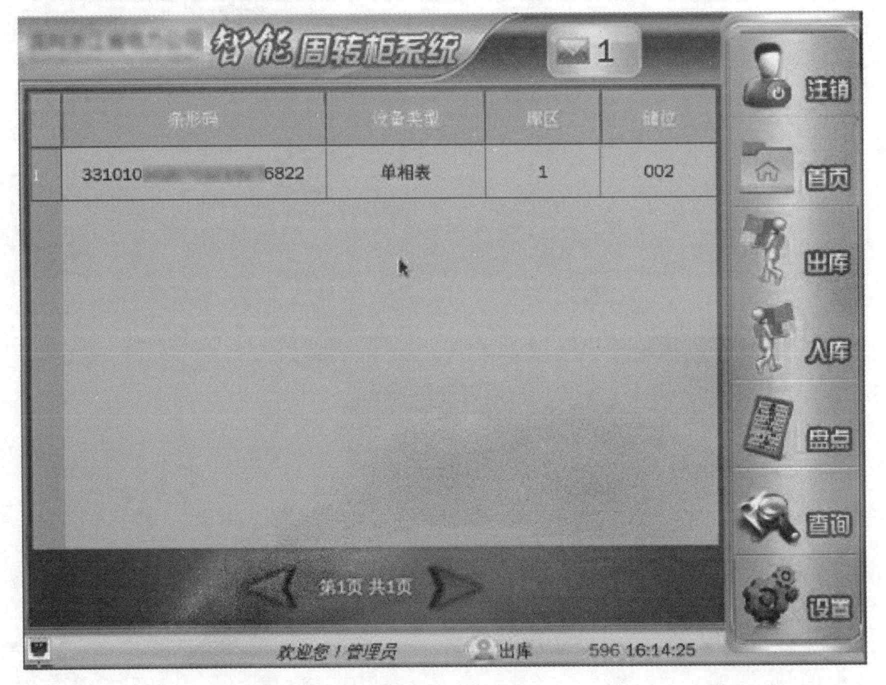

图 14－38　显示状态

注意：营销系统审核领出未装退库表计状态必须为“领出待装”。

d. 根据语音及亮灯提示将待退表计放入单表柜，关门，流程结束。

注意：若表库管理员判断待退表计外观、时钟等不合格，一般情况下应派送地市公司检定，不允许直接入库；若确需入库暂存，入库后须将表计锁定，后续妥善处理。

3）拆箱入库。

a. 点击菜单栏的【出库】按钮，如图 14-39 所示。

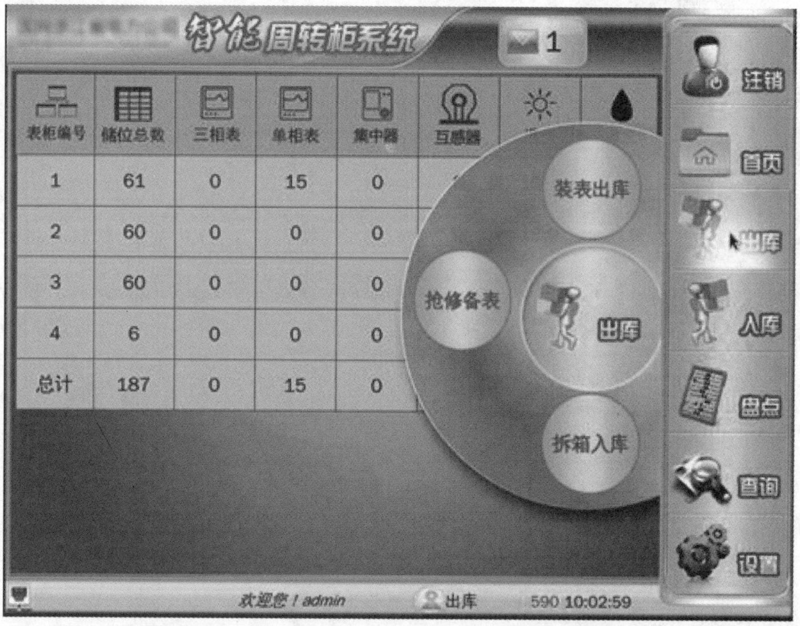

图 14-39　登录界面

b. 点击【拆箱入库】按钮，系统自动打开箱表柜门、单表柜门，亮起单表柜可用空储位指示灯，列出箱表柜内的资产明细，如图 14-40 所示。

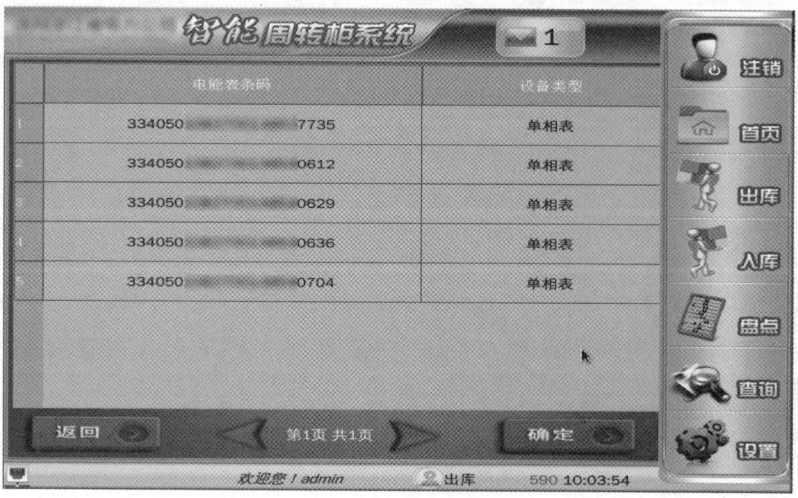

图 14-40　显示状态

c. 将箱表柜内的表计取出逐个放入单表柜亮灯空储位处中。点击【确认】结束放表操作。若箱表柜的合格表计全部放到了单表柜中，自动结束放表操作。

d. 根据语音提示扫描新放入的表计条形码，完成后根据语音提示关上柜门。

(3) 出库管理。

1) 领表出库。

a. 营销系统向智能周转柜发送配表出库工单，周转柜根据“先检先出”原则确定待出库明细，锁定相应储位并反馈营销系统。营销系统完成配表并打印装接单。

b. 登录周转柜系统，在首页扫描装接单二维码或者点击待办工单按钮，选择出库工单，如图 14-41 所示。

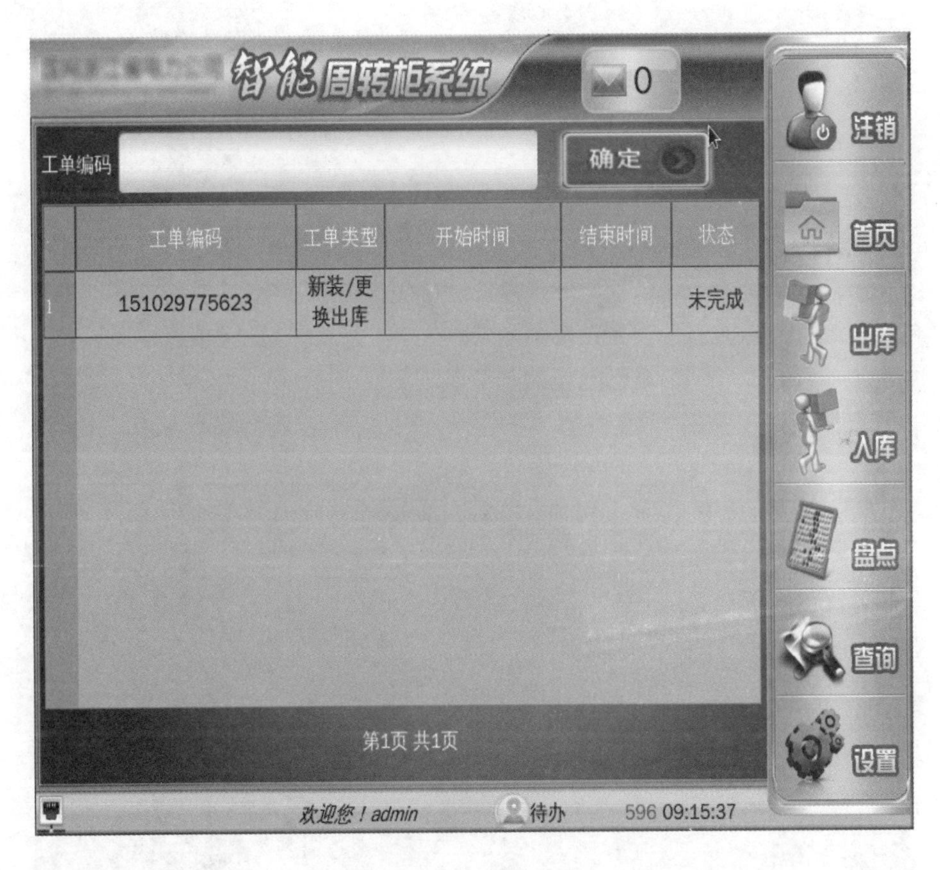

图 14-41　登录界面

c. 单表柜柜门自动打开，已配表计所在储位指示灯亮，根据语音和系统提示（见图 14-42）取表，关门，周转柜自动上传出库明细到营销系统。

2) 抢修备表出库。

a. 登录周转柜系统，点击【出库】菜单，如图 14-43 所示。

b. 点击【抢修备表】按钮，根据语音提示扫描抢修箱条码。

c. 系统自动与营销交互，验证抢修箱信息并展示抢修箱内剩余表计品规、数量。

d. 选择需预领的表计品规，通过【+】【-】按钮输入数量，如图 14-44 所示。点击

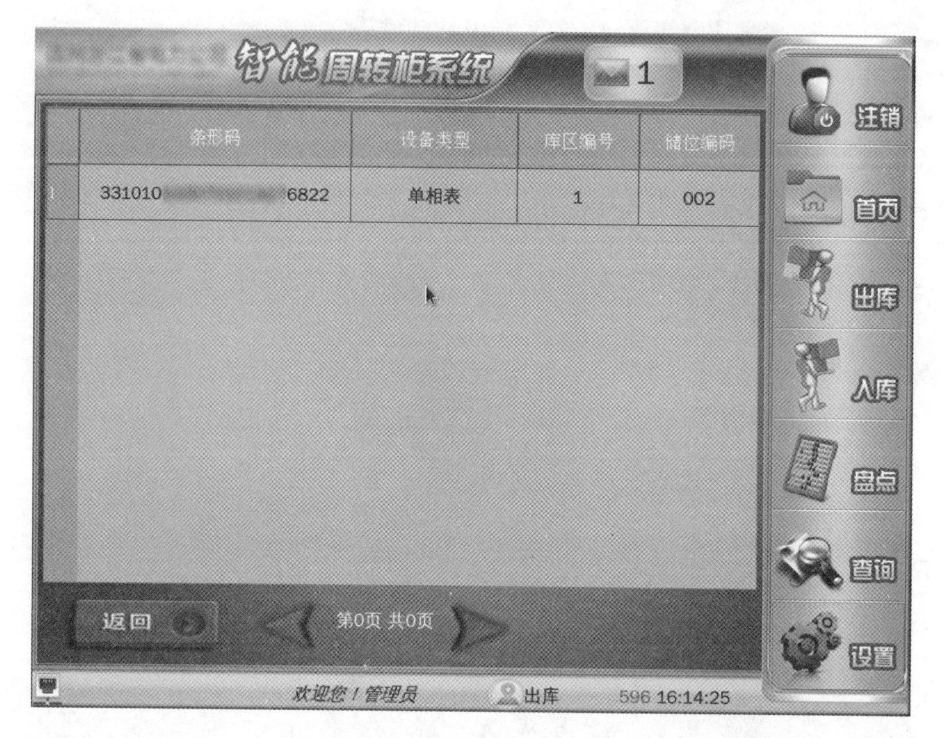

图 14-42　显示状态

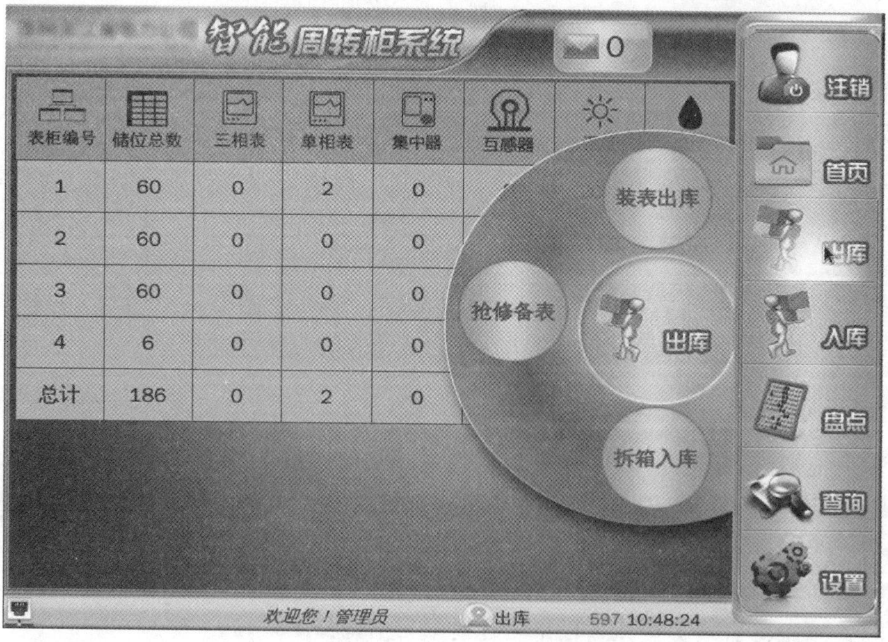

图 14-43　登录界面

【确定】（若抢修箱内已有表计加上预领的电能表数量超过电能表领出上限时，系统语音提示并拒绝执行）。系统根据“后检先出”的原则确定出库明细，开启单表柜门，对应储位指示灯亮起。

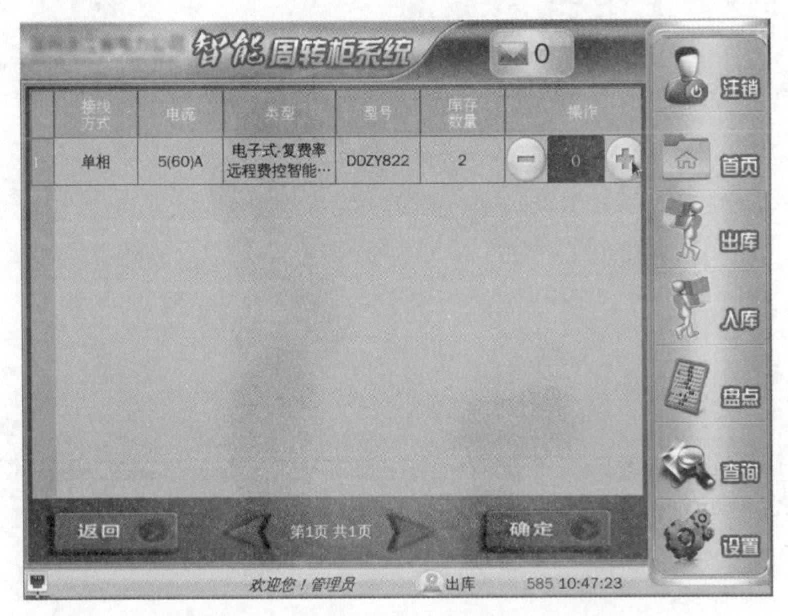

图 14－44　显示状态

e. 取表、关门，装箱绑定。

（4）库存盘点。

1）登录周转柜系统，点击信息框选择盘点工单，如图 14－45 所示。

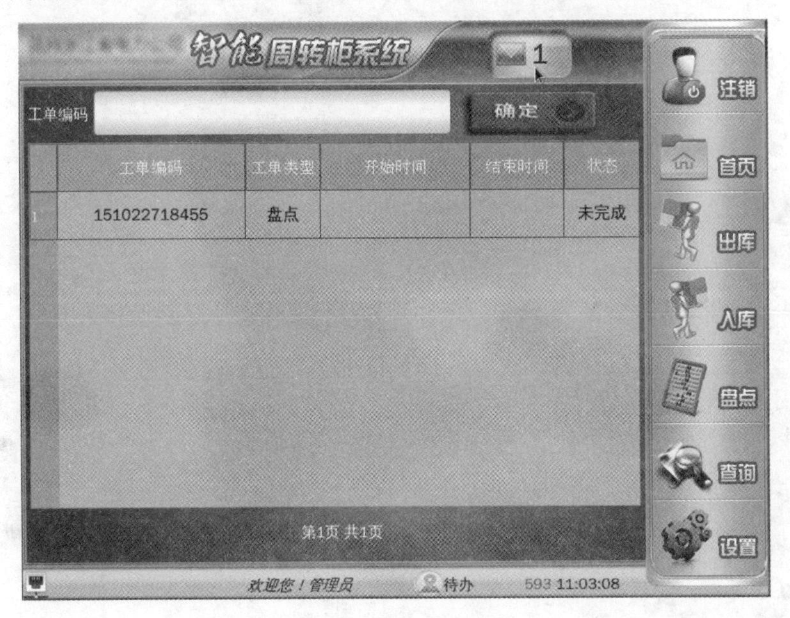

图 14－45　登录界面

2）根据语音提示，开启周转柜柜门，用无线扫描枪逐个扫描库存表计条码。

3）点击【确定】结束盘点，将数据上传营销系统生成盘点报告，如图 14 - 46 所示。

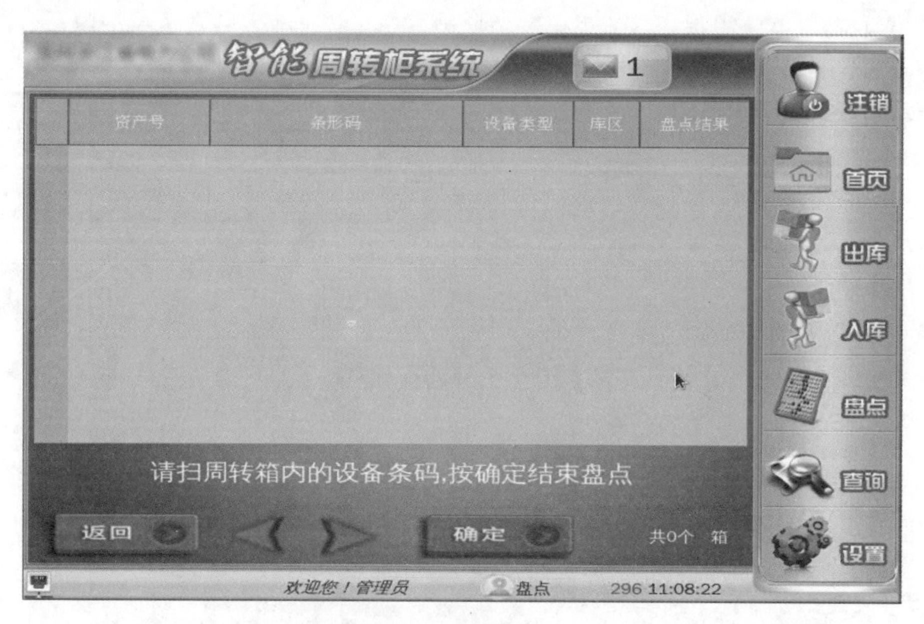

图 14 - 46　显示状态

（5）储位禁用。

1）登录周转柜系统，选择【设置】，如图 14 - 47 所示。

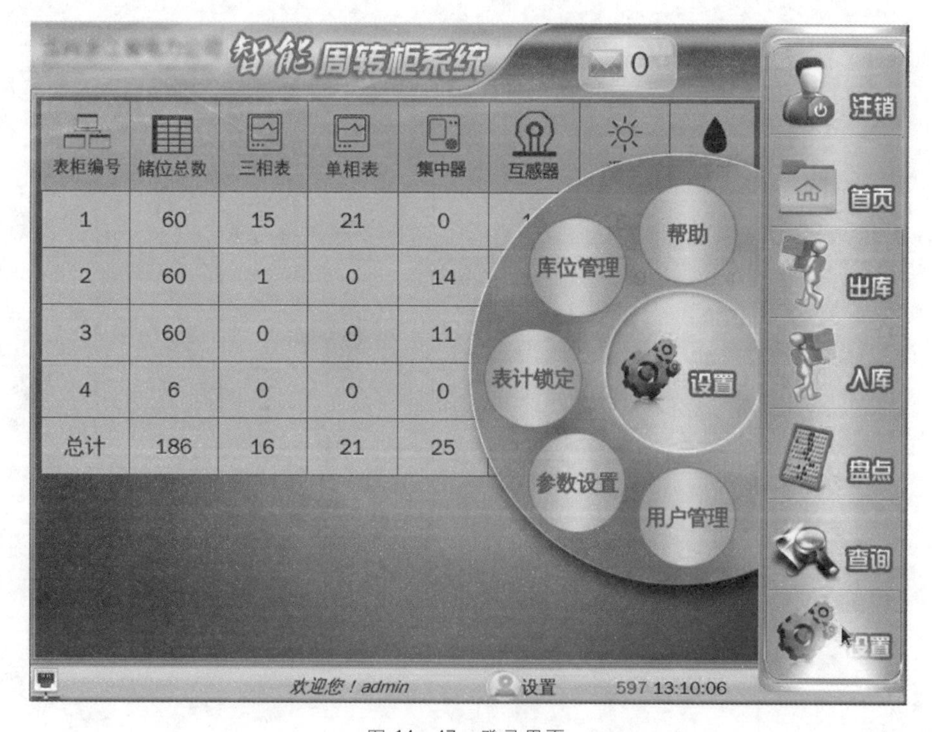

图 14 - 47　登录界面

2）点击【库位管理】，如图 14－48 所示。

智能周转柜系统

表柜编号	储位总数	三相表	单相表	集中器	互感器	温度	湿度
1	60	0	2	0	0	--	--
2	60	0	0	0	0	--	--
3	60	0	0	0	0	--	--
4	6	0	0	0	0	--	--
总计	186	0	2	0	0	--	--

注销 首页 出库 入库 盘点 查询 设置

欢迎您！管理员 设置 539 10:50:49

图 14－48 显示状态

3）点击【目标表柜编号】，进入储位管理界面，如图 14－49 所示。

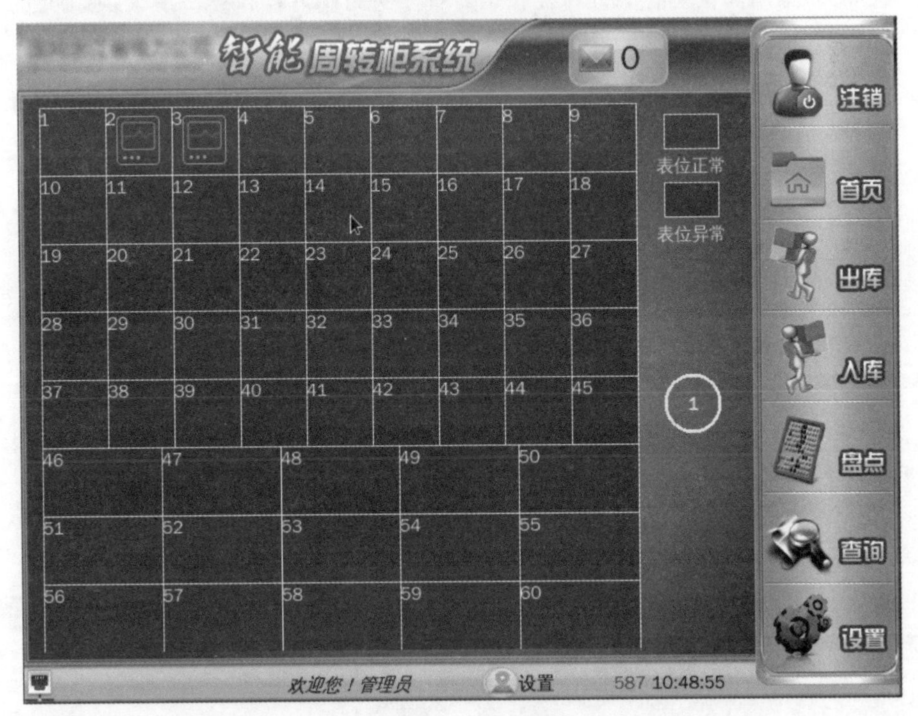

图 14－49 显示状态

4）点击需锁定储位，在弹出的提示框中点击【确定】即可禁用该储位，如图 14－50 所示。

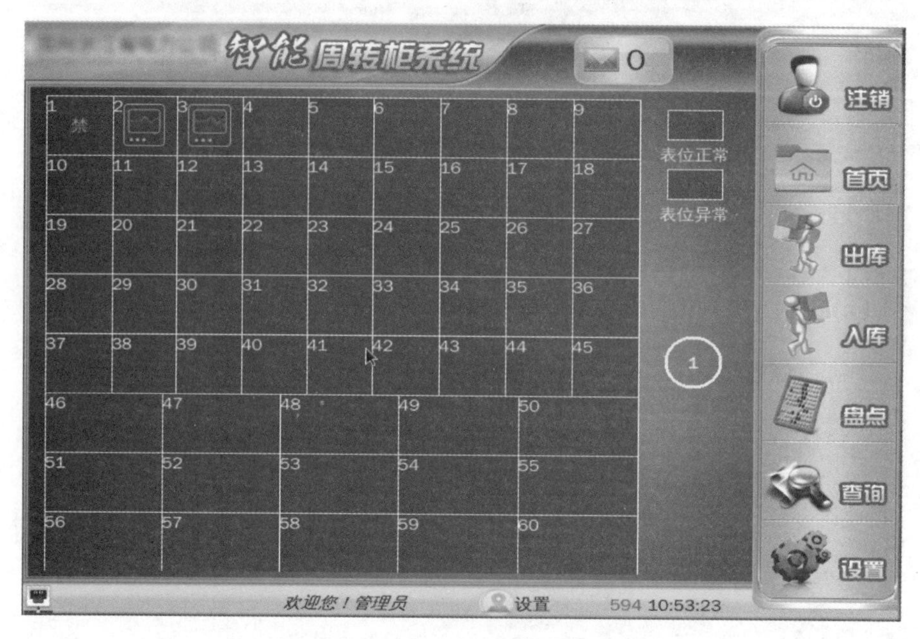

图 14－50　显示状态

注意：①若禁用储位上有表计，需按语音提示进行移库操作；②解禁操作同上。

（6）表计锁定。

1）登录周转柜系统，选择【设置】，如图 14－51 所示。

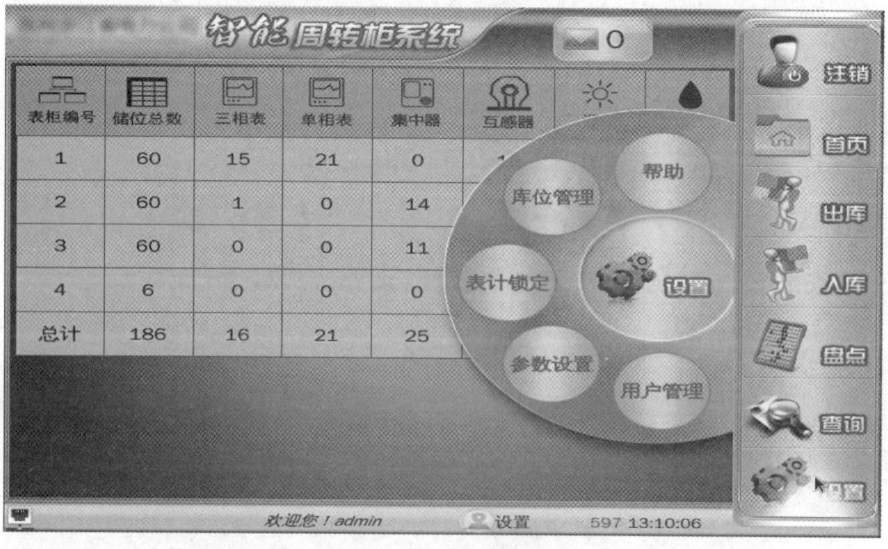

图 14－51　登录界面

2）点击【库位管理】，如图 14－52 所示。

智能周转柜系统　0

表柜编号	储位总数	三相表	单相表	集中器	互感器	温度	湿度
1	60	15	21	0	18	--	--
2	60	1	0	14	12	--	--
3	60	0	0	11	0	--	--
4	6	0	0	0	0	--	--
总计	186	16	21	25	30	--	--

注销　首页　出库　入库　盘点　查询　设置

欢迎您！admin　设置　583 13:10:20

图 14－52　显示状态

3）点击【目标表柜编号】，进入存储管理界面，如图 14－53 所示。

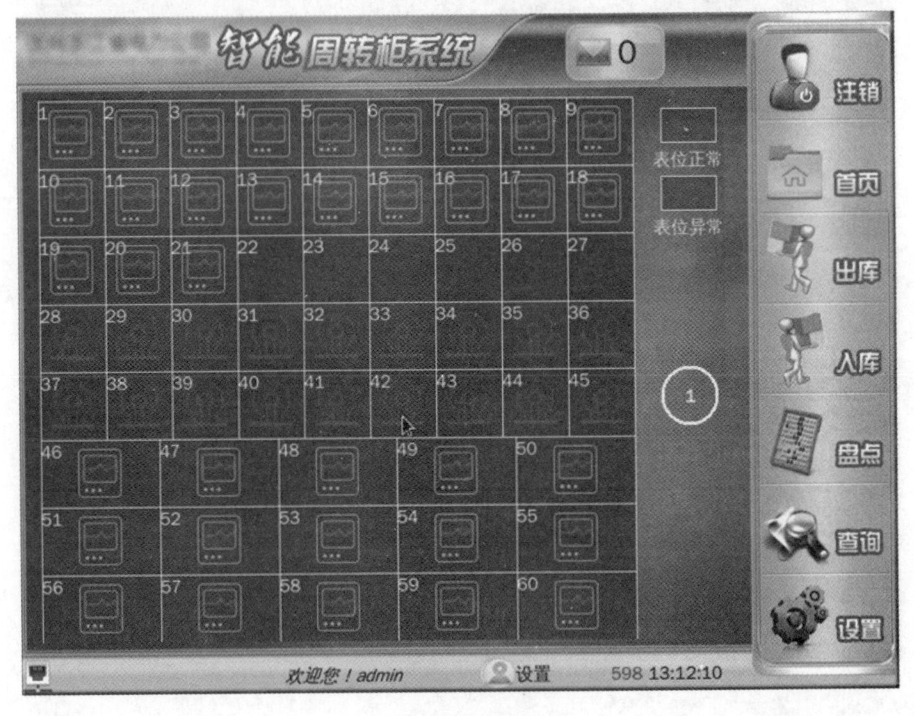

图 14－53　显示状态

4）点击目标储位，提示锁定表计，如图 14－54 所示。

图 14－54　显示状态

5）点击【确认】锁定该表计，表计对应储位上出现“锁”字样，如图 14－55 所示。

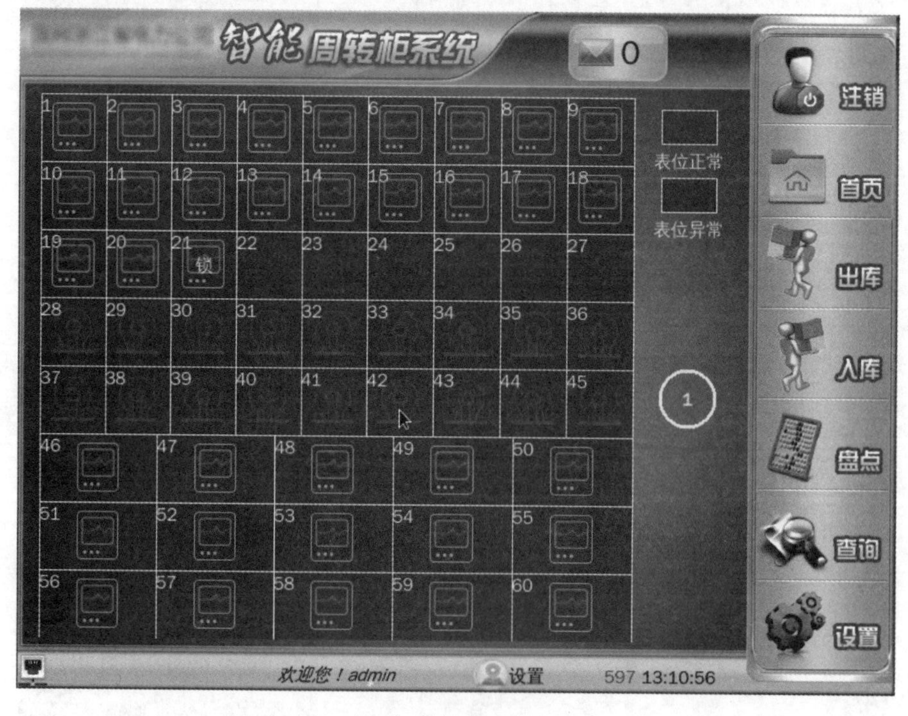

图 14－55　显示状态

注意：解锁操作同上。

14.3 智能表库运行维护

14.3.1 堆垛机托盘库运行与维护

1. 托盘库系统开机上电

（1）堆垛机上电。安全进入堆垛机工作区域，打开堆垛机上的电控柜门，将空开扳至闭合位，待堆垛机上触摸屏显示主界面，将剁机模式切换控制器，切换至自动模式，点击触摸屏上的“小房子”按钮，并点击联机，如图 14－56 所示。

图 14－56　堆垛机上电顺序

（2）输送线上电。打开输送线的电控柜门，将空开扳至闭合位，将系统操控电脑开机，打开显示屏界面上的流水线监控系统和管理系统，如图 14－57 所示。

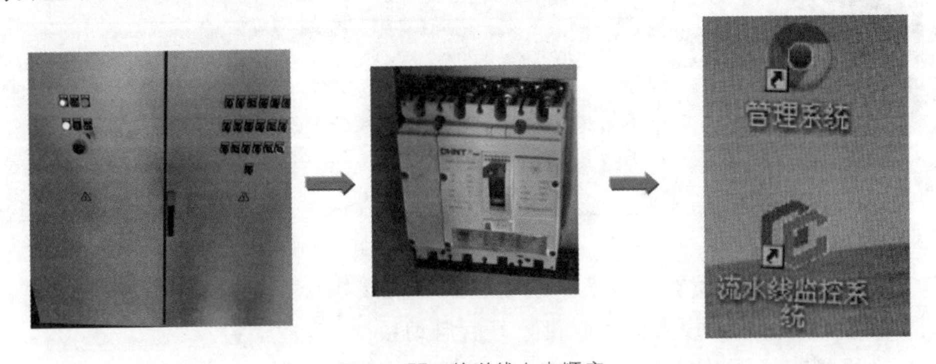

图 14－57　输送线上电顺序

2. 托盘库系统下电关机

（1）关闭流水线控制软件和管理系统。

（2）系统操控电脑。

（3）输送机下电：打开输送线的电控柜门，将空开掰下。

（4）垛机下电：将垛机上的手自动旋钮掰到手动模式，打开电控柜门，将空开掰下。

3. 操作注意事项

（1）叉车在输送机上取放货物时，请勿将托盘碰撞输送线上的传感器，须确保传感器无异物遮挡，如果传感器已被遮挡，请及时处理。

（2）设备正常运行过程中，人员禁止进入设备运转区域。

（3）设备故障停止时，请先在软件上暂停系统。

4. 一般故障处理

（1）入库起始位置，按“入库按钮”托盘不往前运行时：

1）先查看输送线指示灯是否有任务，如果有任务，在监控软件中，系统操作→输送线模块中，在1号输送机中点击复位，如图14－58所示。

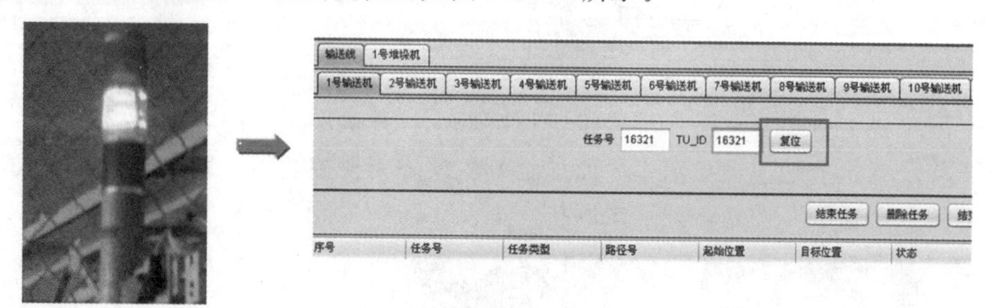

图14－58　操作顺序

2）如果没任务，检查该位置的探货传感器是否有信号，如果没有信号（图14－59）请联系厂家。

（2）垛机取货时托盘未走到位，一半在垛机上，一半在输送线上。

1）暂停系统，在监控系统内找到堆垛机任务，双击该任务，在弹出的对话框中将其状态改为等待执行，如图14－60、图14－61所示。

图14－59　显示状态

输送机任务　堆垛机任务

序号	任务编号	PLC任务ID	任务类型	起始位置	目标位置	开始时间	状态	结束时间
1	20130605001	10005	入库	1	4		初始化	

图14－60　显示状态

2）使用垛机上的触摸屏，切换到手动模式，将该托盘放回源货位，然后将垛机取货轴回到原点，然后将手动模式改为联机，最后启动系统。

（3）堆垛机变频器报警或上电报警，故障停机。暂停系统后，将堆垛机上的电控柜钥匙旋转为手动（图14－62），然后打开电控柜将空开下电，等待15s之后重新上电，系统启动完成后，按照堆垛机开机的顺序，改为自动模式，并将堆垛机进行联机。

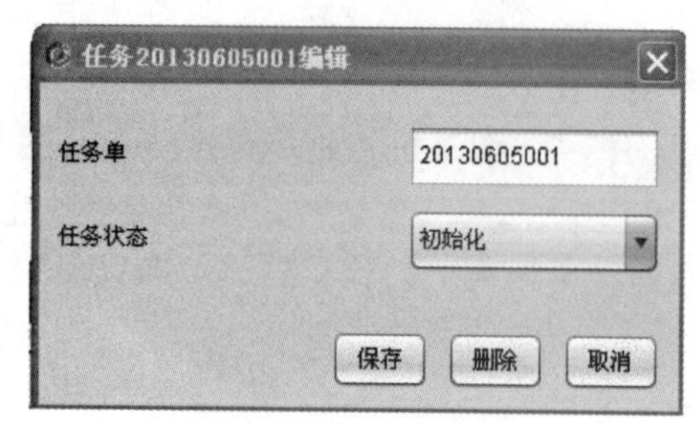

图14－61　显示状态

图14－62　显示状态

5. 设备日常清洁

（1）设备维修保养时，请在系统下电后进行。

（2）输送线上的传感器被移动或碰撞，须将传感器调正后再使用设备。

（3）定时对传感器表面做清洁处理，间隔 1 个月清洁一次传感器表面，可用湿巾或稍沾水的毛巾擦拭，如图 14－63、图 14－64 所示。

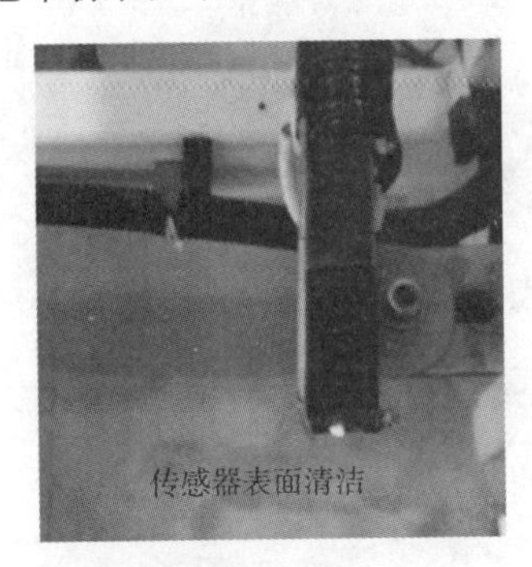

图 14－63　清洁处理（一）

图 14－64　清洁处理（二）

（4）输送机运行过程中抖动严重或有异响时，请检查输送机链条是否有损坏，是否超载运行。

（5）每两个月对输送机进行一次卫生清理，确保输送机两侧护边干净无异物。

（6）定时检查垛机巷道内是否有异物落在地面上，如有异物，请断电后及时处理（图 14－65）。

（7）垛机运行时有剧烈抖动或有异响时，请及时联系设备厂家（图 14－66）。

（8）系统质保期后，需安排专项运维资金，保证系统能定期开展运维服务。

图 14－65　垛机巷道

图 14－66　垛机运行

14.3.2 智能箱表柜运行与维护

1. 智能箱表柜开机上电

打开电控柜柜门，将里面的空开扳至闭合位，打开智能箱表柜显示屏上的二级、三级表库操作系统，如图 14－67 所示。

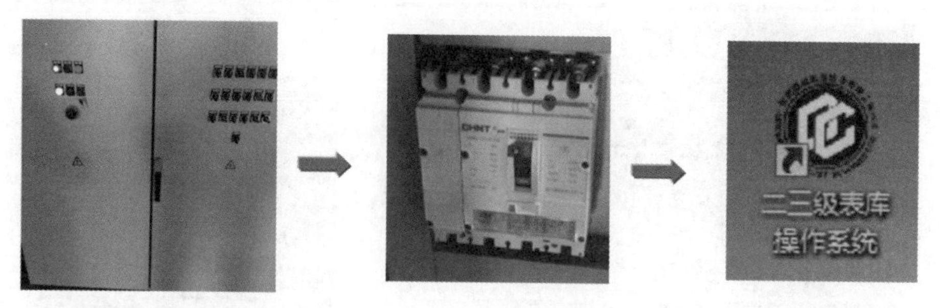

图 14－67　操作步骤

2. 智能箱表柜下电关机

确认无待执行任务后，关闭二级、三级表库操作系统，关闭电脑，并将电控柜内的空开扳下至断开位。

3. 操作注意事项

(1) 入库时，人工将周转箱放到输送线上时，请放正，如图 14－68 所示。

图 14－68　人工操作

(2) 设备正常运行过程中，人员禁止进入设备运转区域。

(3) 设备故障停止时，请先在软件上暂停系统。

4. 一般故障处理方法

(1) 剁机取货时周转箱没走到位，一半在剁机上，一半在货位上（图 14－69）。

图 14－69

1）暂停系统后，在智能周转柜的二级、三级表库操作系统中找到系统操作中的 1 号堆垛机中找到复位按钮（图 14－70），并点击。

图 14－70　显示状态

2）打开智能箱表柜侧边的检修门，进入内部，将周转箱放到货叉上，出来后，在系统主界面上查看状态为执行中的任务，如图 14－71 所示。

垛机任务

...	任务编号	作业...	条码	状态	任...	起始...	目标位置	...
1	20151123...	151	331010...	执行中	出库	01-0...	01-004-001	
2	20151123...	154	331010...	执行中	出库	01-0...	01-006-001	

图 14－71　显示状态

根据他们的目标位置，在系统操作中的 1 号堆垛机中设置 1 号货叉的目标位置点击放货，设置 2 号货叉的目标位置点击放货，最后点击【确认指令】，如图 14－72 所示。

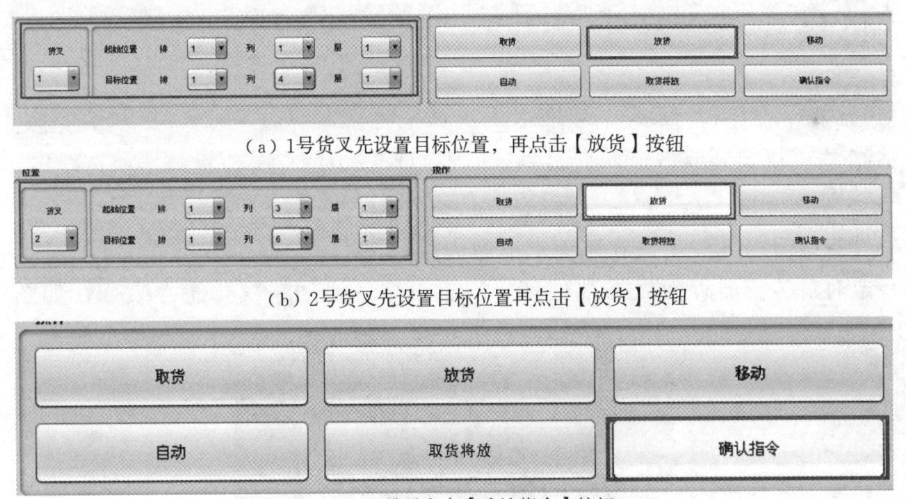

（a）1号货叉先设置目标位置，再点击【放货】按钮

（b）2号货叉先设置目标位置再点击【放货】按钮

（c）最后点击【确认指令】按钮

图 14－72　操作步骤

等垛机放货完成后，再双击刚才执行中的任务，在弹出的对话框中，将状态改成完成，并保存，如图 14－73 所示。

（2）剁机在运行过程中卡住不动。

1）首先判断垛机是否是到达极限位置。

a. 如果是货叉处于伸出状态，并伸出的比较多，说明是货叉到达极限位置。

b. 如果是垛机的提升模块处于货架的最底部或最顶部，说明是垛机提升轴到达极限位置。

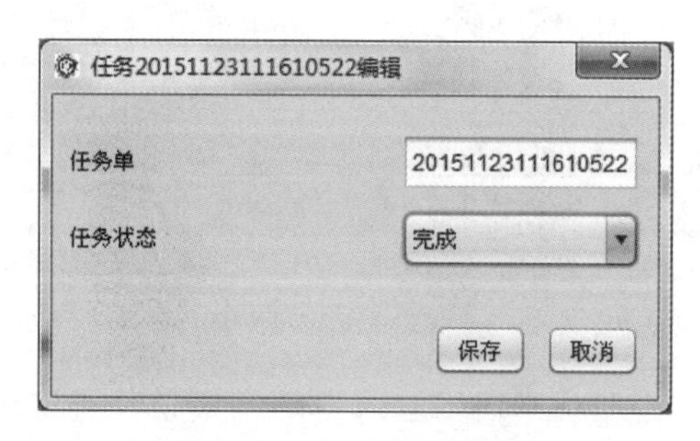

图 14－73　显示状态

c. 如果是垛机的行走模块处于货架的最右边或最左边，说明是垛机的行走轴处于极限位置。

2）暂停系统后，在智能周转柜的二三级表库操作系统中找到系统操作 中的 1 号堆垛机 中找到复位按钮， 然后点击报警复位按钮 将系统运行模式改为 3 点击试教按钮 ，在弹出的对话框中根据之前判断的极限位情况来操作剁机其中一个轴的运行，以便回到正常的运行范围，如图 14－74 所示。

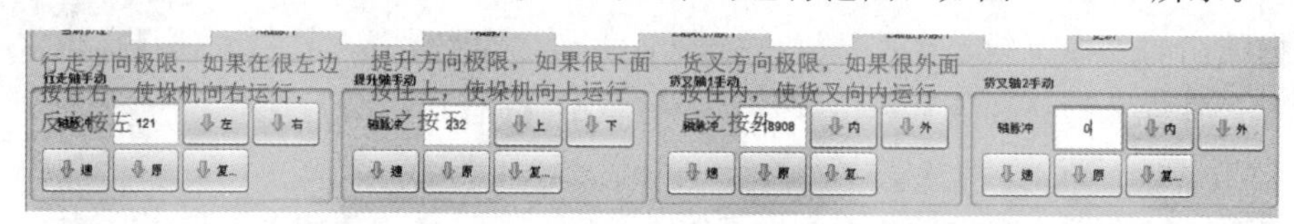

图 14－74　显示状态

调整完试教界面后，回到 1 号堆垛机界面，将模式 3 改为 2，在点击 ，点击 ，等待垛机回到原点。然后将主界面上的执行中的任务改成等待执行状态。

5. 设备日常清洁

（1）设备维修保养时，请在系统下电后进行。

（2）定时对传感器表面做清洁处理，间隔 1 个月清洁一次传感器表面，如图 14－75 所示。

图 14－75　传感器清洁处理

（3）建议每两个月对输送线进行一次卫生清理，确保出入口输送线上干净无异物，如图 14－76、图 14－77 所示。

（4）定期检查剁机巷道内是否有异物落在地面上，如有异物，请断电后及时处理。

（5）剁机运行时如有剧烈抖动或有异响时，请及时联系设备厂家。

（6）系统质保期后，需安排专项运维资金，保证系统能定期开展运维服务。

图 14－76　输送线卫生清理（一）

图 14－77　输送线卫生清理（二）

14.3.3　智能周转柜运行与维护

1. 智能周转柜开机上电

周转柜安装好后，插上网线、电源线，将机柜后侧底部的空开开关置于“ON”的状态，即“开”的状态，等待系统运行。

2. 智能周转柜下电关机

正常运行过程中，智能周转柜不需要下电关机，如遇长假，需断电关机，则将机柜后侧底部的空开开关置于“OFF”的状态，即“关”的状态，系统将停止运行，见图 14－78。

图 14－78　下电关机

3. 硬件异常处理

（1）无线扫描枪无法使用。解决办法如下：

1）检查数据线与底座是否恰当连接，包括数据线是否牢固连接。

2）检查条码标签质量是否良好，扫描枪可能无法识别褶皱或污损的条码标签。

3）检查底座与无线扫描枪是否已配对。设备长时间断电可能导致配对失败，需要重新进行配对。若未配对，请将扫描枪放在底座上，按下“M”键，配对成功并有声音提示。

（2）门状态异常问题。解决办法如下：

1）柜与柜之间的 RS485 接口脱落或接触不好，控制板上的 RS485 插头脱落或接触不好，控制板的供电电源没有供电问题，找到哪个问题重新插好后可以恢复正常。

2）门舌/门磁线松动或门舌/门磁线故障无法导通，从新拔插控制上的板上 YX－15 门舌与 YX－16 门磁接插件以及对应的电控锁上的门舌/门磁接插线；导线无法正常导通，更换新的门舌/门磁连接线。

3）储位的指示灯一直不灭。联系智能周转柜运维厂商进行问题排查，或者通过设置界面的库位管理将该储位禁用即可，不影响正常使用。

4）周转柜无法开机问题。

a. 主机复位线松动，复位按钮故障，更换复位按钮开关。

b. 主机电源线松动/坏，从新拔插主机电源线/更换电源线。

c. 异常断电，需要打开主机，重新拔插内存条（断电情况情况下操作）。

5）整排灯不亮或整排行程开关状态无法读取。检查排线是否有插到层板和主板上，或者是否排线插头松动。

6）储位上不管是否有表，开关状态一直检查有东西。检查行程开关是否卡在层板上，或者行程开关接线错误（接到常闭上去了）。

7）周转柜通信异常。

a. 检查网线是否有问题，与网口是否接触良好，连接的内网网口是否可用。

b. 检查主机的IP等信息是否设置正确，检查主机使用的IP与设置的IP是否一致（查看连接信息），如果不一致将网络停用后再开启。

8）锁控制开门异常。

a. 检查锁的电源是否正负极接反（电源正常时，锁指示灯会亮）。

b. 检查锁的电源线，控制线是否脱落，是否接触良好。

c. 检查串口通信线路是否正常。

9）周转柜控制异常（指示灯，行程开关状态读取，锁均控制不了）。

a. 打开周转柜测试软件，每个可能的串口均选择一遍，每个可能的主板地址均选择一遍看能否控制。

b. 检查主机与通信板相连的串口线是否松动。

c. 检查对应主板上的电源指示灯是否正常（正常主板常亮两个指示灯，一个对应5V，一个对应12V），如果有电源指示灯不亮即对应的电源异常，检查柜体连接处的接线端子接线线序是否正确，或者将导线绝缘层接入导致接触不良。

d. 检查通信线是否异常，控制柜到各柜体两根通信控制线是否错位或者将导线绝缘层接入导致接触不良。

4. 功能异常处理

（1）周转柜停电/断网时，电能表的出库。

1）若营销流程已经发送到周转柜，直接用钥匙打开门根据装接单的表号直接取出该表，若没有装接单，直接向营销索要，等表库上电后重新扫描装接单走完流程即可（期间出现的储位不一致请先盘点的提示属于正常情况）。

2）若营销流程还没发送到表库，直接用钥匙打开门拿出表计并记录表计资产条码和设备条码，等表库上电后在营销端按指定明细出库，并扫描装接单走流程即可（期间出现的储位不一致请先盘点的提示属于正常情况）。

3）周转柜上电/网络恢复后，执行库存盘点操作，在营销系统中进行盘点归档操作。

（2）配送入库异常。

1）在配送入库扫描装接单或者点击配送入库按钮后，周转柜提示“该工单无明细信息，请联系管理员”。

在营销端重新执行配送入库流程，并将先前的入库流程取消。

2）在配送入库环节，用移动扫描枪扫电能表资产条码时，周转柜系统提示“没有找到该资产明细”。

产生该问题的原因有2种，针对的解决方法也有2种，如下：

a. 在操作过程中条码枪扫到其他条码，如储位条码、原有库存电能表的条码等。解决方法就是再次扫描当前电能表，确保电能表资产条形码扫描正确。

b. 在二级库领表操作错误或在领表时与其他供电所张冠李戴。解决方法就是到营销业务应用系统中查询该电能表当前的状态、分析其是否已配到本单位且是否包含在本次工单中。

（3）配送入库，三相表储位放表后灯不灭，或按屏幕开始扫表，扫描条码无响应。

1）表计底盖有空洞，或有弧度，没有把槽位下的行程开关压到位造成的，将行程开关压到位即可。

2）储位行程开关故障，把该储位先禁用，不影响正常使用，报修。

（4）周转柜提示“该工单已完成”。

原因：该出库流程已经完成，属于正常情况。

解决方法：出现该提示，说明当前扫描的为先前操作过的工单条码，并且对应的工单已经在周转柜上进行了存取表操作，需要登录到营销系统核查对应的工单表计是否为“领出待装”，表计状态若为“领出待装”，即可手工下发到下一个环节。

（5）周转柜提示“储位不一致，请先盘点”。库存信息不一致是指电能表的账面库存与实际库存不匹配。周转柜自动监测到库存异常后，会提示用户需要进行库存盘点．当出现该提示时可参照如下方法逐一处理：

1）查看表计是否没有通过流程直接强行通过钥匙打开取表，可以从营销发起流程将该表计指定明细出库。

2）若1中还没办法解决此问题，请联系营销发起盘点流程。

（6）操作周转柜时，业务处理速度缓慢，或操作长时间停滞。请检查营销业务运用系统是否正常，访问是否流畅，若营销系统访问缓慢，说明是网络延时问题或网络不稳定。

（7）在出入库操作过程中，周转柜提示“上传出入库明细失败”。

原因1：周转柜的网络中断，导致了以上提示。

解决方法：请当前供电所的网络管理员进行当地网络的核查，网络重新接入后即可。

原因2：在业务交互过程中，营销系统在处理接口数据交互时发生了程序错误也会导致此种情况。

解决办法：联系周转柜运维厂商进行问题排查，并跟踪系统的整改与发布。

5. 断网、断电处理及清洁保养

（1）断网后，周转柜系统停止运行，若碰到有抢修紧急情况下，此时可通过钥匙打开周转柜，领出抢修所用的计量器具。待网络接通后，再进行盘点操作，实现与营销系统的同步。

（2）断电后，周转柜系统停止运行，若碰到有抢修紧急情况下，此时可通过钥匙打开周转柜，领出抢修所用的计量器具。待断电恢复后，再进行盘点操作，实现与营销系统的同步。

（3）周转柜应定期清洁保养，保养前，先关机、再切断电源，严禁使用湿布擦拭设备。

14.4 营销系统流程操作

14.4.1 台账管理及库房盘点

表库各设备设施要按名称、数量、规格型号等为主要内容建立纸质或系统电子台账，做到账、物相符。计量资产出入库做好信息登记，表库管理员至少每半年对表库进行资产盘点，并做书面登记。

1. 工作概述

根据库存信息及管理要求，清点表库存货，分状态、设备类型、型号、规格统计库存量及指定时段内的出入库总量。根据盘点结果进行盘盈盘亏分析，将结果提交相关部门，经批准后对表库进行盘盈盘亏处理。

2. 流程

开始→制定盘点任务→盘点作业→盘赢盘亏分析→盘赢盘亏审核→盘赢盘亏审批→盘赢盘亏处理→盘点结果归档→结束。

3. 操作说明

登录系统，点击资产“管理〉〉库房管理〉〉功能〉〉制定盘点任务”，如图 14－79 所示。

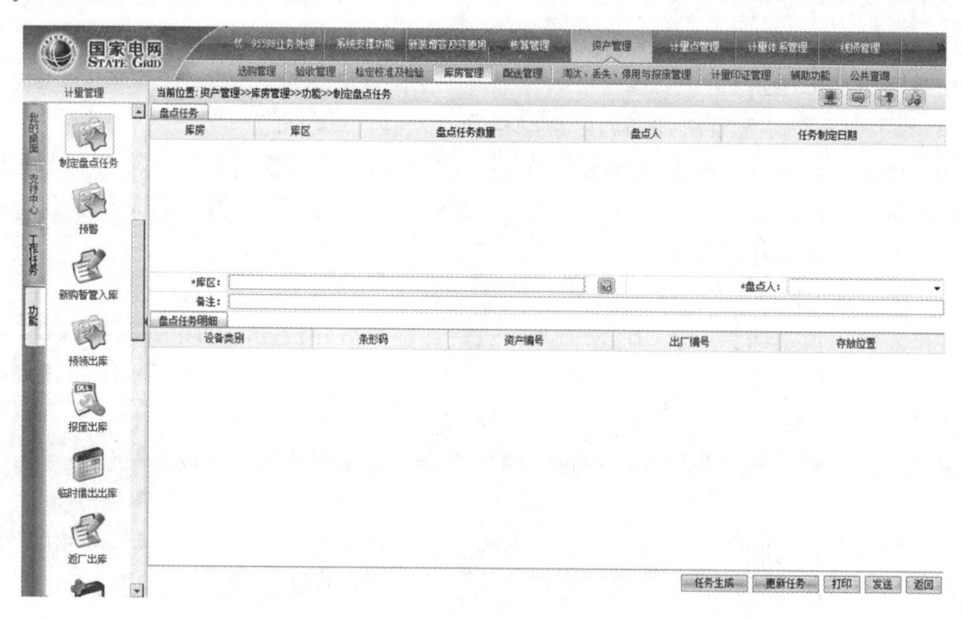

图 14－79 制定盘点任务

（1）在“库区”和“盘点人”栏选择待盘点表库及操作人员后，点击【任务生成】按钮，则在“盘点任务”列表中生成新的库房盘点任务，如图 14－80 所示。

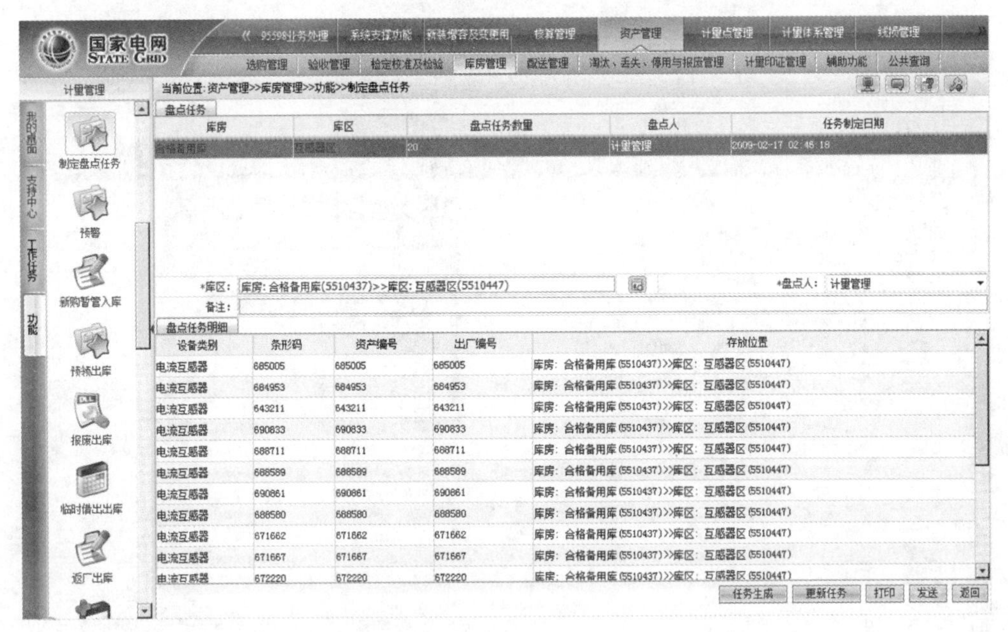

图 14－80　生成盘点任务

（2）点击【发送】按钮，则工单传至“盘点作业”流程。

（3）点击待办工作单中的“盘点作业”流程，如图 14－81 所示。

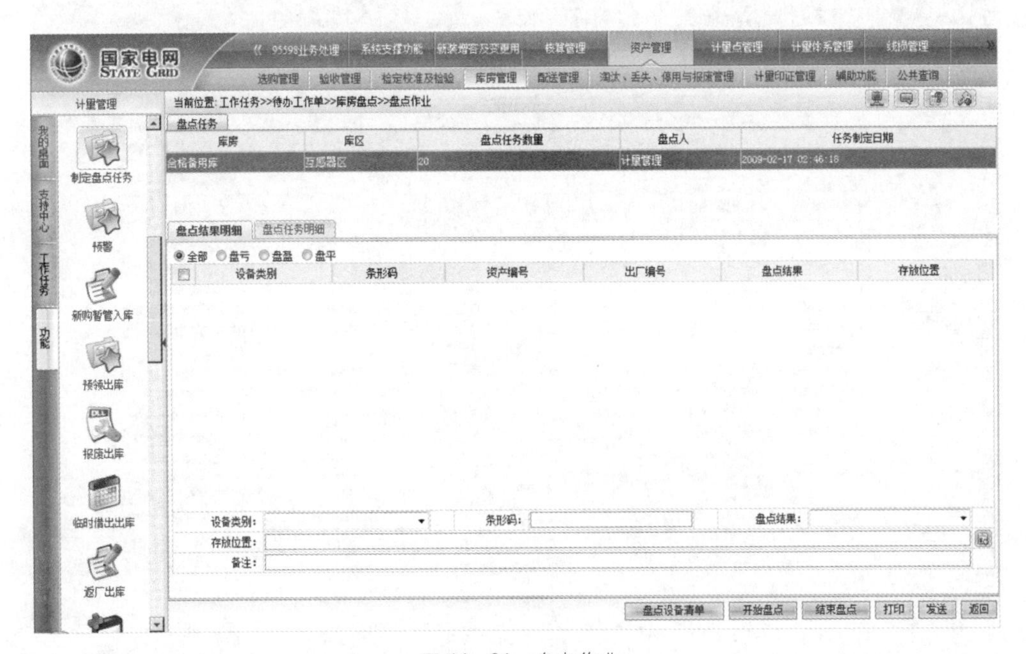

图 14－81　盘点作业

（4）点击【开始盘点】按钮，在“盘点结果明细”列表中对库房中的设备进行“盘亏”、“盘赢”或“盘平”操作，盘点结束后，点击【结束盘点】，并发送，如图 14－82 所示。

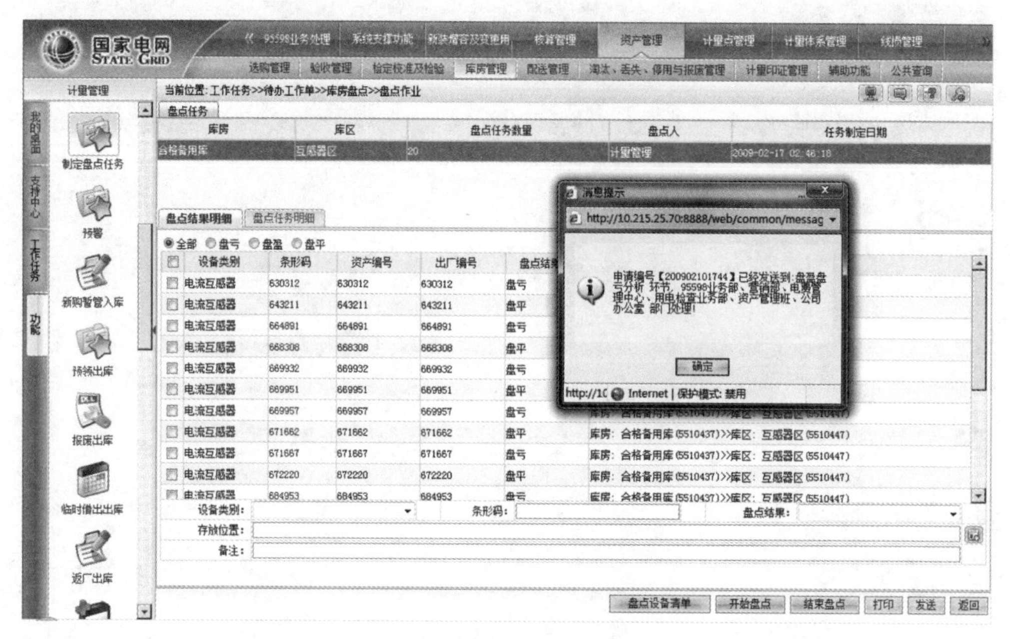

图 14－82　盘点作业结束

（5）点击待办工作单中的“盘赢盘亏分析”流程，如图 14－83 所示。

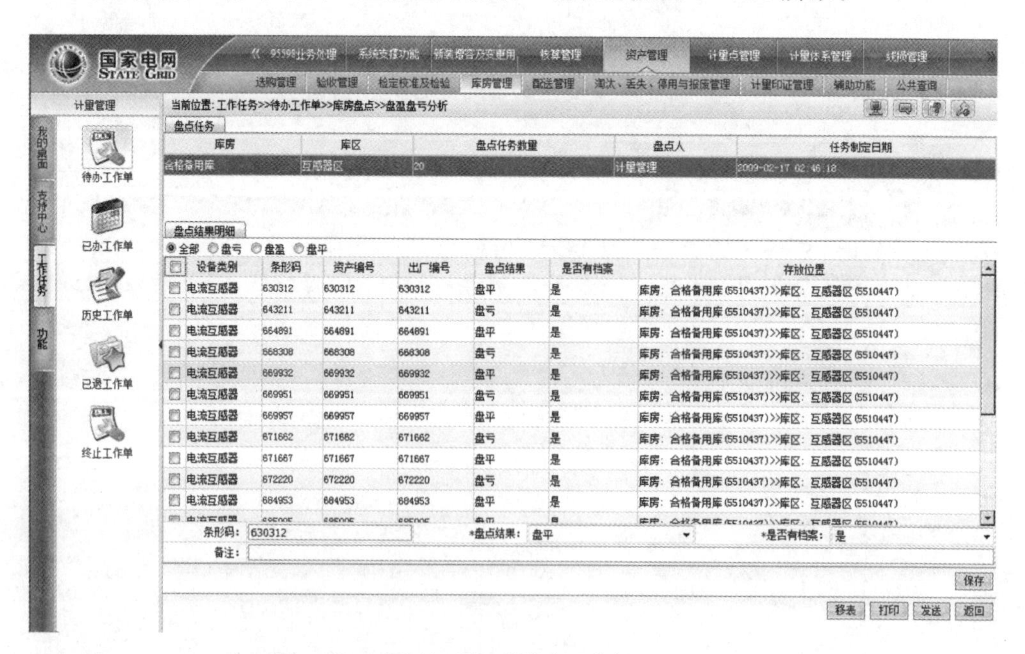

图 14－83　盘赢盘亏分析

（6）根据实际盘点情况，选取“盘点结果”和“是否有档案”，点击“保存”更新盘点结果明细列表，点击【发送】按钮至下一环节，如图 14－84 所示。

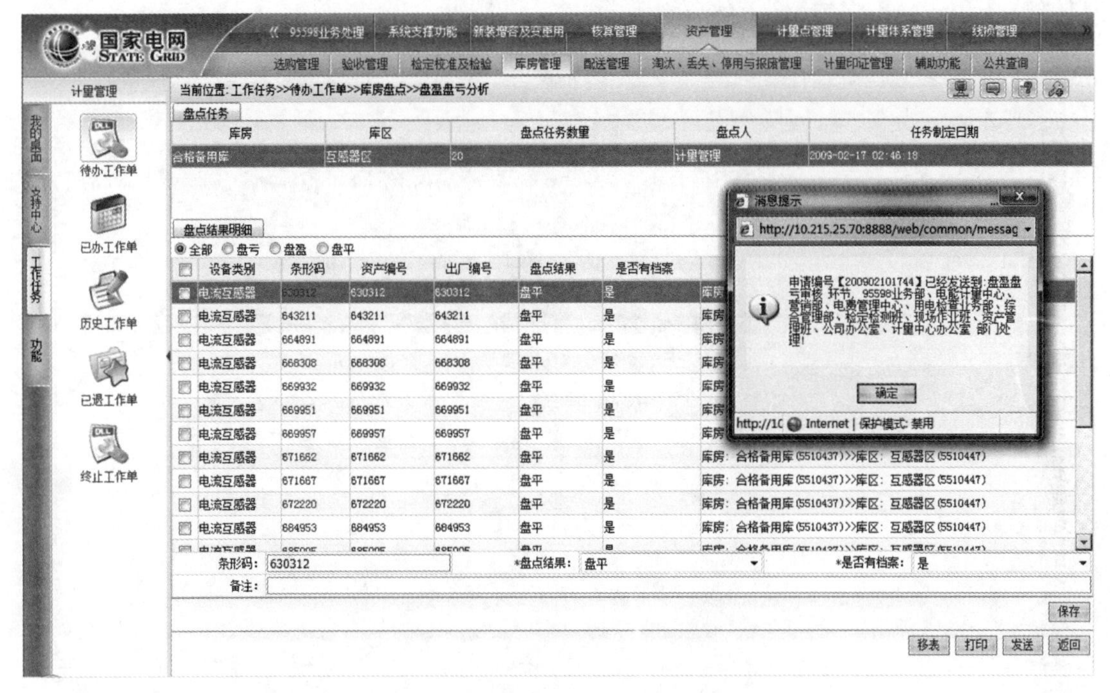

图 14－84　盘赢盘亏结果录入

（7）点击待办工作单中的“盘赢盘亏审核”流程，如图 14－85 所示。

图 14－85　盘赢盘亏审核

（8）切换到“审核记录”页面，选取审批/审核结果并录入审批/审核意见后，点击【保存】并【发送】至流程下一环节，如图 14－86 所示。

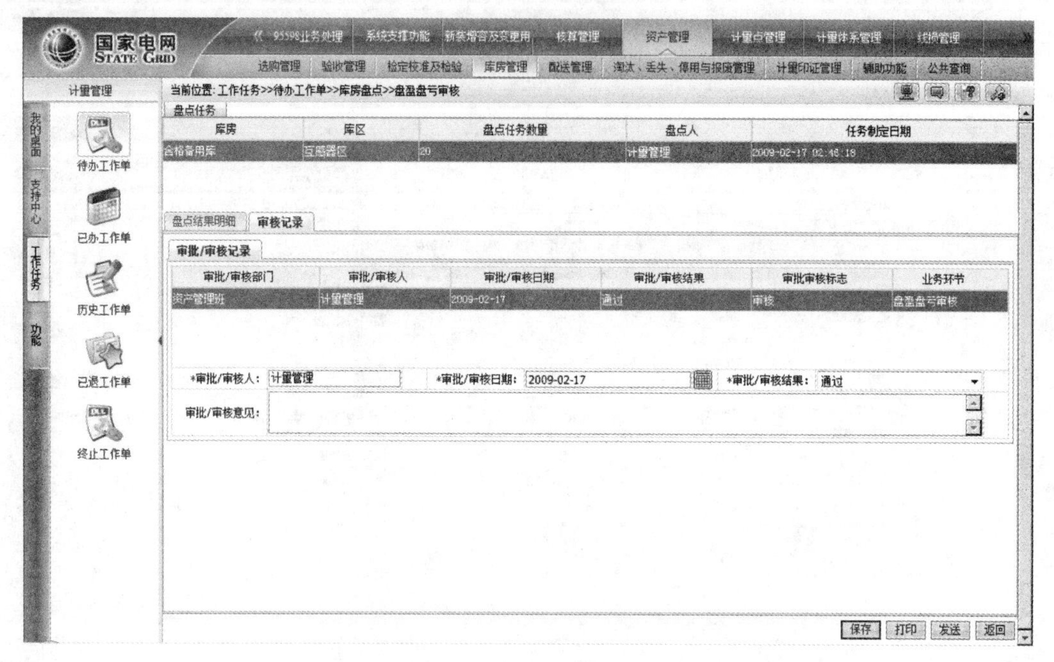

图 14－86　审核通过

（9）点击待办工作单中的“盘赢盘亏审批”流程，操作如上，发送至下一环节。

（10）点击待办工作单中的“盘赢盘亏处理”流程，如图 14－87 所示。

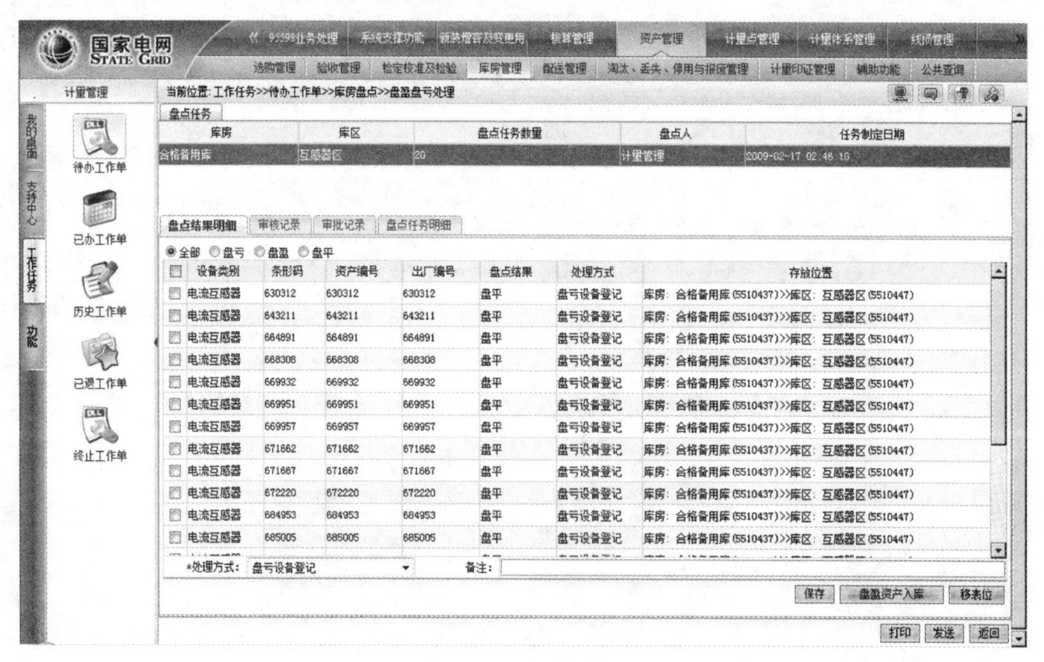

图 14－87　盘赢盘亏处理

（11）勾选相应设备，并选取“处理方式”，点击【保存】并【发送】至下一环节。

（12）单击待办工作单中的“盘点结果归档”流程，点击【归档】并【发送】后，流程结束，如图 14-88 所示。

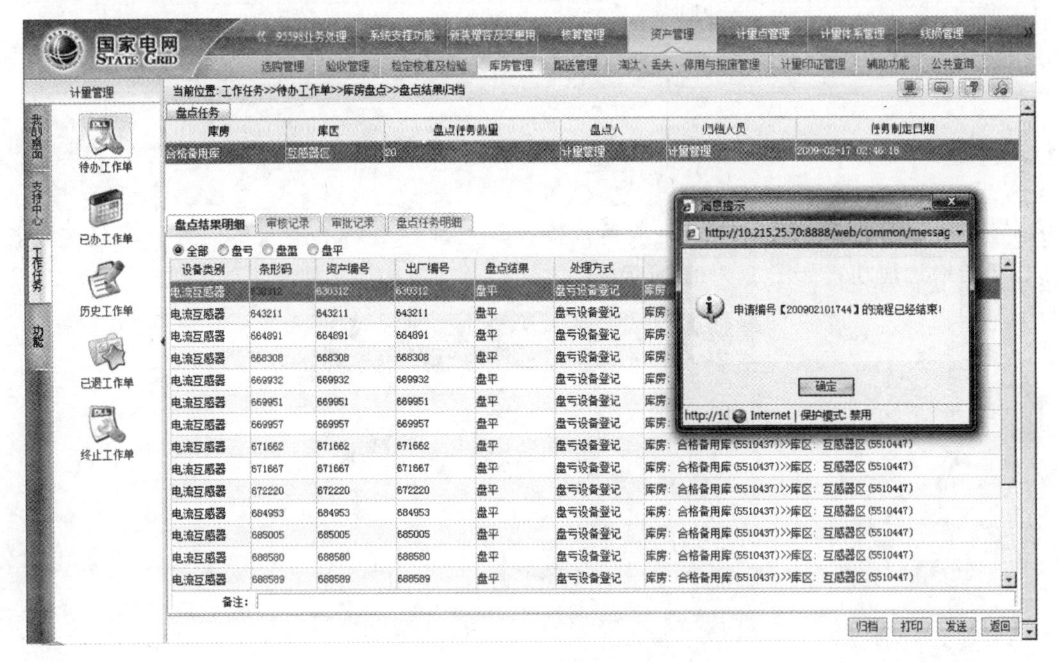

图 14-88　盘点结果归档

4. 注意事项

库房盘点只能发起存放区中的设备进行盘点，当进行盘点工作时，该存放区为锁定状态，是不允许任何出入库操作的。

14.4.2　资产配送出库及配送入库

1. 工作概述

营销系统内资产在各级表库之间流转时，需执行制定配送任务、配送出库、配送入库三步操作，来完成一次资产流转。

2. 流程图

配送任务流程图如图 14-89 所示。

图 14-89　配送任务流程图

3. 操作说明及注意事项

（1）制定配送任务。

1）登录系统，单击“资产管理〉〉配送管理〉〉功能〉〉制定配送任务”，如图 14-90 所示。

2）根据实际情况，填入出库单位、入库单位、设备类别、技术参数、数量、配送人

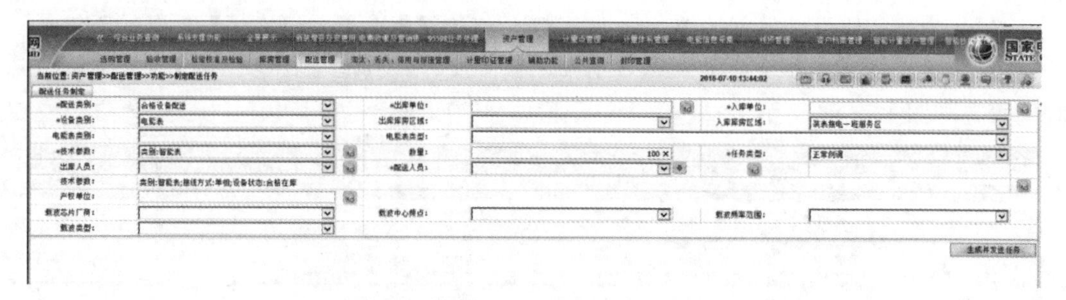

图 14-90　制定配送任务页面

员、任务类型等信息。数据输入完成后，检查其正确性后，单击【生成并发送任务】按钮，提示增加成功，如图 14-91 所示。

图 14-91　流程提示框

（2）配送出库。

1）登录系统，单击“工作任务〉〉待办工作单〉〉配送执行〉〉配送出库”，处理该工作单，如图 14-92 所示。

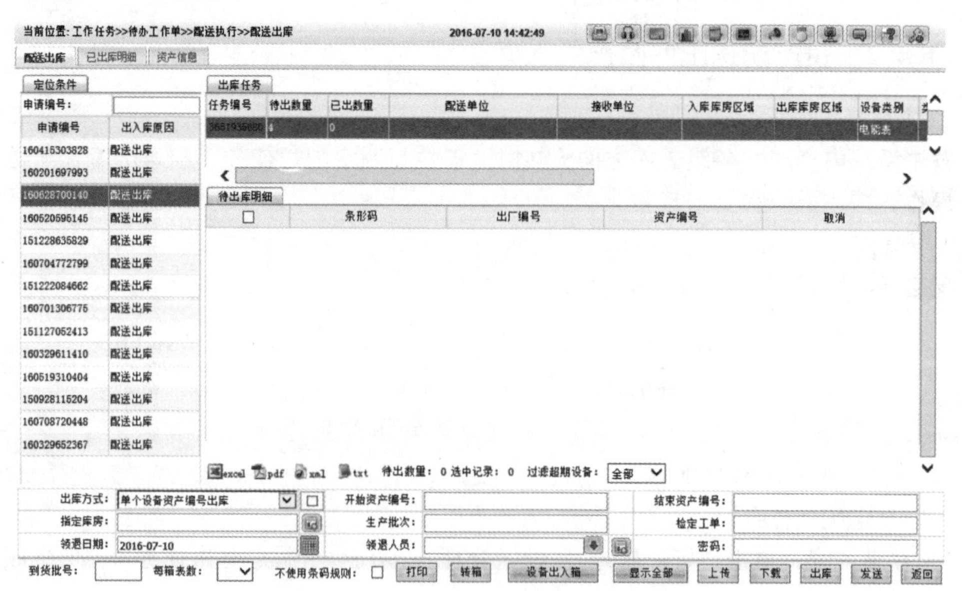

图 14-92　制定配送任务页面

2）根据实际情况，输入要出库的设备条码，领退人员单击【出库】，提示出库成功，然后单击【发送】，如图 14－93 所示。

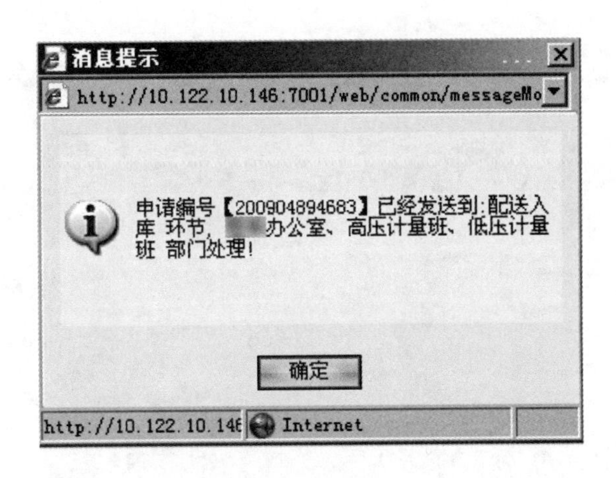

图 14－93　流程提示框

（3）配送入库。

1）登录系统，单击“工作任务〉〉待办工作单〉〉配送执行〉〉配送入库”，处理该工作单，如图 14－94 所示。

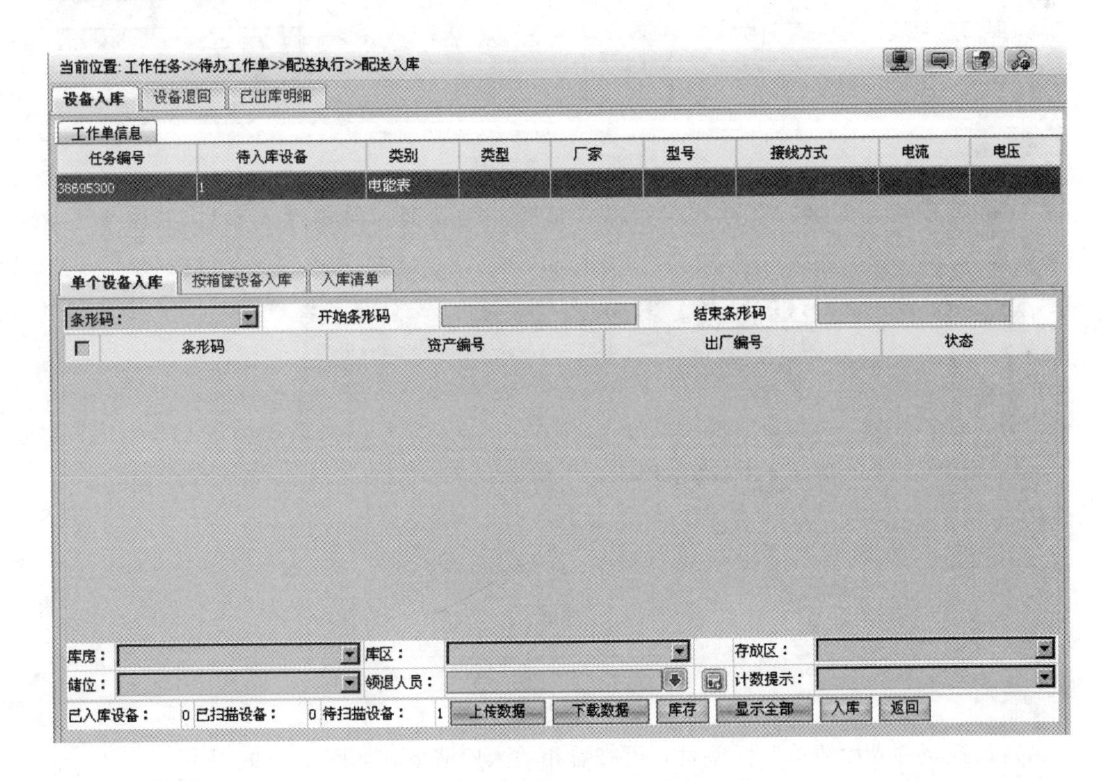

图 14－94　配送入库页面

2）根据实际情况，输入需入库的条码号敲回车或者点击“显示全部”即可显示入库设备信息，如图 14－95 所示。

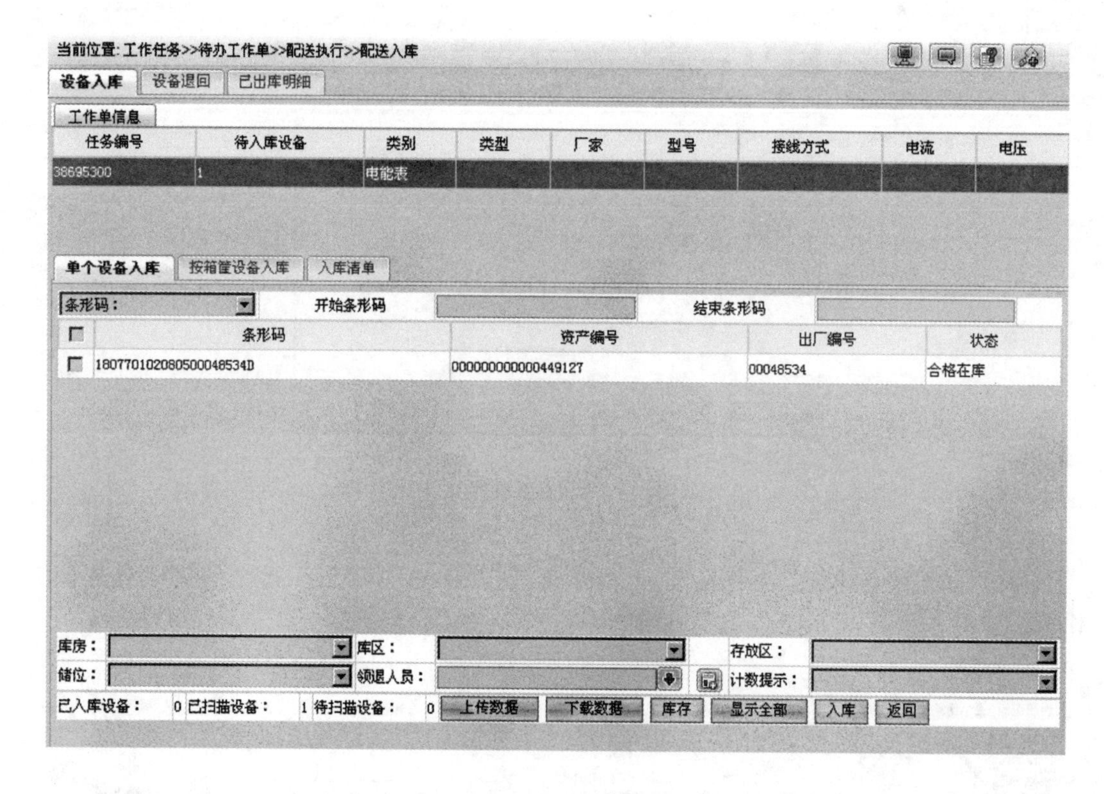

图 14－95　入库明细

3）填写库房、库区、存放区、领退人员等相关信息，单击【入库】，如图 14－96 所示。

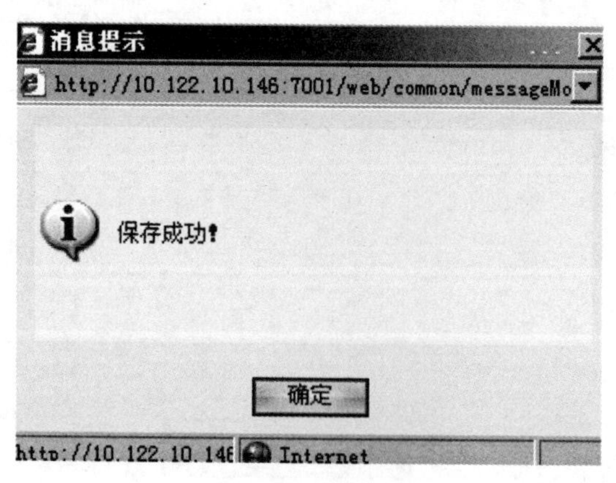

图 14－96　入库提示框

4）切换至“入库清单”标签页，可查看相关入库清单，如图 14－97 所示。

5）单击【发送】，提示流程结束，如图 14－98 所示。

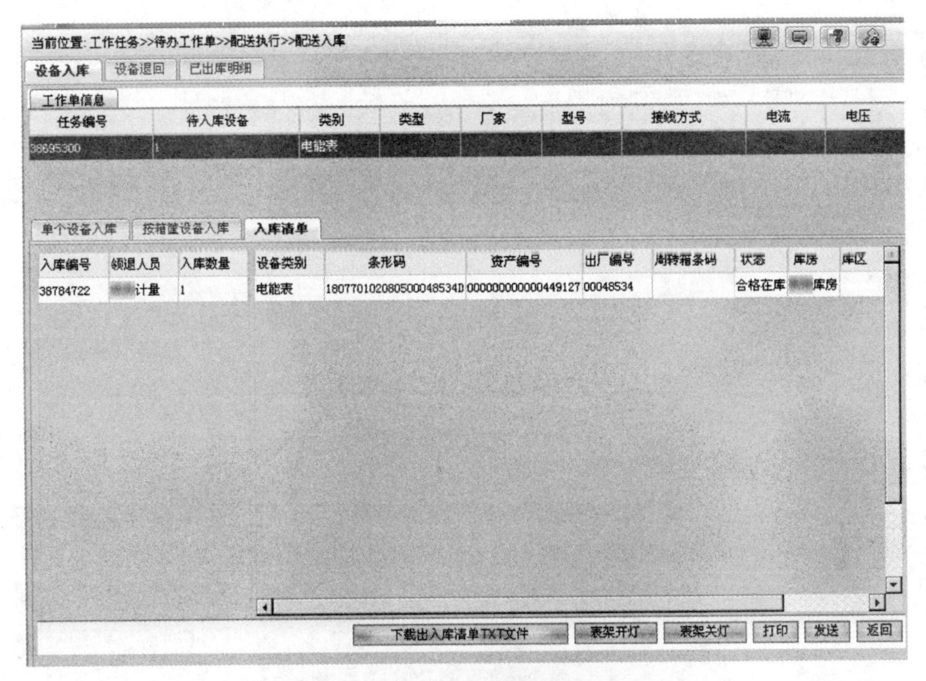

图 14-97 入库清单标签页

图 14-98 流程提示框

14.4.3 拆回设备入库及核查

1. 工作概述

拆旧表计返回表库后，需进行拆回设备入库和拆回设备核查两步操作，核查时要求装接单和表计实物的资产参数及电量存度等进行核对。保证资产和电量的准确、完整，保证资产管理有效，避免电费差错。

2. 流程

开始→拆回设备入库（待办工作单）→拆回设备核查（待办工作单）→结束。

3. 操作说明及注意事项

(1) 拆回设备入库。操作界面如图 14-99 所示。

操作说明如下：

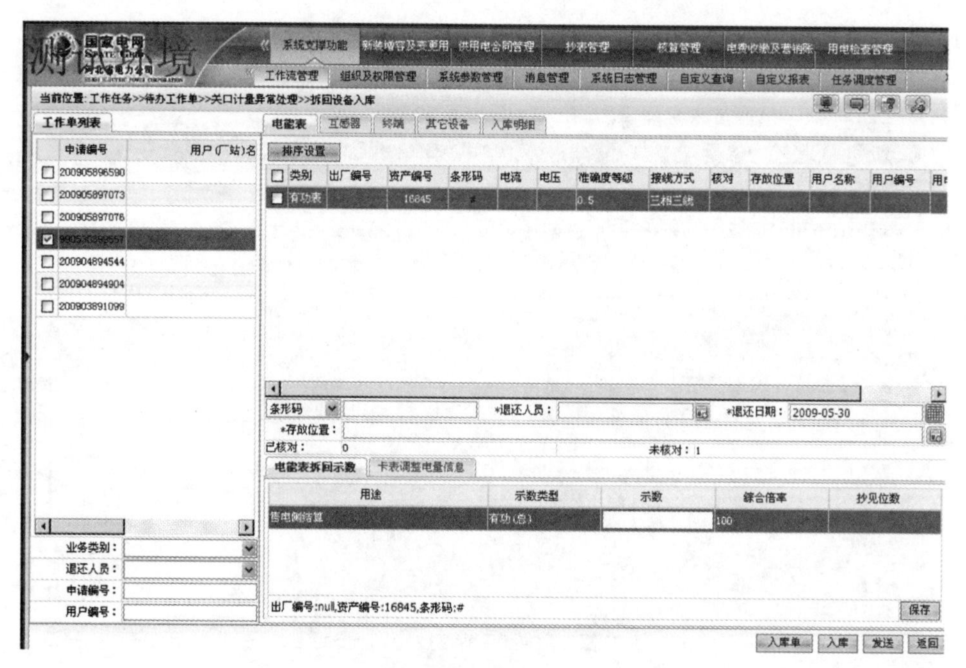

图 14-99　操作界面

1）单击待办工作单中“拆回设备入库”，选中任务，进行处理。

2）对拆回的旧表进行示数核对，录入相关的示数，如果与安装信息录入环节录入的示数不一致，会提示如图所示信息，并且限制发送。需要进行相应的处理，如可通过拆回表的条码链接查看拆回示数，确实与本次表底不符的还需与装拆人员核对具体的示数，装拆人员录入错的，需回退到安装信息录入环节进行示数的修改，如图 14-100 所示。

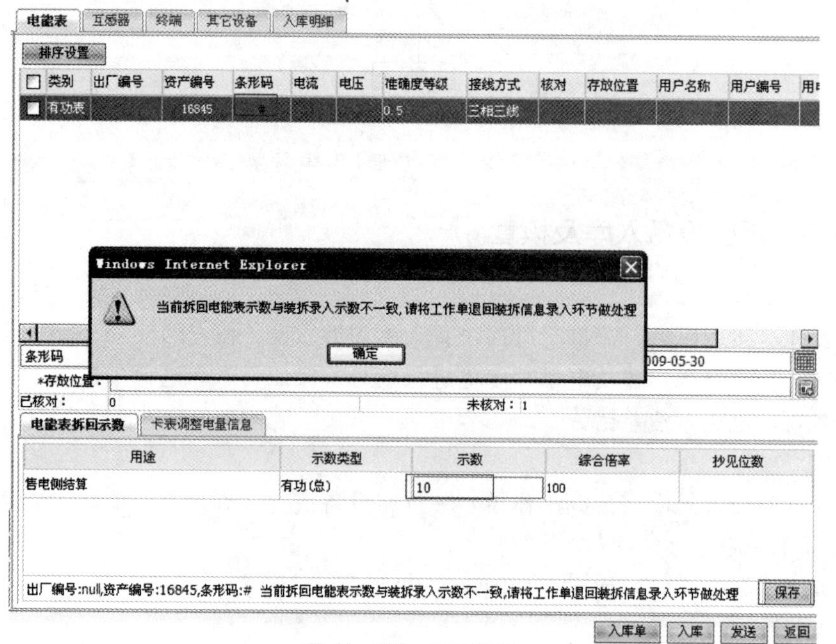

图 14-100　显示状态

3）示数核对完后，选择设备，退还人员，以及存放位置，进行入库，如图 14－101 所示。

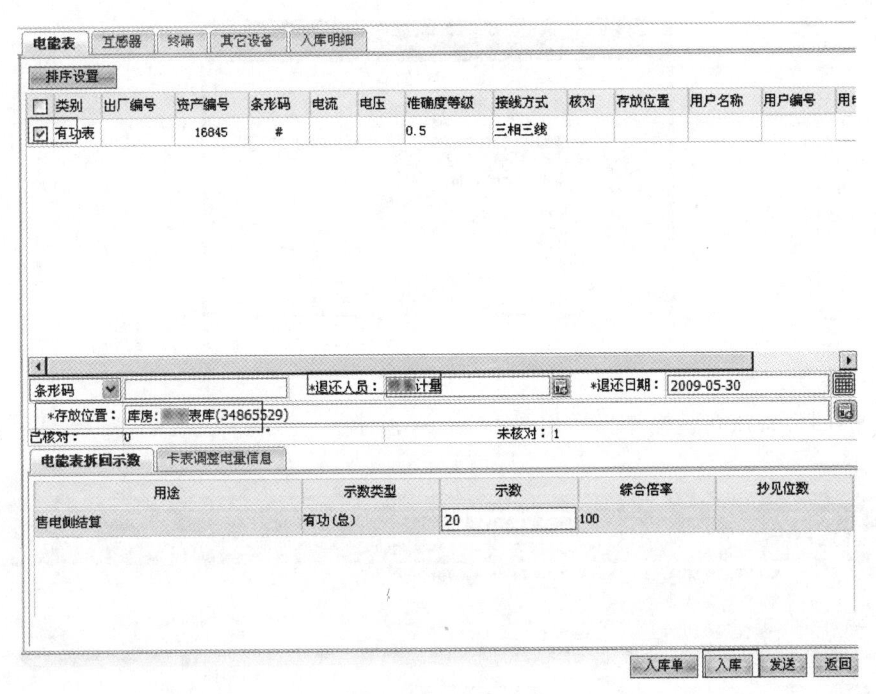

图 14－101　显示状态

4）如果存放位置放错了，可取消，重新进行存放，如图 14－102 所示。

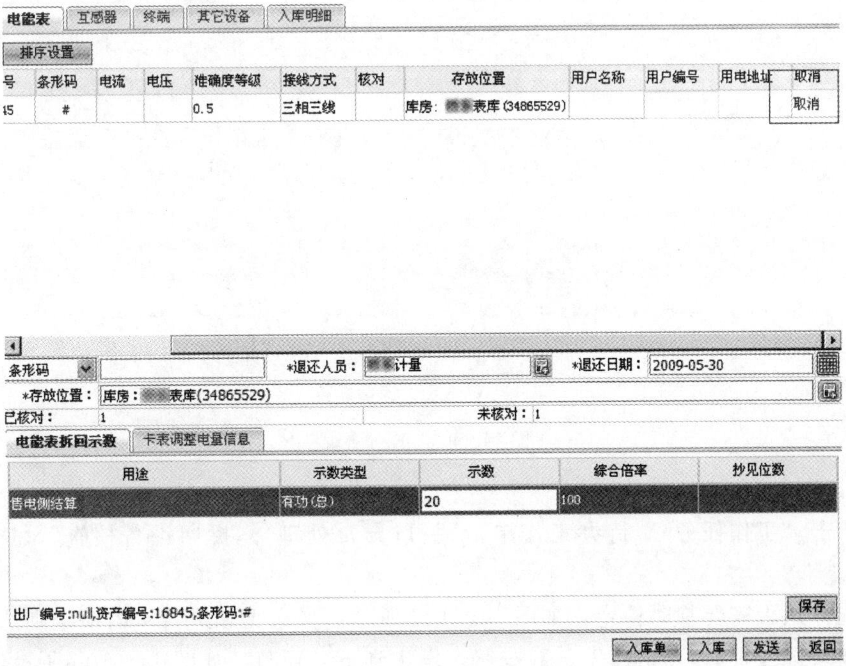

图 14－102　显示状态

5）相关信息处理完后，点击【发送】按钮，会提示如图 14－103 所示信息。

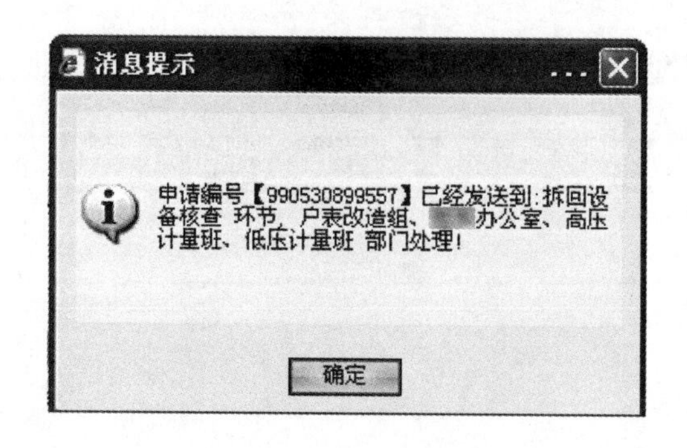

图 14－103　显示状态

（2）拆回设备核查。操作界面如图 14－104 所示。

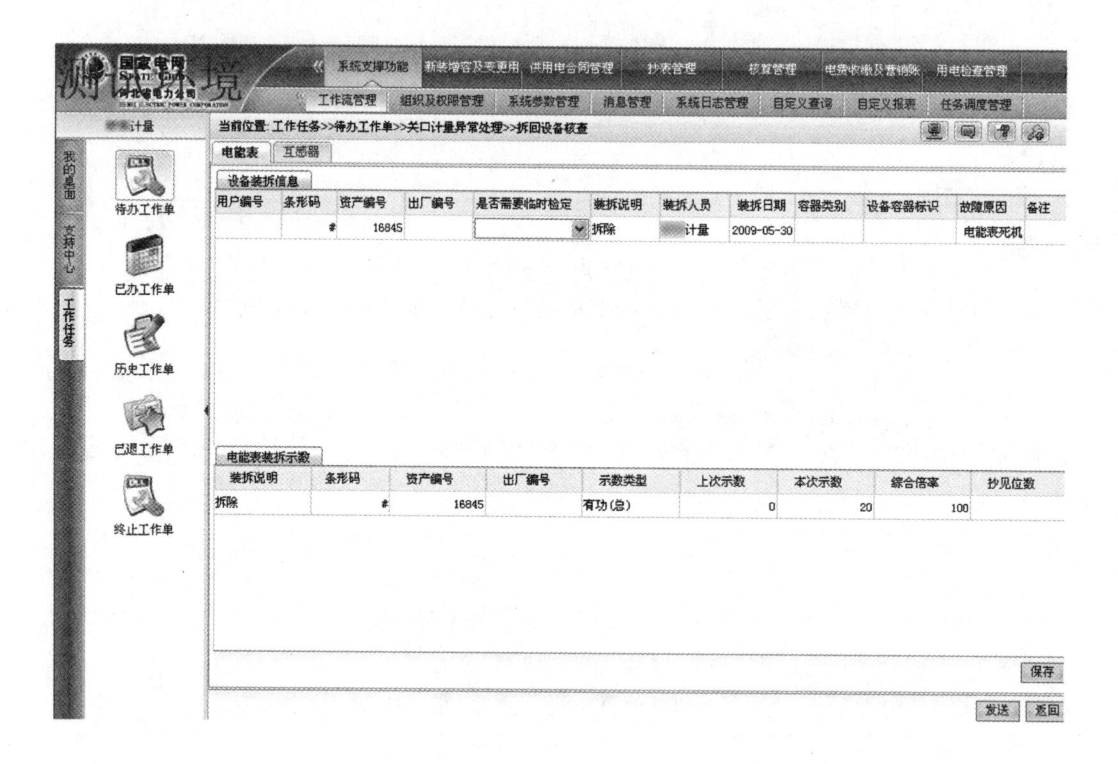

图 14－104　操作界面

操作说明如下：

1）单击“工作任务〉〉待办工作单〉〉关口异常处理〉〉拆回设备核查”，选中任务，进行处理。

2）选择是否需要临时检定，如图 14－105 所示。如果无须进行室内检定则选否。

3）如果选【否】，点击【发送】按钮，发出到下一环节，如图 14－106 所示信息。

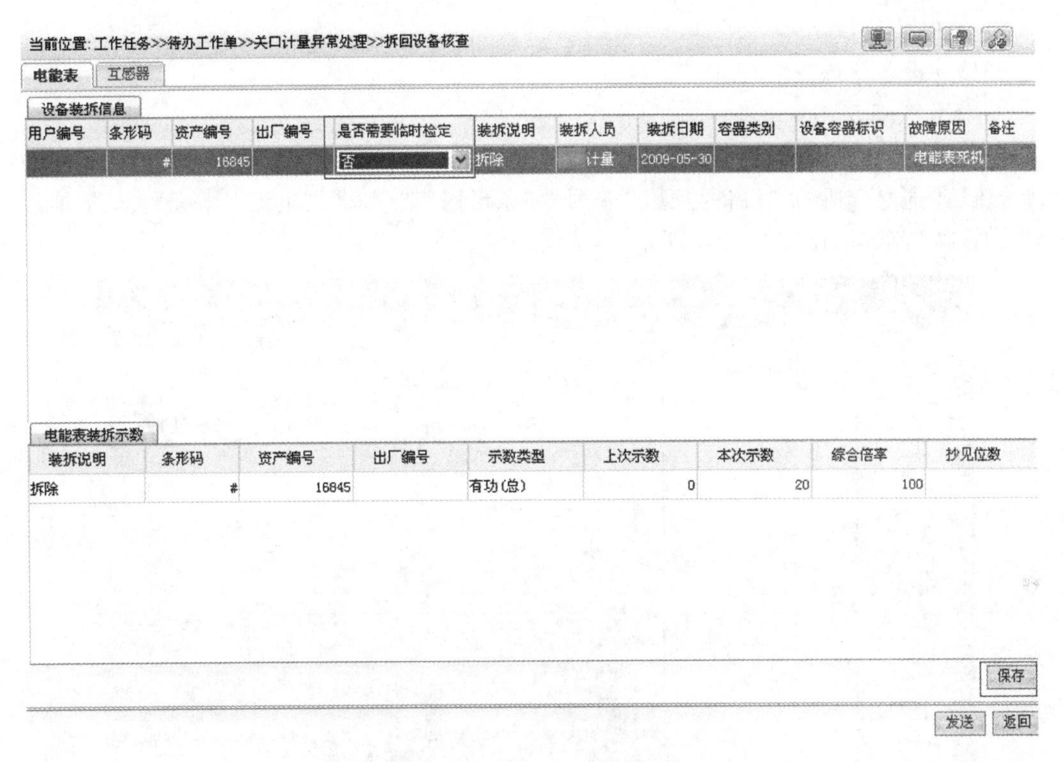

图 14－105　显示状态

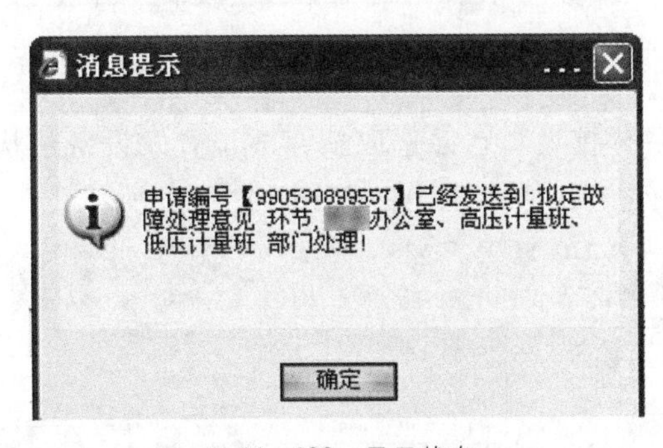

图 14－106　显示状态

14.4.4　拆旧表到期清理

1. 工作概述

拆旧表每季度至少执行一次到期清理，依据国家计量规范、规程及公司相关文件要求，对拆旧表根据其状态性能及时分拣状态。对于所有现场运行拆回的表记，执行完拆回设备入库以后，表记的状态为“待分流”。对于这批表记，有的可能已经不能再使用，后续应走报废流程，有的经过检定，确定还可以继续使用，则后续流程就是通过检定使其状态变为合格在库再度投入使用。因此，设备分拣就是将“待分流”状态的拆回表计，重新选择“待报废”“待校验”等状态，以便发起该批表记的后续流程。实际功能就是查询出待分流资产，然后选择新的存放位置及新的设备状态，然后分拣使其生效。

2. 流程

开始→设备分拣→结束。

3. 操作说明及注意事项

(1) 点击"资产管理〉〉库房管理〉〉功能〉〉设备分拣",查询"状态"条件默认为"待分流",选取合适的"设备类型""型号""条形码""厂家""电流"等条件,查询出待分拣的设备信息,如图 14-107 所示。

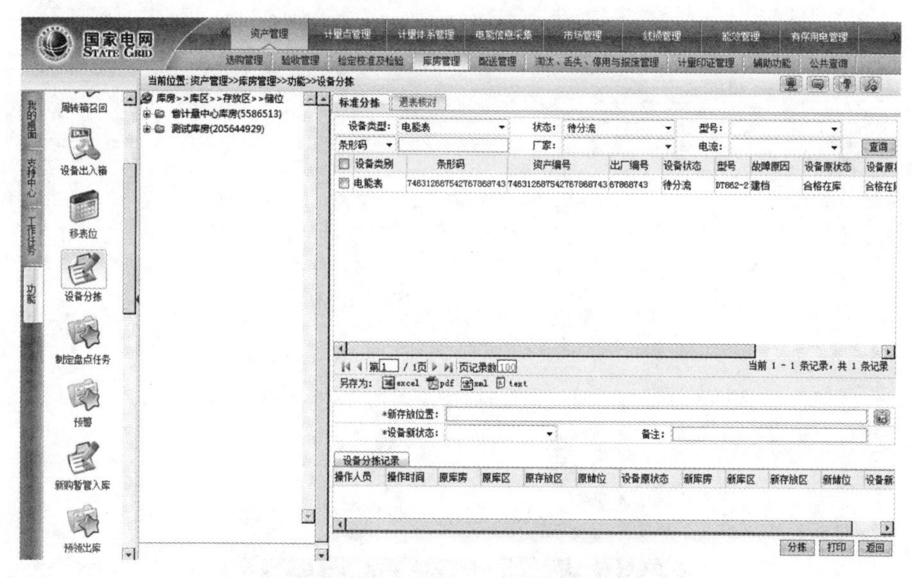

图 14-107 查询待分拣设备信息

(2) 选中查询出的待分拣设备,并选取新存放位置及设备新状态(待报废),确认无误后,点击【分拣】按钮,完成分拣操作,如图 14-108 所示。

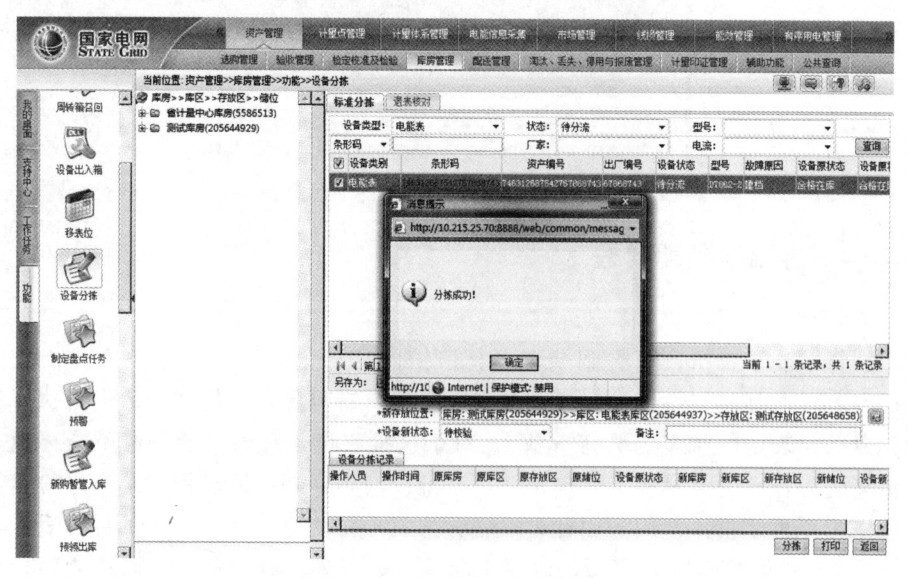

图 14-108 执行设备分拣

14.4.5　拆旧表计报废申请

1. 工作概述

设备分拣为“待报废”状态后，需提交报废申请，申请审批通过后，设备状态变更为“已报废”。

2. 流程图

拆旧表计报废申请流程图见图 14－109。

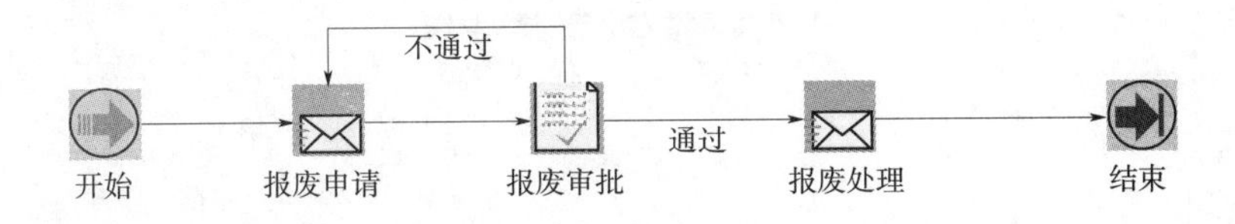

图 14－109　拆旧表计报废申请流程图

3. 操作说明及注意事项

（1）“资产管理〉〉淘汰、丢失、停用与报废管理〉〉功能〉〉报废申请”，通过资产编号、条形码、生产批次等条件查询出待报废的资产，如图 14－110 所示。

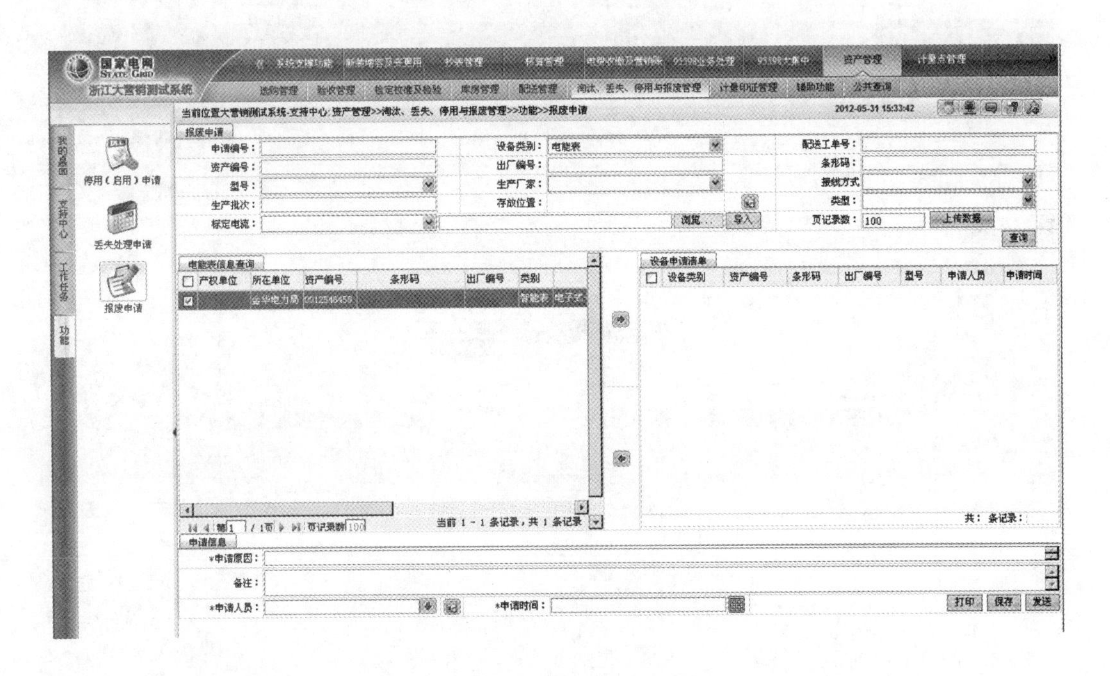

图 14－110　显示状态

（2）选择需要进行报废的资产添加到设备申请清单，并填写好申请原因、申请人员、申请时间保存后发送到报废审批环节，如图 14－111 所示。

（3）审批环节填写好审批意见后发送到报废处理环节，如图 14－112 所示。

（4）报废处理环节保存发送后流程结束，资产状态由待报废变为已报废。

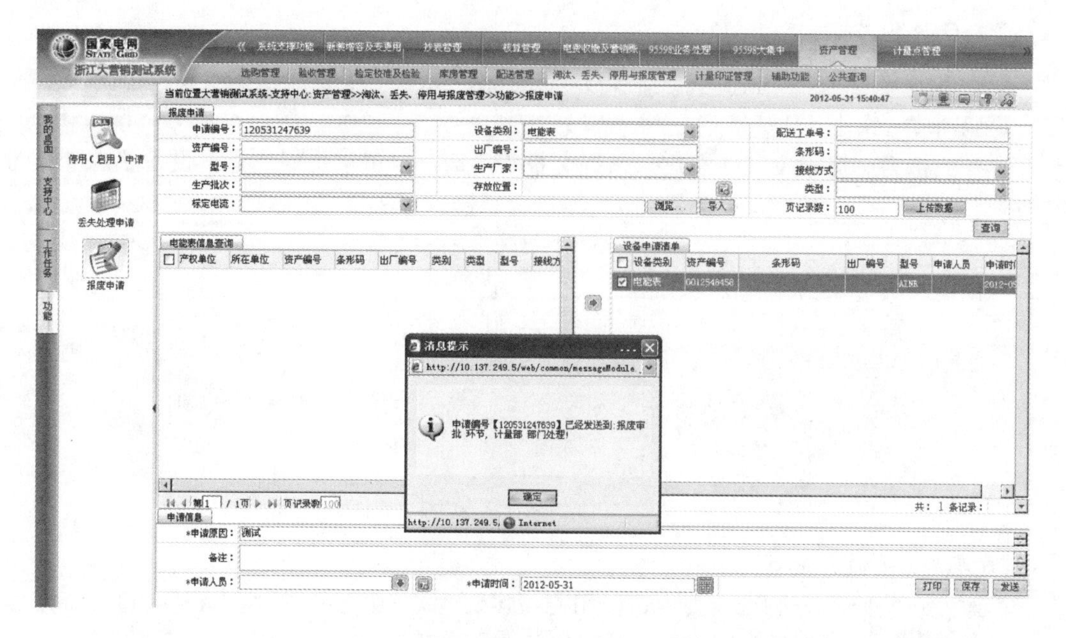

图 14－111　显示状态

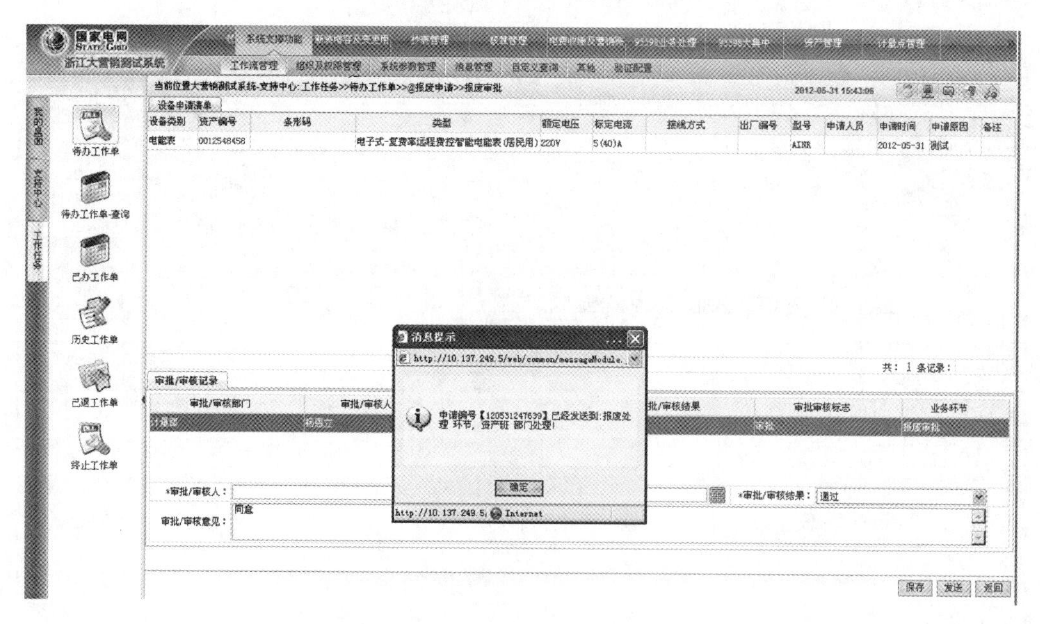

图 14－112　显示状态

14.4.6　报废表计报废出库

1. 工作概述

资产人员在营销系统内完成设备报废业务流程后，报废的资产状态为已报废状态，但设备还未出库，造成资产人员不同口径统计数据时可能产生异议。因此，在资产人员结束报废流程后，将报废清单提交库房人员，库房管理人员在报废出库菜单中，通过流程号、条形码或者指定库房查询已报废的设备清单，再对查询出的设备进行报废出库。

2. 流程

开始→报废出库→结束。

3. 操作说明及注意事项

库房管理人员登陆营销系统后，如图 14－113 所示，在资产管理→库房管理→报废出库菜单中，输入报废申请号或条码或指定库房，点击【显示全部】后，查询出符合条件的设备明细，对设备明细勾选后并选择领退人员，点击【出库】即可。

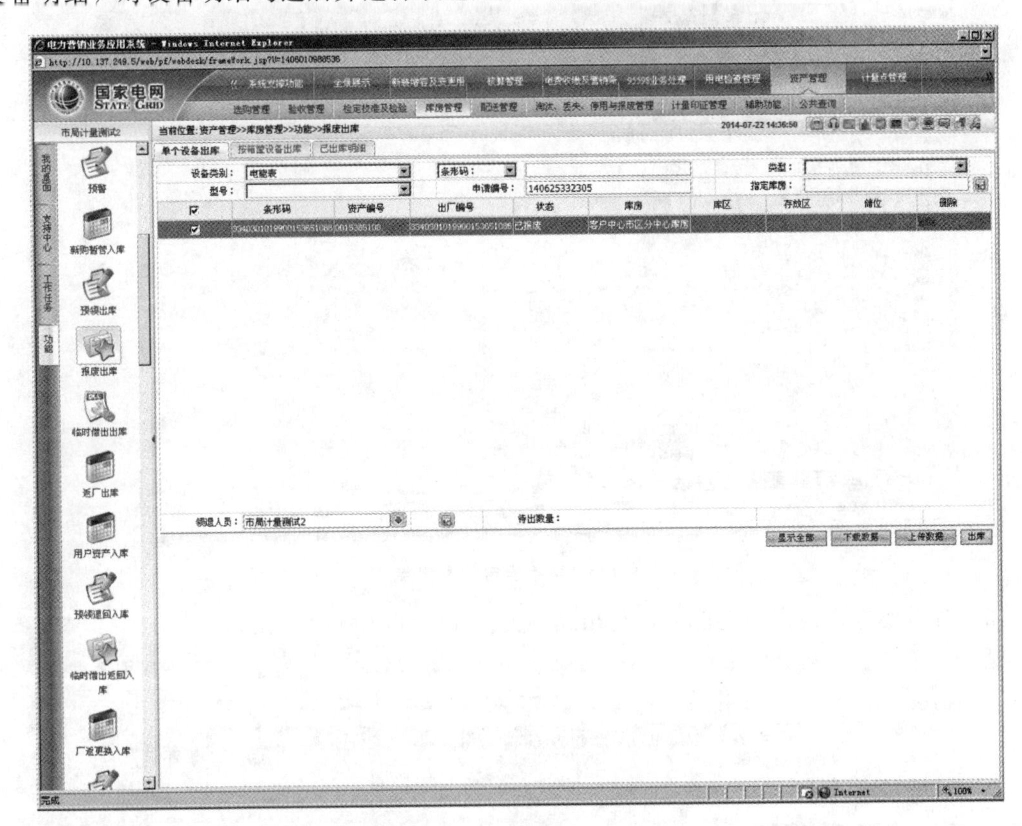

图 14－113　登录界面

14.4.7　电能表复检及再利用

1. 工作概述

除根据国家规程规范到期轮换和经鉴定确认存在故障的表计外，其余原因的拆回智能表在营销系统内可分拣为“待校验”状态，并将实物重新进行检定。

检定完毕后，合格资产可再次使用。不合格资产再次变为“待分流”状态，需后续分拣、报废处理。

2. 流程

开始→设备分拣（待校验）→检测出库→检测入库→结束。

3. 操作说明及注意事项

（1）分拣流程操作参考本书有关内容。

(2) 检定/检测出库。

1) 登录系统，单击“工作任务〉〉待办工作单〉〉装用前检定/校准〉〉检定/检测出库”，处理该工作单，如图 14-114 所示。

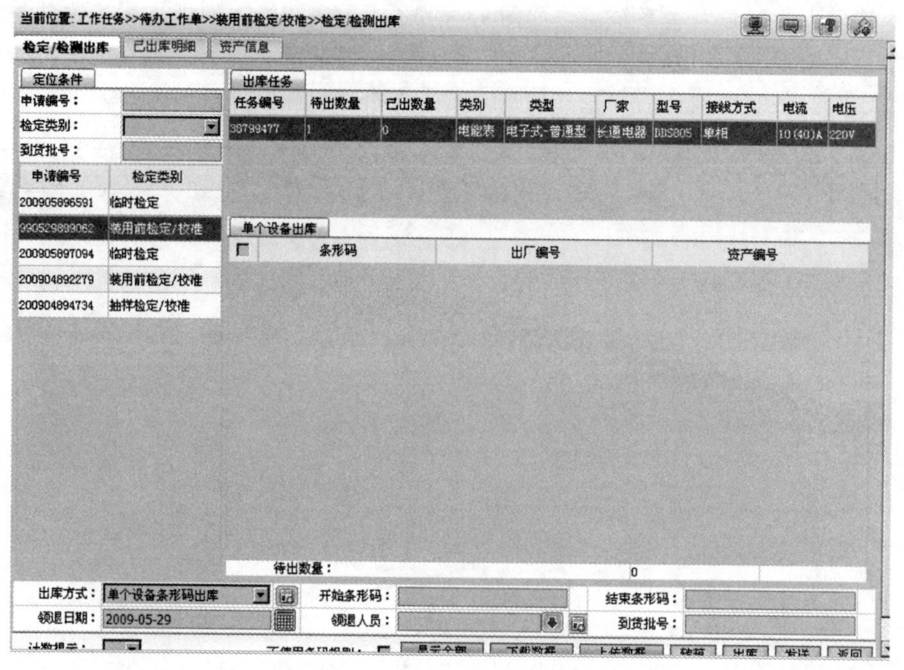

图 14-114　检定检测出库

2) 对需要进行检定的电能表进行出库，如图 14-115 所示。

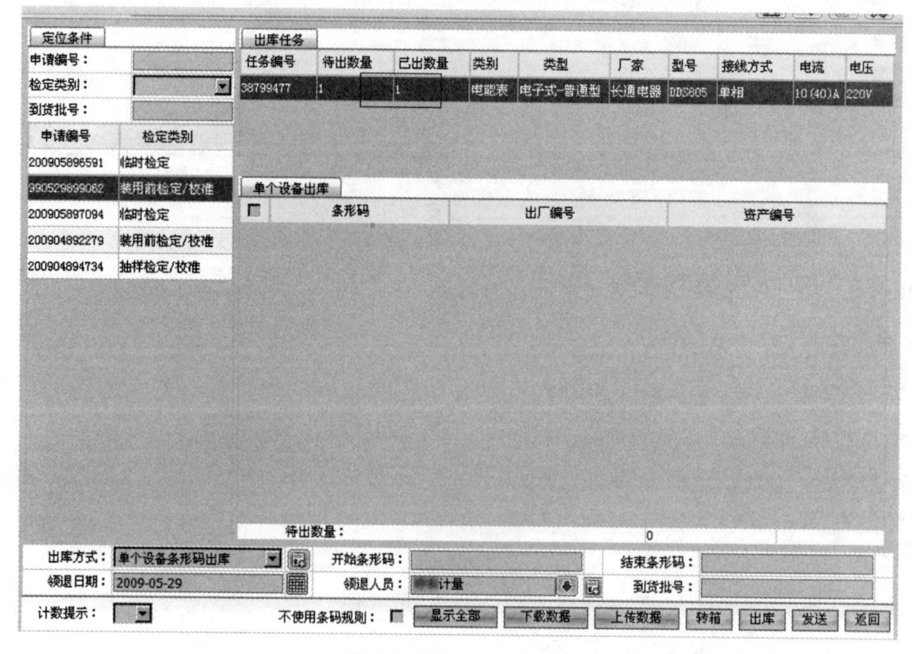

图 14-115　显示状态

3）单击【发送】，流程到检验检测班。

检验检测班检定人员完成检定任务后，资产班工作人员进行检定/检测入库。检定/检测入库入库流程在待办工单页面点击进入后如图 14－116 所示，操作与配送入库流程类似，不再重复。

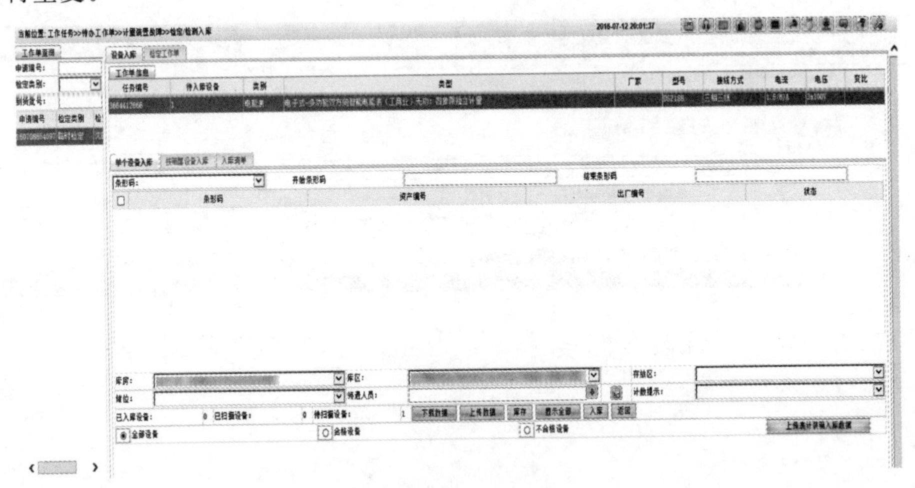

图 14－116　显示状态

14.4.8　高压互感器建档及检定

1. 工作概述

高压电流、电压互感器基本属于用户资产，在安装前需进行营销系统的建档和检定。

2. 流程

开始→高压互感器建档入库→检测出库→检测入库→结束。

3. 操作说明及注意事项

（1）登录系统，单击“资产管理〉〉检定校准及检验〉〉功能〉〉委托受理（互感器建档）”，如图 14－117 所示。系统默认将“产权”选择为“客户资产”，“设备状态”为

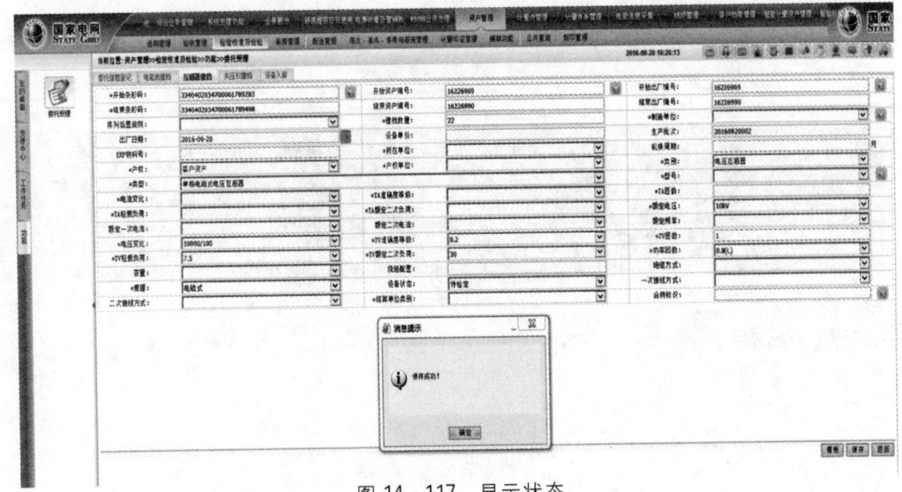

图 14－117　显示状态

“待检定”，根据接收到的互感器填写相关设备信息（＊号为必填项），参数信息录入完毕后，点击【保存】，即将该批互感器在系统上建档。

（2）设备建档后，切换到“设备入库”页面，通过建档时录入的设备参数信息或制定日期查询出本次建档任务，如图 14－118 所示。

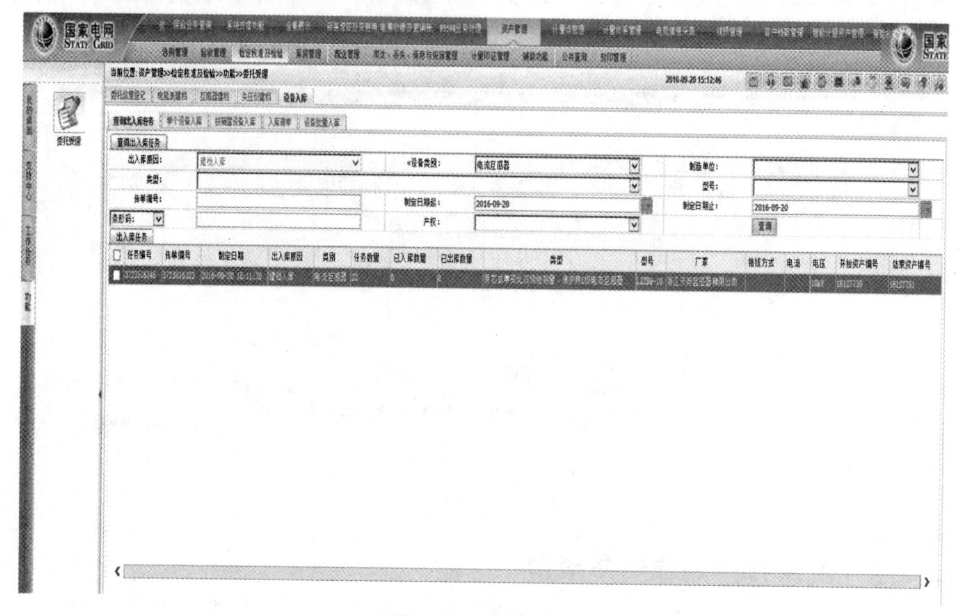

图 14－118　显示状态

（3）选中任务后继续切换到“单个设备入库”页面，点击【显示全部】可查询出该批建档设备，继续选取待移入的库房信息，选择领退人员后，点击【入库】，则该批建档设备置入指定的库房，以便发起检定任务时的“检定/检测出库”工作，如图 4－119 所示。

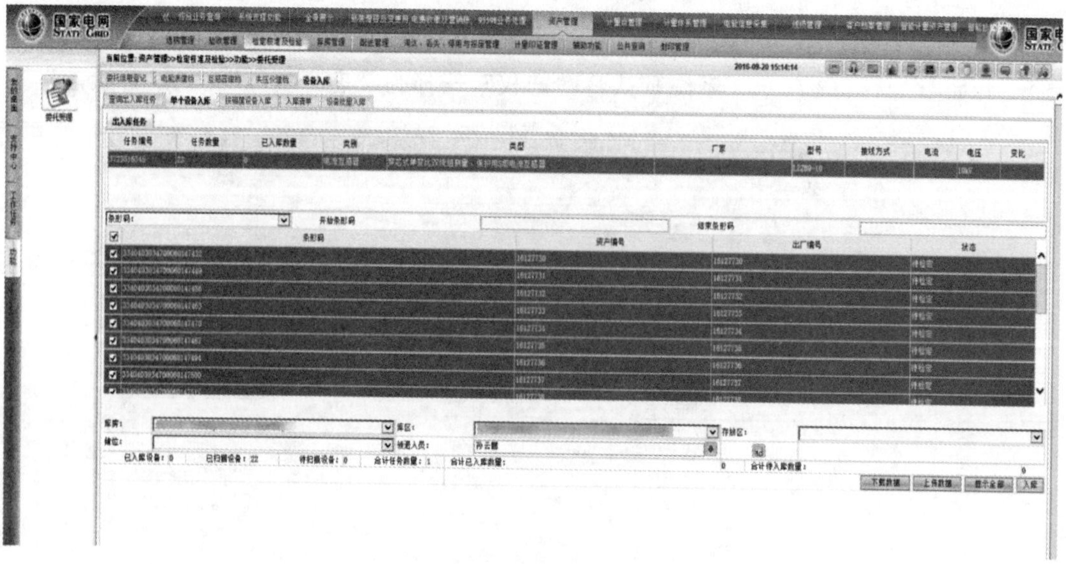

图 14－119　显示状态

（4）互感器检测出、入库流程，参考电能表复检及再利用章节。

14.4.9 SIM卡建档、绑定与解绑、报废

1. 工作概述

SIM卡的实物管理在营销系统内只起一个记录的作用，不对采集系统的通信造成影响。目前SIM卡在营销系统内的流转，需随其所在采集设备一并进行。

2. 流程

开始→建档→绑定→解绑→报废→结束。

3. 操作说明及注意事项

（1）建档。SIM卡建档的实际工作中，由于单个建档操作繁琐，以Excel模板编辑后批量导入的方式为主。

操作步骤如下：

1）打开Excel批量导入模板，如图14－120所示。

导入单号	sim卡号	供电局	供应商（制造单位）	用途	串号	流水号	行政区划	计费方式	sim卡类别	手机号码	SIM卡IP	APN(接入点名称)	产权单位
1		33404	02	无线采集用	8986011445367048057	5	579	01	01				33404
2		33404	02	无线采集用	8986011445367048058	6	579	01	01				33404
3		33404	02	无线采集用	8986011445367048059	7	579	01	01				33404
4		33404	02	无线采集用	8986011445367048060	8	579	01	01				33404
5		33404	02	无线采集用	8986011445367048061	9	579	01	01				33404
6		33404	02	无线采集用	8986011445367048062	10	579	01	01				33404
7		33404	02	无线采集用	8986011445367048063	11	579	01	01				33404

图14－120 导入模板

2）在各字段中填入相应的内容。

a. SIM卡卡号、串号、手机号、IP地址请通信运营商提供。建议从其系统中导入，避免人为差错。

b. 供电局、产权单位需以实际为准，二者需对应。例：

33404　国网××省电力公司××供电公司

3340401　浙江××电力局客服中心

3340410　国网××××市供电公司

3340420　国网××××市供电公司

3340430　国网××××市供电公司

3340440　国网××××市供电公司

3340450　国网××××县供电公司

3340460　国网××××县供电公司

3340470　国网××省电力公司××县供电公司

c. 供应商代码：01移动，02联通，03电信。

d. 用途：无线采集用、负控终端用、公变终端用，此列重要，系统中对设备类型和SIM卡类型进行匹配校验，输入错误将无法绑定。

e. SIM卡计费方式代码：01　包月，02流量，一般选01。

f. SIM卡类别：01gprs，02cdma，03gsm。

g. 接入点名称：ZJDL. ZJ。

h. 其余列基本不用改动。

3）将 BCDHIJKN 列（带数字）转换为文本格式［转换方法见第（5）点］。

4）在营销系统的“资产管理〉〉辅助功能〉〉SIM 卡建档〉〉SIM 卡维护及导入菜单”下，上传数据〉〉浏览（选择编辑好的模板）〉〉点击上传数据，如图 14－121 所示。

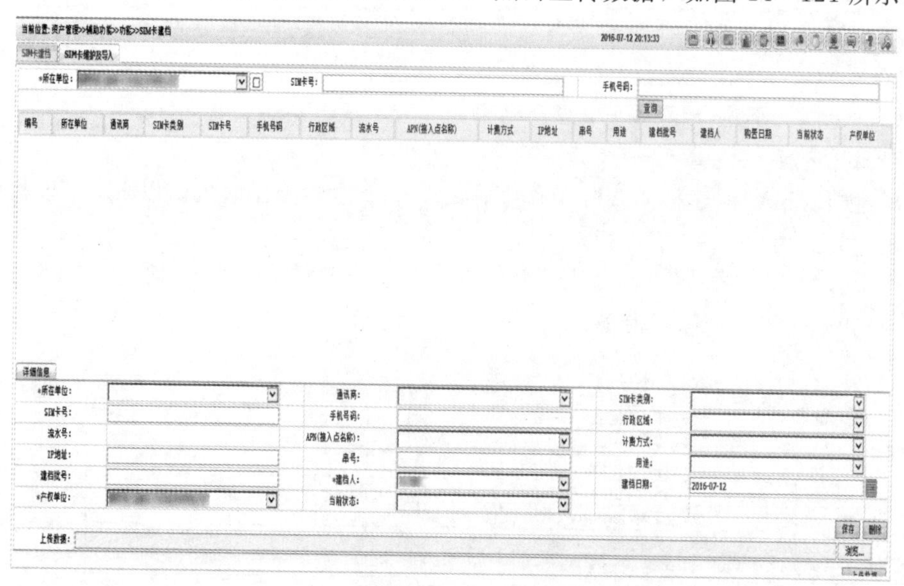

图 14－121　上传数据

5）营销导入表格中文本格式的转换方法。

a. 方法一。通过开始→数据→分列的方法实现文本格式的转换，如图 14－122～图 14－125所示。

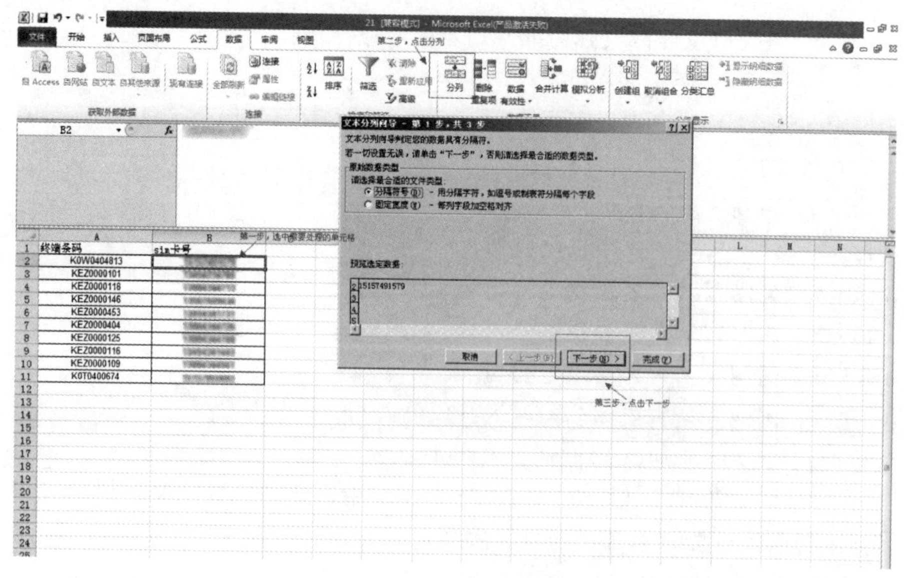

图 14－122　显示状态

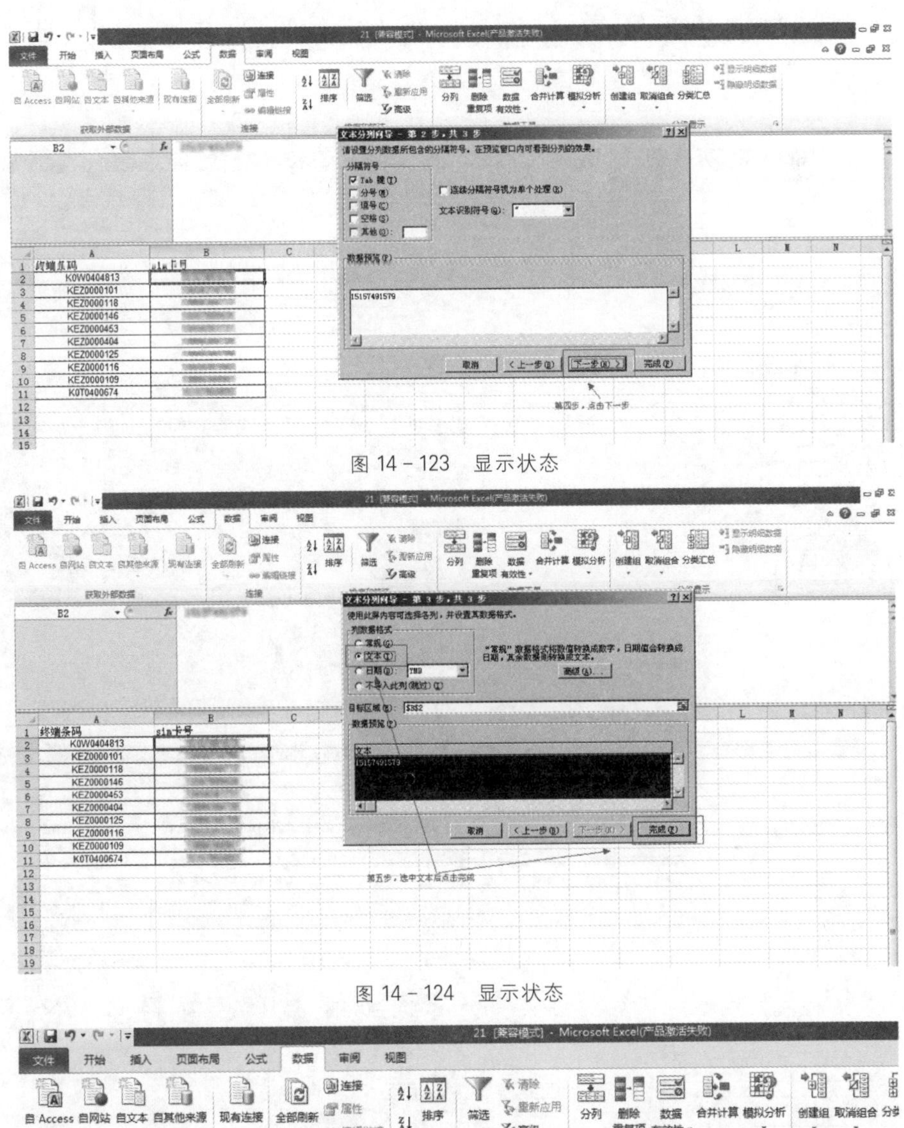

图 14－123　显示状态

图 14－124　显示状态

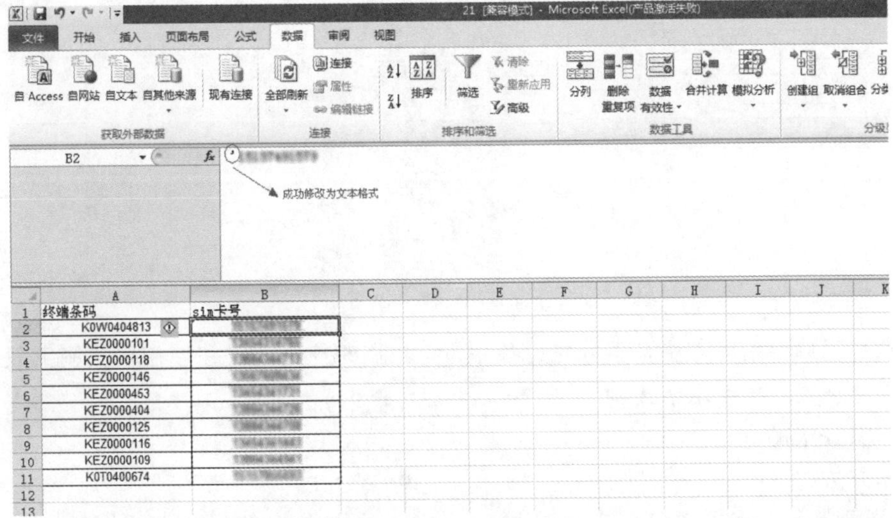

图 14－125　显示状态

b. 方法二。通过格式刷的方式实现文本格式的转换，如图 14－126、图 14－127 所示。

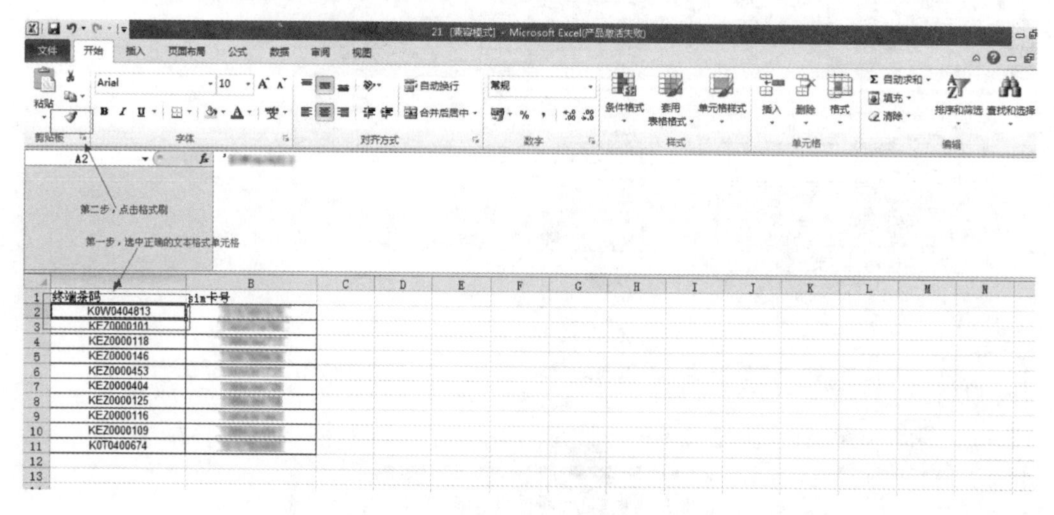

图 14－126　显示状态

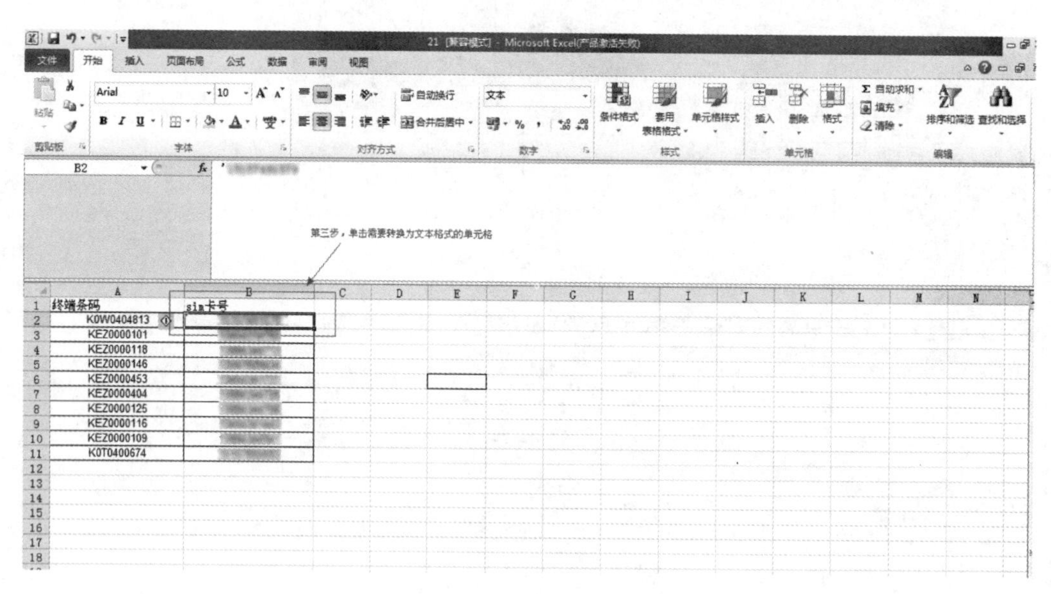

图 14－127　显示状态

注意：①以上两种方法，不分先后顺序，可以同时使用；②在使用格式刷无效时，可以先清除原格式，再使用格式刷。

（2）SIM 卡的绑定。

操作方法如下：

1）登录系统，点击“资产管理〉〉辅助功能〉〉功能〉〉SIM 卡与终端绑定〉〉SIM 卡绑定”，如图 14－128 所示。

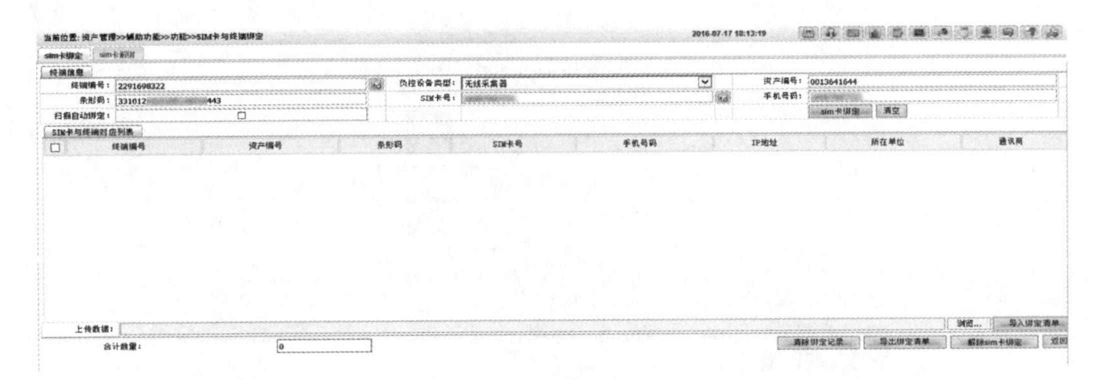

图 14-128　操作界面

2）输入终端编号或条形码并回车。

3）输入 SIM 卡号后回车。

4）点击“SIM 卡绑定”，系统自动绑定并将结果显示在 SIM 卡与终端对应列表内。

注意：解绑数量较多的情况，也可采用 Excel 模板批量导入的方式，方法参考 SIM 卡批量建档。

（3）SIM 卡的解绑。

1）登录系统，“资产管理〉〉辅助功能〉〉功能〉〉SIM 卡与终端绑定〉〉SIM 卡解绑”，如图 14-129 所示。

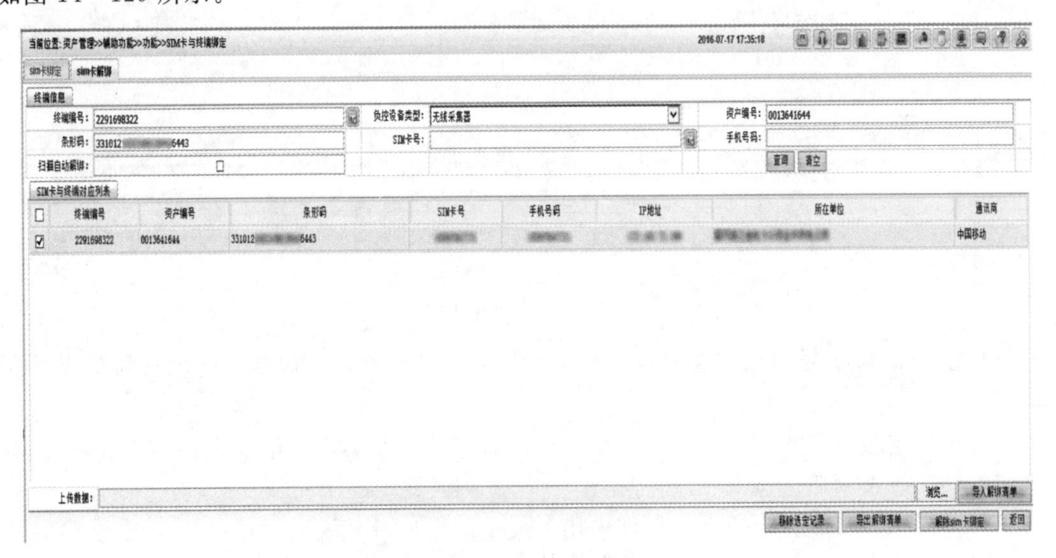

图 14-129　操作界面

2）输入终端编号或条形码，又或者 SIM 卡号后回车，系统自动跳出 SIM 卡与终端对应列表。

3）选择需解绑的终端与 SIM 卡对应关系（打钩），点击解除 SIM 卡绑定。

注意：解绑数量较多的情况，也可采用 Excel 模板批量导入的方式，方法参考 SIM 卡批量建档。

SIM 卡解绑和绑定模板，如图 14-130 所示。

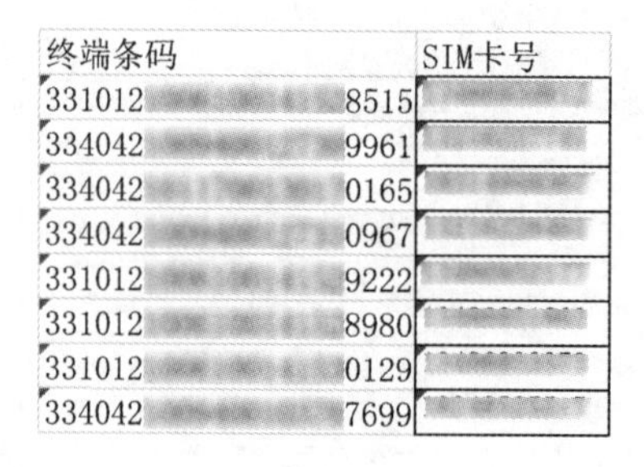

终端条码	SIM卡号
331012[illegible]8515	[illegible]
334042[illegible]9961	[illegible]
334042[illegible]0165	[illegible]
334042[illegible]0967	[illegible]
331012[illegible]9222	[illegible]
331012[illegible]8980	[illegible]
331012[illegible]0129	[illegible]
334042[illegible]7699	[illegible]

图 14－130　模板

（4）SIM 卡报废。操作方法如下：

1）登录系统，“资产管理〉〉辅助功能〉〉功能〉〉SIM 卡与终端绑定〉〉SIM 卡停废管理”，如图 14－131 所示。

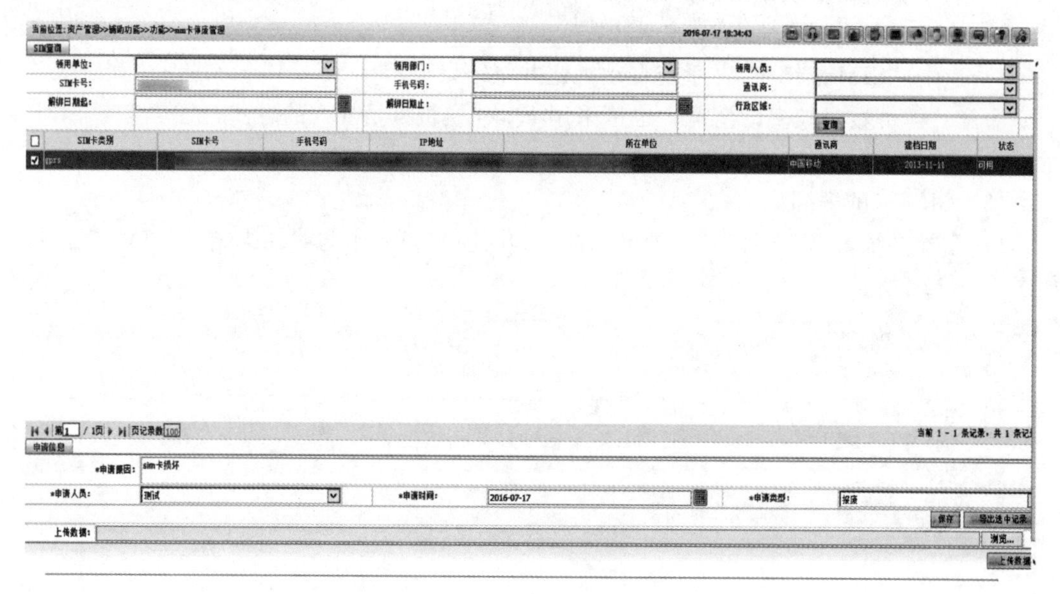

图 14－131　操作界面

2）输入 SIM 卡号后点“查询”，如 SIM 卡处于“未绑定”状态，系统自动跳出 SIM 卡档案。

3）选择需报废 SIM 卡（打钩），输入或选择“申请原因”“申请人员”“申请时间”“申请类型”等选项后，点击“保存”。

4）备注：如报废数量较多，也可采用 Excel 模板批量导入的方式，方法参考 SIM 卡批量建档。模板如图 14－132 所示。

SIM卡号	手机号	供电局（所属单位）
[illegible]	[illegible]	12101
[illegible]	[illegible]	12101
[illegible]	[illegible]	12101
[illegible]	[illegible]	12101
[illegible]	[illegible]	12101

图 14－132　模板

14.5 质量管控

根据国网公司计量管理规范化要求和计量专业监督工作需要，为客观准确地评价智能表库各项业务运行质量，促进智能表库精益化管理水平的提高，特制定了智能表库质量管控量化评价指标。质量管控量化评价应坚持实事求是、客观公正、公平公开的原则。明确质量管控目标、工作要求及努力方向，逐级开展量化评价和监督检查，持续改进工作质量，实现智能表库质量管控目标。

智能表库质量管控月度评价得分，作为各级表库业务运行质量的排名依据，各单位应根据失分情况，认真开展主要问题的穿透分析，及时采取措施弥补短板和不足。质量管控年度得分，以月度得分平均值计算，纳入各单位对个级表库的年度质量管控指标考核。

智能表库质量管控量化评价体系见表 14-4。

表 14-4　智能表库质量管控量化评价体系表

管控项目	考核指标	指标单位	分值	定义和计算方法	评价方法
仓储配送	库存运行比	%	10	合格在库数量/运行数量×100%（按月取日平均）	库存运行比等于或低于3%的单位不扣分，超过3%的扣10分
	库存超期量	只次	10	状态为合格在库、预配待领、领出待装且检定时间超过180天的电能表数量	有超期的扣5分，较上个统计周期有增长的加扣5分
	表计闲置数量	只次	10	市县单位建档或配送入库超过18个月且无安装日期的表计数量	未出现此情况的不扣分，有超期的扣5分，较上个统计周期有增长的加扣5分
	配送入库及时性	次	10	一级表库配送出库时间到二级表库配送入库时间超过5工作日的流程数	每个流程扣2分
设备拆除	表计拆回退库不及时数量	只次	10	表计拆回日期到拆回入库日期超过30天的电能表数量	未出现此情况的不扣分，有超期的扣5分，较上个统计周期有增长的加扣5分
	表计分流处置不及时数量	只次	10	表计拆回入库日期到状态变更成分流日期超过60天的电能表数量	未出现此情况的不扣分，有超期的扣5分，较上个统计周期有增长的加扣5分

续表

管控项目	考核指标	指标单位	分值	定义和计算方法	评价方法
设备报废	报废处理不及时数量	只次	10	自待报废状态至已报废状态超过 90 天的电能表数量	未出现此情况的不扣分，有超期的扣 5 分，较上个统计周期有增长的加扣 5 分
	报废处置规范性	%	10	运行时间少于 2 年且非质量问题的已报废智能表/运行电能表×100%，质量问题按照国网公司相关规定执行	规范处置不扣分，有不规范情况的扣 5 分，较上个统计周期有增长的加扣 5 分
SIM 卡使用情况	SIM 卡连续 3 个月未使用	个	10	SIM 卡连续 3 个月无流量产生、开卡未使用等	SIM 卡闲置比例大于 2%的扣 5 分，并按每增加 0.1 个百分点加扣 0.5 分
	SIM 卡流量超标 1 个月未处理	个	10	SIM 卡流量超标 1 个月未处理	按采集系统 SIM 卡流量超标统计，2 个月内未及时处理的扣 5 分，并按每增加 1 条加扣 0.5 分

14.6 异 常 处 理

在营销系统内进行流程处理时，如遇到异常或问题。应首先联系负责营销系统运行维护的电话支援人员，确认异常或问题。然后填写《数据修改申请单》，签字盖章后，通过营销系统问题登记模块提交上级审批、处理。

1. 数据修改申请单样本

数据修改申请单样本如图 14－133 所示。

2. 营销系统问题登记

操作步骤如下：

(1) 点击界面左侧“支持中心〉〉问题登记”菜单，如图 14－134 所示。

(2) 根据数据修改申请单填写各项内容，并将数据修改申请单的扫描件添加至附件。

(3) 确认各项内容填写无误后，点击发送按钮。

注意：数据修改申请单填写完毕并签字盖章后，扫描保存为 JPG 格式，且文件名为问题号（ZJ××××××）。在营销系统问题登记模块内添加至附件后发送。

数据修改申请单

申请提出单位	××供电公司	部门	客户中心计量室资产班	申请提出人	×××	申请提出时间	2017-02-17
功能名称	BM08_004_002/入库管理		问题号		ZJ××××××		
修改原因:	配送入库流程出错，无法入库						
修改内容	配送入库流程出错，无法入库，流程号：×××××××，580只无线采集器。流程号：××××××× 13只专变终端。烦请后台处理！						

盖章（签字）×××

图 14－133　数据修改申请单样本

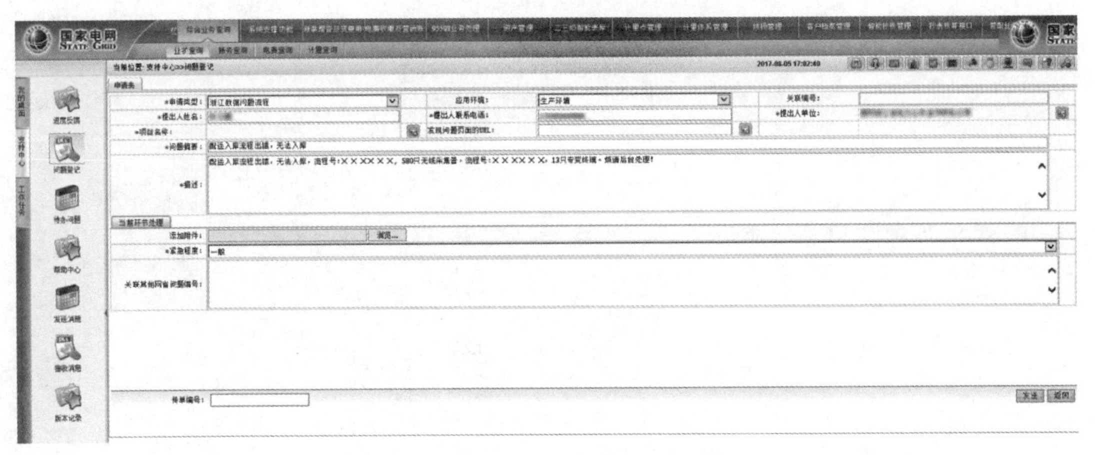

图 14－134　操作界面